◉ 機械工学テキストライブラリ ◉
USM-3

材料力学入門

日下貴之

数理工学社

編者のことば

近代の科学・技術は，18 世紀中頃にイギリスで興った産業革命が出発点とされている．産業革命を先導したのは，紡織機の改良と蒸気機関の発明によるとされることが多い．すなわち，紡織機や蒸気機関という「機械」の改良や発明が産業革命を先導したといっても過言ではない．その後，鉄道，内燃機関，自動車，水力や火力発電装置，航空機等々の発展が今日の科学・技術の発展を推進したように思われる．また，上記に例を挙げたような機械の発展が，機械工学での基礎的な理論の発展の刺激となり，理論の発展が機械の安全性や効率を高めるという，実学と理論とが相互に協働しながら発展してきた専門分野である．一例を挙げると，カルノーサイクルという一種の内燃機関の発明が熱力学の基本法則の発見につながり，この発見された熱力学の基本法則が内燃機関の技術改良に寄与するという相互発展がある．

このように，機械工学分野はこれまでもそうであったように，今後も科学・技術の中軸的な学問分野として発展・成長していくと思われる．しかし，発展・成長の早い分野を学習する場合には，どのように何を勉強すれば良いのであろうか．発展・成長が早い分野だけに，若い頃に勉強したことが陳腐化し，すぐに古い知識になってしまう可能性がある．

発展の早い科学・技術に研究者や技術者として対応するには，機械工学の各専門分野の基礎をしっかりと学習し，その上で現代的な機械工学の知識を身につけることである．いかに，科学・技術の展開が早くても，機械工学の基本となる基礎的法則は変わることがない．したがって，機械工学の基礎法則を学ぶことは大変重要であると考えられる．

本ライブラリは，上記のような考え方に基づき，さらに初学者が学習しやすいように，できる限り理解しやすい入門専門書となることを編集方針とした．さらに，学習した知識を確認し応用できるようにするために，各章には演習問題を配置した．また，各書籍についてのサポート情報も出版社のホームページから閲覧できるようにする予定である．

天才と呼ばれる人々をはじめとして，先人たちが何世紀にも亘って築き上げてきた機械工学の知識体系を，現代の人々は本ライブラリから効率的に学ぶことができる．なんと，幸せな時代に生きているのだろうと思う．是非とも，本ライブラリをわくわく感と期待感で胸を膨らませて，学習されることを願っている．

2013 年 12 月

編者　坂根政男
松下泰雄

「機械工学テキストライブラリ」書目一覧

1　機械工学概論
2　機械力学の基礎
3　材料力学入門
4　流体力学
5　熱力学
6　機械設計学
7　生産加工入門
8　システム制御入門
9　機械製図
10　機械数学

はじめに

我々は，当たり前のように，様々な機能を持った道具に囲まれ，便利で快適な生活を送っている．しかし，どんなに優れた機能を有する道具でも，壊れてしまっては役目を果たすことはできない．また，道具が壊れることが重大な事故や災害に繋がることも少なくない．道具を作ること，すなわち，モノづくりの基本の一つは，壊れないように道具を作ることにあると言える．材料力学は，物体に生じる変形（剛性）や破損（強度）を工学的に取り扱うことを目的とする．すなわち，構造設計・構造評価のための必修事項である．個々の志向によらず実務に「使えるレベル」まで理解を深めて欲しい．

一方，実際の製品開発の現場では，構造設計の主役は数値解析（コンピュータシミュレーション）であり，かつてのように材料力学を直接的に使用する機会は少なくなっている．しかし，材料・構造分野における数値解析の中身は，材料力学の発展分野である弾性力学そのものであり，弾性力学や材料力学を知らずに数値解析を行うことは，有機化学や生物学を知らずに医療行為を行うことに等しい．ただし，材料力学そのものも，時流に合わせて目的や役割を変えるべきであり，従来の主役であった典型部材の解析（はりの曲げなど）よりも，基礎事項（応力やひずみなど）の理解に重点をおくべきである．

材料力学の教科書は概ね2つのタイプに分けられる．一方は，応力やひずみの定義などの基礎事項を後回しにして，典型部材の解析などの応用事項を先に学習するもの，他方は，この逆順に学習するものであり，本書は後者に属する．入門段階の敷居の低さからいえば前者の方が有利であるが，基礎事項の理解が不十分なまま応用事項に取り組むことになり，基礎事項に対する不十分な理解が本質的な理解の障害となり得る．筆者自身の経験を例にとれば，入門段階で学習した $\sigma = P/A$, $\sigma = E\varepsilon$ などの特殊な条件下での認識を，いつまで経ってもリセットできないという，刷り込みに近い状態が生じる．

本書では，応力やひずみなどの基礎事項を最初に学習する．基礎事項は易しく，応用事項は難しいという認識は，少なくとも材料力学には当てはまらない．

応力やひずみを理解する上で，それらのテンソル性に関する意識を完全に避けて通ることは難しく，また，そのような意識を持たないままで材料力学を「使えるレベル」にすることは難しい．どうせ越えるべきハードルであれば，最初に越えておけばよい．ただし，ハードルを越えるのに慌てる必要はない．本書では，十分な時間を掛けて丁寧にこれらを学習する．自由物体図，モールの円など，理解の助けとなるものについては繰り返し掲載した．

本書は，立命館大学理工学部での講義内容をベースに，「使える材力」を意識して執筆した．執筆にあたっては，岸田敬三先生（大阪大学）による「材料の力学」をはじめ，国内外の多くの優れた書籍を参考にさせていただいた．北條正樹先生（京都大学）からは，大学教育全般にわたって様々な助言をいただいた．また，筆者自身は京都大学において田中吉之助先生，黒川知明先生に材料力学のご指導をいただいた．本書の出版にあたっては，数理工学社の田島様，見寺様から多くのサポートをいただいた．この場をお借りし，これらの皆様方に心より敬意と謝意を表したい．

2016年7月

日下　貴之

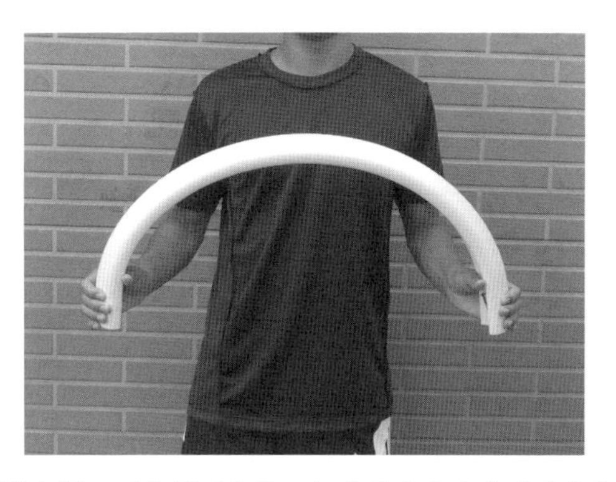

例えば，棒の両端を握って曲げてみる．加える力を大きくすると，棒の変形は大きくなりやがて破損する．このとき，変形や破損は，必ずしも握った部分に生じるわけではなく，むしろ握った部分以外に生じることがわかる．このことは，棒の外部からの力学的作用（外力）によって，棒の内部に何らかの力学的作用（内力）が生じたことを示唆している．材料力学の主題は，変形や破損など，内力によって生じる諸問題を工学的に取り扱うことにある．

目　次

第4章

第5章

第6章

第7章

第 8 章

曲げによる応力と変形 125

第 9 章

曲げの不静定問題 141

第 10 章

ひずみエネルギー 157

第 11 章

不安定変形と座屈 185

第12章

強度評価と破壊基準　201

ギリシア文字一覧

大文字	小文字	読　み	大文字	小文字	読　み	大文字	小文字	読　み
A	α	アルファ	I	ι	イオタ	P	ρ	ロー
B	β	ベータ	K	κ	カッパ	Σ	σ	シグマ
Γ	γ	ガンマ	Λ	λ	ラムダ	T	τ	タウ
Δ	δ	デルタ	M	μ	ミュー	Υ	υ	ウプシロン
E	ε	イプシロン	N	ν	ニュー	Φ	φ, ϕ	ファイ
Z	ζ	ゼータ	Ξ	ξ	クサイ	X	χ	カイ
H	η	イータ	O	o	オミクロン	Ψ	ψ	プサイ
Θ	θ	シータ	Π	π	パイ	Ω	ω	オメガ

第1章

材料力学の基礎

例えば，棒の両端を握って曲げてみる．加える力を大きくすると，棒の**変形**は大きくなりやがて**破損**する．このとき，変形や破損は，必ずしも握った部分に生じるわけではなく，むしろ握った部分以外に生じることがわかる．このことは，棒の外部からの力学的作用（**外力**）によって，棒の内部に何らかの力学的作用（**内力**）が生じたことを示唆している．この章では，材料力学の基礎事項について学習する．

1.1 材料力学の基礎

1.1.1 材料力学の概念

例えば，図1.1 に示すような事例を考えた場合，高等学校までに学習した力学では，机上に置かれた書棚の重さによらず，机は変形することも破損することもないとみなすのが一般的であろう（剛体の力学）．しかし，実際には，書棚の重さによって，机は変形（可逆変形）することも破損（不可逆変形）することもあり得る．このような**変形**（deformation）や**破損**（failure）という現象は，機械構造物などを設計・製作・使用する上できわめて重要な概念である．**材料力学**（strength of materials）とは，物体に生じる変形や破損を工学的な視点から解析することを目的とした学問である（変形体の力学）．材料力学では，可逆変形に対する物体の変形抵抗を**剛性**（stiffness），不可逆変形に対する物体の変形抵抗を**強度**（strength）と呼ぶ．また，解析にあたっては，以下のような仮定をおく．

(1) 物体は**連続体**であり微視レベルでの不連続性は無視できる．
(2) 物体の特性は**均質的かつ等方的**である．
(3) 物体に働く力と変形との関係は**線形的かつ弾性的**である．
(4) 物体に働く力と変形に関して**重ね合わせの原理**が成立する．
(5) 物体に働く力に関して**サンブナンの原理**が成立する．

(1) については，身近なスケールの機械構造物などを考える上では妥当な近似であり，(2) については，一般的な金属材料などを考える上では妥当な近似である．(3) については，物体の変形が微小である場合に成立する近似であり，物体

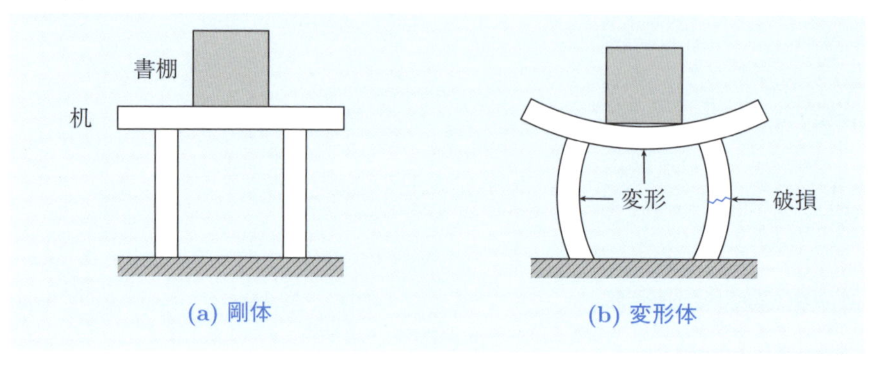

図1.1 剛体と変形体

の変形が可逆的であることを意味している．また，この仮定が成立する範囲では (4) の近似が成立し，物体に複数の力が働く場合，最終的な物体の力学状態は力が働く順序に依存しないことになる．(5) は，作用点から十分に離れた位置での力学状態を考える場合，物体全体の巨視的な力学状態は作用点近傍の局所的な力学状態に依存しないという仮定である．

1.1.2　仮想切断と内力

物体に働く**力**（force）は，力が作用する形態に着目した場合，摩擦力や圧力などのように物体同士の接触によって伝達されるものと，重力や磁力などのように物体同士の接触によらず伝達されるものに大別され，前者を**接触力**（contact force），後者を**遠隔力**（remote force）と呼ぶ．また，接触力は物体表面に働くことから**表面力**（surface force），遠隔力は物体全体に働くことから**物体力**（body force）と呼ばれる．例えば，図 1.1 のような事例では，机の自重を無視すると，図 1.2 (a) に示すように，机は書棚から単位面積あたり p_2 の表面力（抗力），床から単位面積あたり p_3, p_4 の表面力（抗力）を受けることになる．また，書棚は机から単位面積あたり p_1 の表面力（抗力）を受け，地球から単位体積あたり w_1 の物体力（重力）を受けることになる．このように，物体に働く力は，本質的には物体表面または物体全体に分布して働く力，すなわち，**分布力**（distributed force）とみなすべきである．しかし，図 1.2 (b) に示すように，物体に働く力

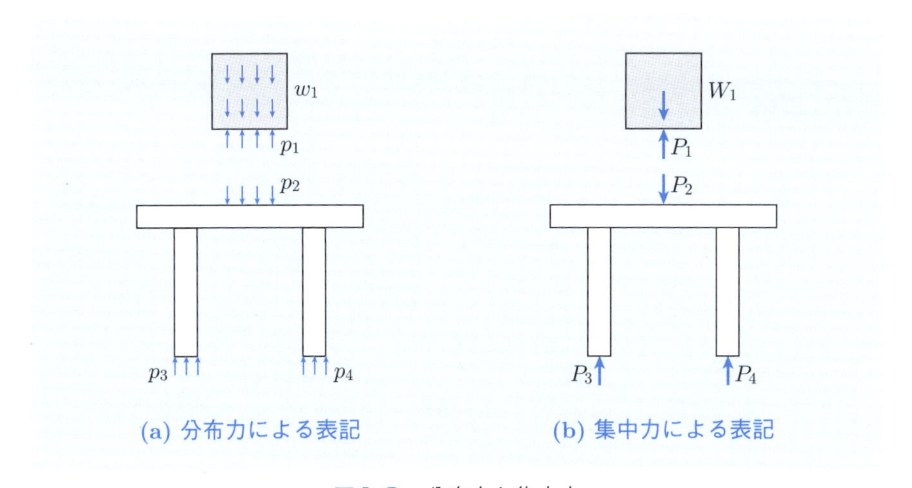

図 1.2　分布力と集中力

は，近似的には物体表面または物体内部の代表点に集中して働く力，すなわち，**集中力**（concentrated force）とみなすことができる．

一方，物体に働く力は，力と物体との関係に着目した場合，その物体とは別の物体から伝達される力と，その物体自身の内部で伝達される力に大別され，前者を**外力**（external force），後者を**内力**（internal force）と呼ぶ．例えば，図 1.1 のような事例では，表面力 p_2, p_3, p_4 が机に対する外力，表面力 p_1 と物体力 w_1 が書棚に対する外力に相当する．これらの外力によって机や書棚には変形や破損が生じることになるが，変形や破損は，外力が直接作用している箇所（天板の上面や脚の下面など）に限らず，外力が直接作用していない箇所（天板の下面や脚の中間など）にも生じ得る．このことは，外力が作用したことによって，机や書棚に内力が発生したことを意味しており，物体に生じる変形や破損が内力によるものであることが示唆される．すなわち，物体に生じる変形や破損を解析するためには，物体に生じる内力を把握する必要がある．ところが，直接的に内力を測定することはできず，材料力学では，**仮想切断**（virtual cutting）と呼ばれる手法を用いて，間接的に内力を同定することになる．なお，材料力学では，物体に働く外力を**荷重**（load）と呼ぶことがある．

図 1.3 に示すように，外力 P_0 を受ける真直棒に着目し，この棒に生じる内力について考察してみよう．最初に，面 X でこの棒を仮想切断すると，切断前の状態 (a) は，切断後の状態 (b) における 2 つの仮想断面を切断前の位置まで

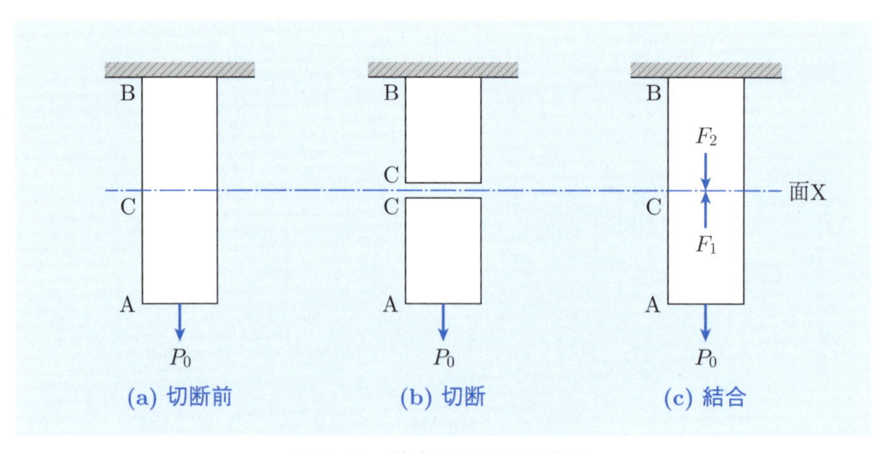

図 1.3　外力を受ける真直棒

戻し，適当な方法で再び結合した状態 (c) と等価であるとみなすことができる．このとき，状態 (c) において仮想断面の結合に要する結合力は，状態 (a) において面 X に生じる内力に相当する．このような考察に基づき，図 1.4 に示すように，面 X でこの棒を仮想切断すると，棒全体は棒 AC と棒 CB との結合体であるとみなすことができる．このとき，棒 AC が棒 CB から受ける結合力を F_1，棒 CB が棒 AC から受ける結合力を F_2，棒が天井から受ける抗力を R とおくと，棒 AC および棒 CB に関する力の平衡条件より

$$F_1 - P_0 = 0 \tag{1.1}$$

$$R - F_2 = 0 \tag{1.2}$$

一方，棒 AC が棒 CB から受ける結合力 F_1 と棒 CB が棒 AC から受ける結合力 F_2 とは作用と反作用の関係にあり，作用反作用の法則より

$$F_1 = F_2 \tag{1.3}$$

このとき，棒 AC と棒 CB との間に働く結合力 $F_1 = F_2$ は，棒全体を 1 つの物体とみなしたときに面 X に生じる内力 $\overline{F}$ に相当する．すなわち

$$\overline{F} = F_1 = F_2 \tag{1.4}$$

したがって，外力 P_0 によって面 X に生じる内力 $\overline{F}$ は，式 (1.1) および式 (1.4) より，次式のように与えられることになる．

$$\overline{F} = F_1 = F_2 = P_0 \tag{1.5}$$

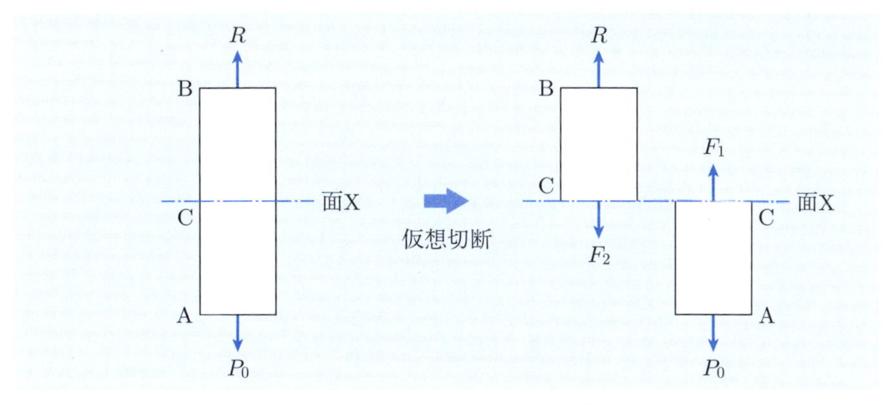

図 1.4　外力と内力（FBD）

このように，物体を仮想切断することによって，物体に生じる内力を仮想断面に働く外力として顕在化することができる．一般に，物体の変形や破損は内力と深く関連しており，**「材料力学とは，外力などによって物体に生じる内力の様子を分析し，物体に生じる変形や破損を考察する学問である」**といえる．

図1.4に示すように，解析対象の物体のみに着目し，その物体に働く力を表記した図を**自由物体図**（free body diagram：FBD）と呼ぶ．FBD を活用することによって，物体に働く外力や内力の様子を正確かつ容易に把握することができる．なお，本書では，外力と内力との区別を容易にするため，内力を表す変数に上線をつけて表記する．また，図1.5に示すように，内力によって生じる変形を明確にするため，仮想断面に生じる内力を2種類の方法で表記する．

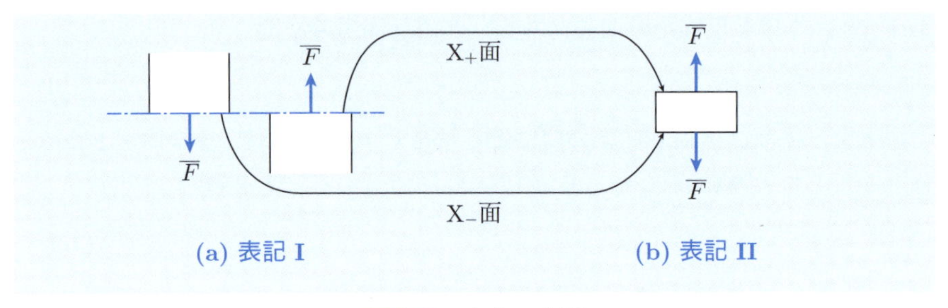

図1.5　内力の表記

■ 例題 1.1 ■

図1.6に示すように，質量密度 ρ，断面積 A，全長 l の棒が吊り下げられている．このとき，棒に生じる内力 $\overline{F}$ を算出せよ．

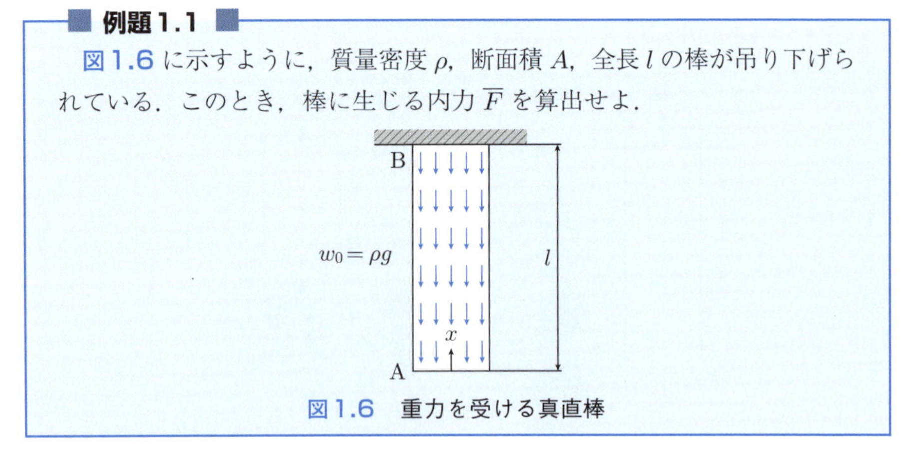

図1.6　重力を受ける真直棒

【解答】　図1.7に示すように，面 X でこの棒を仮想切断し，棒 AC が棒 CB か

ら受ける結合力を F_1，棒 CB が棒 AC から受ける結合力を F_2，棒 AC に働く重力を W_1，棒 CB に働く重力を W_2，棒が天井から受ける抗力を R とおくと，棒 AC および棒 CB に関する力の平衡条件より

$$F_1 - W_1 = 0 \tag{a}$$

$$R - W_2 - F_2 = 0 \tag{b}$$

ここで，棒の下端から面 X までの距離を x，重力加速度を g とおくと，棒 AC に働く重力 W_1 および棒 CB に働く重力 W_2 は

$$W_1 = \rho g A x \tag{c}$$

$$W_2 = \rho g A(l - x) \tag{d}$$

一方，棒 AC が棒 CB から受ける結合力 F_1 と棒 CB が棒 AC から受ける結合力 F_2 とは作用と反作用の関係にあり，作用反作用の法則より

$$F_1 = F_2 \tag{e}$$

このとき，棒 AC と棒 CB との間に働く結合力 $F_1 = F_2$ は，棒全体を 1 つの物体とみなしたときに面 X に生じる内力 $\overline{F}$ に相当する．すなわち

$$\overline{F} = F_1 = F_2 \tag{f}$$

したがって，重力 $w_0 = \rho g$ によって面 X に生じる内力 $\overline{F}$ は，式 (a)，式 (c)，式 (f) より，次式のように与えられることになる．

$$\overline{F} = F_1 = F_2 = \rho g A x \tag{g}$$

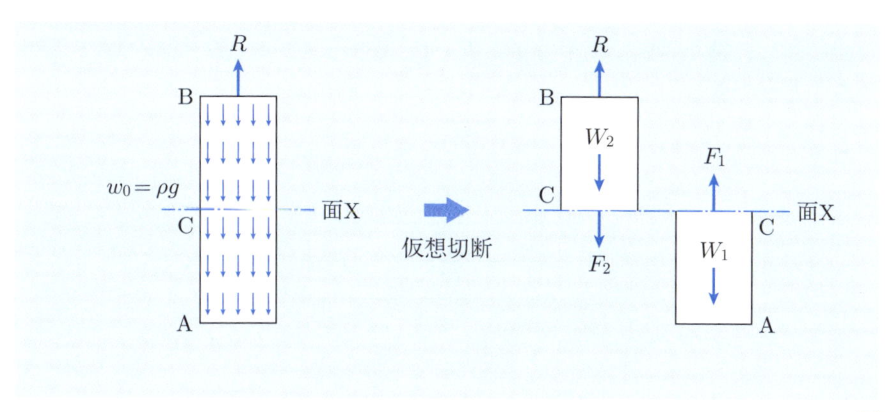

図 1.7　外力と内力（FBD）

1.2　静定問題と不静定問題

1.2.1　部材に働く外力と内力

材料力学では，**構造**（structure）を構成する要素を**部材**（member）と呼ぶが，様々な構造を設計・製作・使用する上で簡単な形状の部材の解析を理解することはきわめて重要である．一方，1.1 節で学習したように，物体に働く外力や内力は，本質的には物体表面または物体全体に働く分布力とみなすべきであるが，近似的には物体表面または物体内部の代表点に働く集中力とみなすことができる．本節では，図 1.8 に示すように，部材端面に単位面積あたり p の外力（分布力）を受ける真直棒に着目し，分布力と集中力との置換について考察してみよう．なお，棒状の部材については，部材の長手方向と直交する面を**横断面**（cross section）と呼び，横断面が作る平面図形の重心を**図心**（centroid），横断面の図心を結ぶ線を**軸線**（axis line）と呼ぶ．

最初に，部材の形状に沿って直交座標系 x-y-z を定義すると，部材に働く外力（分布力）p は，図 1.9 (a) に示すように，部材の軸線に平行な成分 p_x と部材の軸線に垂直な成分 p_y, p_z に分離することができる．ここで，分布力 p が一様である場合には，分布力 p の作用面の面積で積分することによって各成分 p_x, p_y, p_z を作用面の図心に働く等価な集中力 F_x, F_y, F_z に置換することができる．一方，分布力 p が一様でない場合には，各成分 p_x, p_y, p_z は集中力 F_x, F_y, F_z のほかにモーメント M_x, M_y, M_z を生じることになる．すなわち，一般に，部材に働く任意の外力（分布力）p は，図 1.9 (b) に示すように，分布力 p の作用面の図心に働く等価な集中力 F_x, F_y, F_z とモーメント M_x, M_y, M_z に置換することができる．

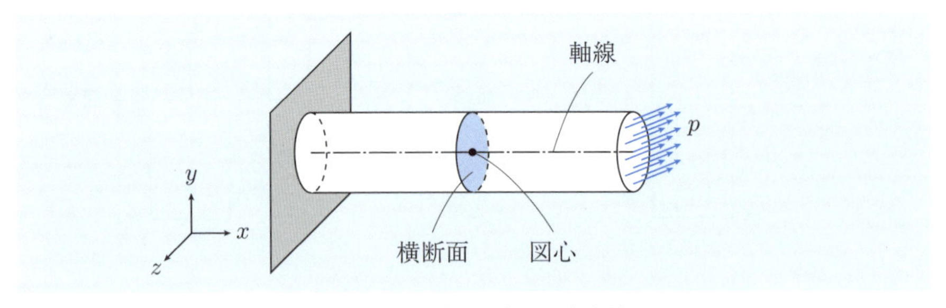

図 1.8　外力を受ける真直棒

次に，x 軸を法線とする面 X でこの部材を仮想切断すると，部材に生じる内力（分布力）$\overline{p}$ は，図 1.10 (a) に示すように，部材の軸線に平行（仮想断面に垂直）な成分 $\overline{p}_x$ と部材の軸線に垂直（仮想断面に平行）な成分 $\overline{p}_y, \overline{p}_z$ に分離することができる．このとき，外力の場合と同様，部材に生じる任意の内力（分布

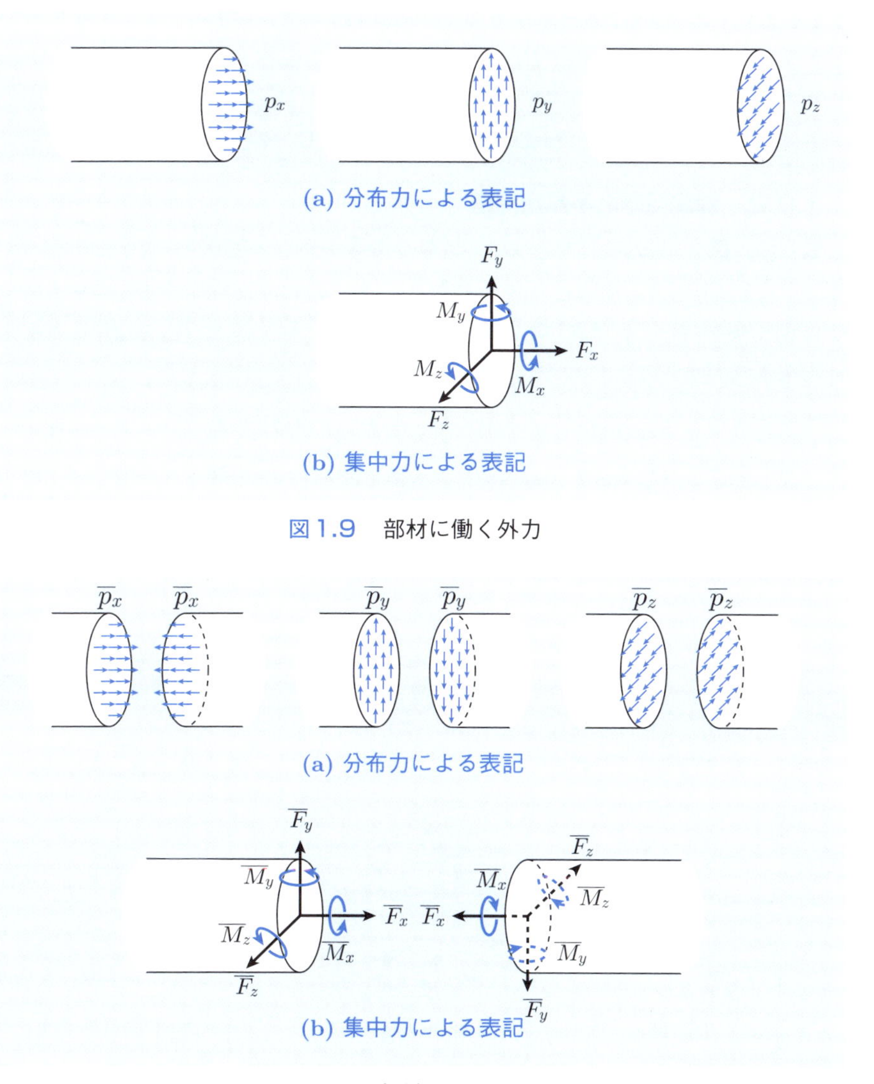

図 1.9　部材に働く外力

図 1.10　部材に生じる内力

力）$\overline{p}$ は，図 1.10 (b) に示すように，仮想断面の図心に働く等価な集中力 $\overline{F}_x$, $\overline{F}_y$, $\overline{F}_z$ とモーメント $\overline{M}_x$, $\overline{M}_y$, $\overline{M}_z$ に置換することができる．

図 1.8 に示すような棒状の部材について，$\overline{F}_x$ を**軸力**（axial force），$\overline{F}_y$ および $\overline{F}_z$ を**せん断力**（shear force），$\overline{M}_x$ を**ねじりモーメント**（torsional moment），$\overline{M}_y$ および $\overline{M}_z$ を**曲げモーメント**（bending moment）と呼ぶ．また，図 1.11 に示すように，主として軸力 $\overline{F}_x$ を分担する棒状の部材を**棒**（bar），主としてねじりモーメント $\overline{M}_x$ を分担する棒状の部材を**軸**（shaft），主として曲げモーメント $\overline{M}_y$ または $\overline{M}_z$ を分担する棒状の部材を**はり**（beam）と呼ぶ．

1.2.2　静定問題と不静定問題

最初に，図 1.12 に示すように，2本の鋼線からなる構造の二次元問題に着目し，この構造の静止状態について考察してみよう．この構造に働く外力は，点Cに働く荷重 P_0，点Aに働く抗力 R_A，点Bに働く抗力 R_B であり，構造全体の平衡条件より

$$R_A \sin\theta - R_B \sin\theta = 0 \quad (x\text{ 軸方向の力の平衡}) \tag{1.6}$$

$$R_A \cos\theta + R_B \cos\theta - P_0 = 0 \quad (y\text{ 軸方向の力の平衡}) \tag{1.7}$$

すなわち，2つの未知量 R_A, R_B に対して，2つの方程式が得られたことになり，次式のように，構造に働くすべての外力を決定することができる．

$$R_A = R_B = \frac{P_0}{2\cos\theta} \tag{1.8}$$

このように，平衡条件のみから系の静止状態を決定できる場合，これを**静定問題**（statically determinate problem）と呼ぶ．

次に，図 1.13 に示すように，3本の鋼線からなる構造の二次元問題に着目

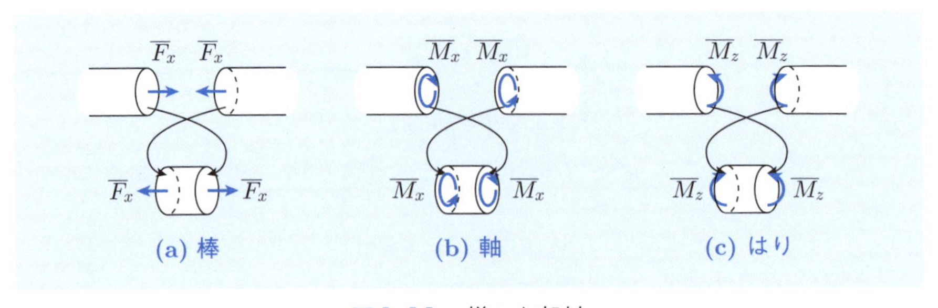

図 1.11　様々な部材

し，この構造の静止状態について考察してみよう．この構造に働く外力は，点 C に働く荷重 P_0，点 A に働く抗力 R_A，点 B に働く抗力 R_B，点 D に働く抗力 R_D であり，構造全体の平衡条件より

$$R_\mathrm{A}\sin\theta - R_\mathrm{B}\sin\theta = 0 \quad \text{（x 軸方向の力の平衡）} \tag{1.9}$$

$$R_\mathrm{A}\cos\theta + R_\mathrm{B}\cos\theta + R_\mathrm{D} - P_0 = 0 \quad \text{（y 軸方向の力の平衡）} \tag{1.10}$$

すなわち，3 つの未知量 R_A, R_B, R_D に対して，2 つの方程式が得られたのみであり，この時点では構造に働くすべての外力を決定することはできない．このように，平衡条件のみから系の静止状態を決定できない場合，これを**不静定問題**（statically indeterminate problem）と呼ぶ．例題 1.2 に示すように，不静定問題を解くためには平衡条件のほかに変形条件を定式化し，方程式の不足を補う必要がある．

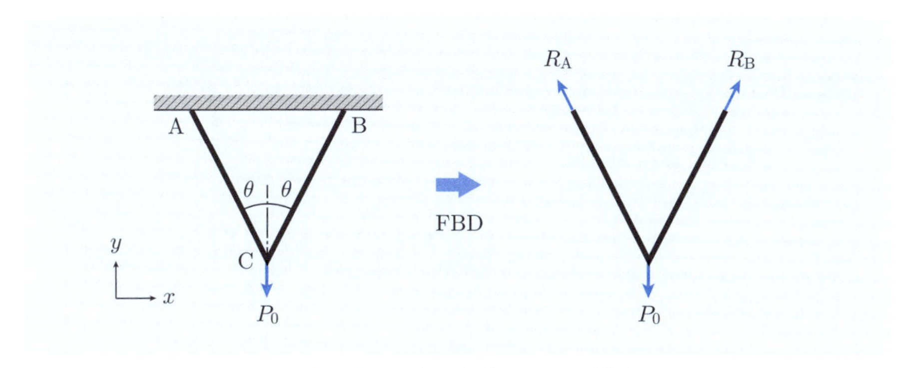

図 1.12　2 本の鋼線からなる構造

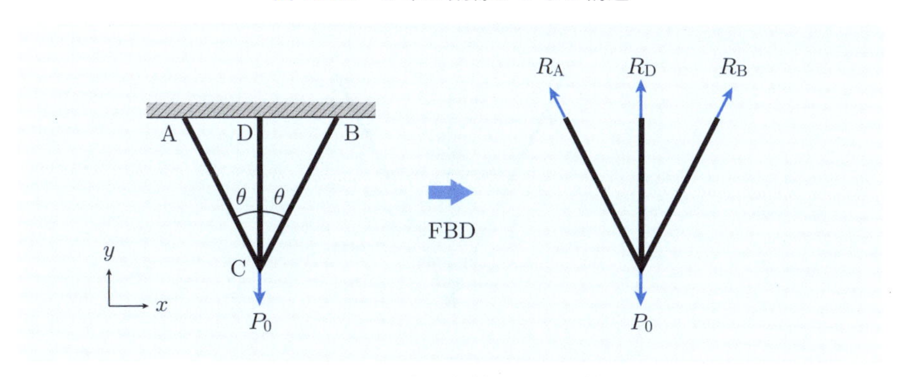

図 1.13　3 本の鋼線からなる構造

■ 例題 1.2 ■

図 1.13 のような構造について，抗力 $R_{\mathrm{A}}, R_{\mathrm{B}}, R_{\mathrm{D}}$ を算出せよ．ただし，鋼線 AC，鋼線 BC，鋼線 DC のバネ定数を k_1, k_1, k_2 とする．

【解答】 図 1.14 に示すように，点 C に生じる変位を u_{C} とおくと，鋼線 AC および鋼線 BC の伸びは $u_{\mathrm{C}}\cos\theta$ となり，鋼線に生じる張力 $\overline{T}_{\mathrm{AC}}, \overline{T}_{\mathrm{BC}}$ は

$$\overline{T}_{\mathrm{AC}} = R_{\mathrm{A}} = k_1 u_{\mathrm{C}} \cos\theta \tag{a}$$

$$\overline{T}_{\mathrm{BC}} = R_{\mathrm{B}} = k_1 u_{\mathrm{C}} \cos\theta \tag{b}$$

同様に，点 C に生じる変位を u_{C} とおくと，鋼線 DC の伸びは u_{C} となり，鋼線に生じる張力 $\overline{T}_{\mathrm{DC}}$ は

$$\overline{T}_{\mathrm{DC}} = R_{\mathrm{D}} = k_2 u_{\mathrm{C}} \tag{c}$$

したがって，式 (a)，式 (b)，式 (c) を式 (1.10) に代入し整理すると，点 C に生じる変位 u_{C} は，バネ定数 k_1, k_2 を用いて

$$u_{\mathrm{C}} = \frac{P_0}{2k_1\cos^2\theta + k_2} \tag{d}$$

一方，鋼線 AC，鋼線 BC，鋼線 DC の長さは $l_{\mathrm{AC}} = l_{\mathrm{BC}} = l_{\mathrm{DC}}/\cos\theta$ であり，材質や線径が同一である場合には，$k_1 = k_2\cos\theta$ となることから

$$u_{\mathrm{C}} = \frac{P_0/k_2}{2\cos^3\theta + 1} \tag{e}$$

したがって，式 (e) を式 (a)，式 (b)，式 (c) に代入し整理すると，点 A，点 B，点 D に生じる抗力 $R_{\mathrm{A}}, R_{\mathrm{B}}, R_{\mathrm{D}}$ は次式のように与えられることになる．

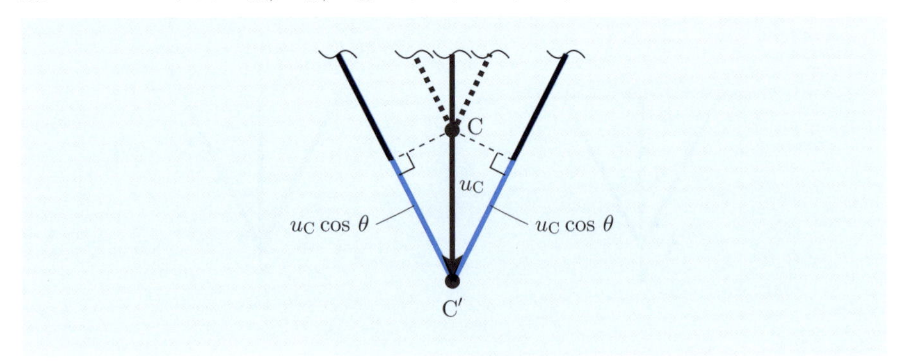

図 1.14 鋼線の伸び

$$R_A = R_B = \frac{P_0 \cos^2\theta}{2\cos^3\theta + 1} \tag{f}$$

$$R_D = \frac{P_0}{2\cos^3\theta + 1} \tag{g}$$

■

● 外力と内力 ●

例えば，1.1 節の書棚と机の事例では，書棚と机とを別々の物体（2 つの物体）とみなした場合，机は書棚から表面力 P_2，床から表面力 P_3, P_4 を外力として受けることになる．また，書棚は机から表面力 P_1，地球から物体力 W_1 を外力として受けることになる．ところが，書棚と机を書棚付き机（1 つの物体）とみなした場合，書棚付き机は床から表面力 P_3, P_4，地球から物体力 W_1 を外力として受けることになり，表面力 P_1, P_2 は書棚付き机に生じる内力とみなすことができる．さらに，書棚付き机を脚部で仮想的に切断し，上部と下部とを別々の物体（2 つの物体）とみなすこともできる．この場合には，書棚付き机上部は床から表面力 P_3，地球から物体力 W_1 を外力として受けるとともに，書棚付き机下部から表面力 P_5 を外力として受けることになる．また，書棚付き机下部は床から表面力 P_4 を受けるとともに，書棚付き机上部から表面力 P_6 を外力として受けることになる．すなわち，表面力 P_1, P_2 あるいは表面力 P_5, P_6 を外力とみなすか内力とみなすかについては，観測者の視点に依存するのみであり，外力と内力との間に本質的な差異がないことが示唆される．

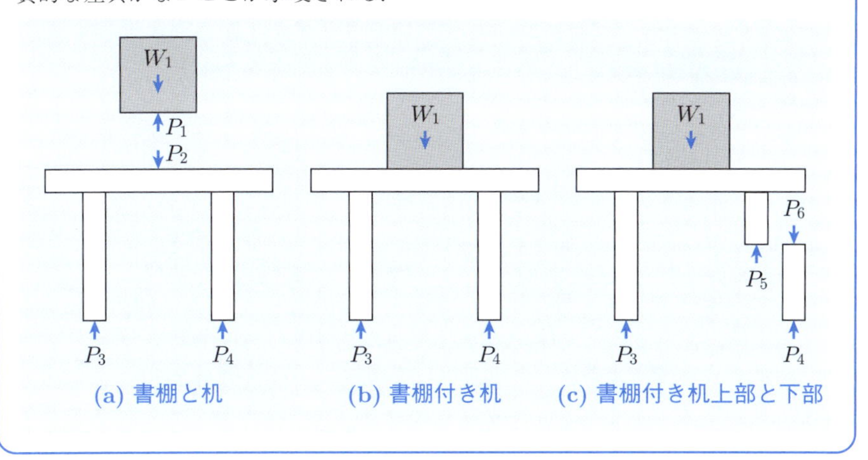

(a) 書棚と机　(b) 書棚付き机　(c) 書棚付き机上部と下部

補足 1.1　骨組構造の解析

鉄塔や鉄橋などのように，複数の棒状の部材を連結して組み立てた構造を**骨組構造**と呼ぶ．骨組構造において，部材同士の連結部を**節点**と呼び，図 1.15 (a) に示すように，節点において回転が許容される場合を**滑節**，節点において回転が許容されない場合を**剛節**と呼ぶ．すなわち，滑節を介して部材間に伝達される内力は軸力 $\overline{N}$ のみであるのに対し，剛節を介して部材間に伝達される内力は軸力 $\overline{N}$ と曲げモーメント $\overline{M}$ である．滑節のみで構成される骨組構造を**トラス**，剛節と滑節または剛節のみで構成される骨組構造を**ラーメン**と呼ぶ．また，骨組構造に対する変位拘束は図 1.15 (b) に示すような 4 種類を定義することができる．

図 1.15 (c) および図 1.15 (d) に示すようなトラスについて，節点 A および節点 B に働く反力を $R_{\mathrm{A}x}, R_{\mathrm{A}y}, R_{\mathrm{B}y}$，各部材に生じる軸力を $\overline{N}_{\mathrm{AB}}, \overline{N}_{\mathrm{BC}}, \cdots$，外力の未知量の総数を r，内力の未知量の総数を n，各節点に関する x 軸方向および y 軸方向の平衡条件から導出される方程式の総数 k とおくと，図 1.15 (c) のトラスでは，$r = 3, n = 5, k = 8$ より $r + n = k$ となり，平衡条件のみからすべての未知量を決定することができる．一方，図 1.15 (d) のトラスでは，$r = 3, n = 6, k = 8$ より $r + n > k$ となり，平衡条件のみからすべての未知量を決定することはできない．前者を**静定トラス**，後者を**不静定トラス**と呼ぶ．

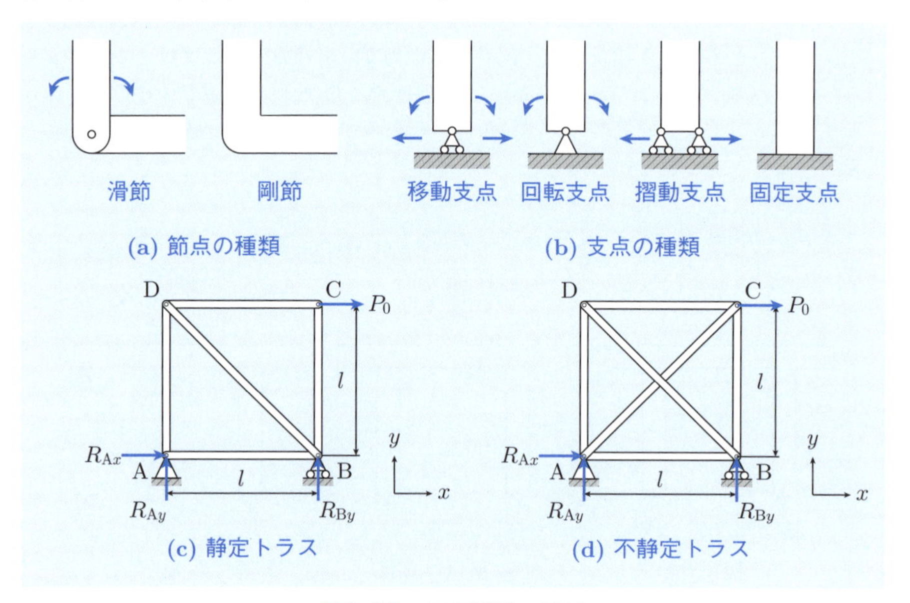

図 1.15　骨組構造の解析

補足 1.2　静定トラスの解析

図 1.15 (c) に示すような集中荷重 P_0 を受ける静定トラスについて，各部材に生じる軸力 $\overline{N}$ を算出してみよう．図 1.16 (a) に示すように，このトラスに働く外力は集中荷重 P_0，点 A に働く反力 $R_{\mathrm{A}x}$，$R_{\mathrm{A}y}$，点 B に働く反力 $R_{\mathrm{B}y}$ であり，図 1.16 (b) に示すように，節点ごとに外力と内力を整理すると，平衡条件より

$$\overline{N}_{\mathrm{AB}} + R_{\mathrm{A}x} = 0, \quad \overline{N}_{\mathrm{DA}} + R_{\mathrm{A}y} = 0 \tag{1.11}$$

$$-\overline{N}_{\mathrm{AB}} - \overline{N}_{\mathrm{BD}} \cos 45^\circ = 0, \quad \overline{N}_{\mathrm{BC}} + \overline{N}_{\mathrm{BD}} \sin 45^\circ + R_{\mathrm{B}y} = 0 \tag{1.12}$$

$$-\overline{N}_{\mathrm{CD}} + P_0 = 0, \quad -\overline{N}_{\mathrm{BC}} = 0 \tag{1.13}$$

$$\overline{N}_{\mathrm{CD}} + \overline{N}_{\mathrm{BD}} \cos 45^\circ = 0, \quad -\overline{N}_{\mathrm{DA}} - \overline{N}_{\mathrm{BD}} \sin 45^\circ = 0 \tag{1.14}$$

したがって，集中荷重 P_0 によって各部材に生じる軸力 $\overline{N}$ は，式 (1.11)，式 (1.12)，式 (1.13)，式 (1.14) より

$$\overline{N}_{\mathrm{AB}} = \overline{N}_{\mathrm{CD}} = \overline{N}_{\mathrm{DA}} = P_0 \tag{1.15}$$

$$\overline{N}_{\mathrm{BC}} = 0 \tag{1.16}$$

$$\overline{N}_{\mathrm{BD}} = -\sqrt{2} P_0 \tag{1.17}$$

このように，節点ごとに外力と内力を整理し，節点ごとの平衡条件をもとに，各部材に生じる軸力 $\overline{N}$ を算出する方法を**節点法**と呼ぶ．この方法のほかに，仮想切断を用いて構造を分割し，分割部分の平衡条件をもとに，各部材に生じる軸力 $\overline{N}$ を算出する方法を**切断法**と呼ぶ．

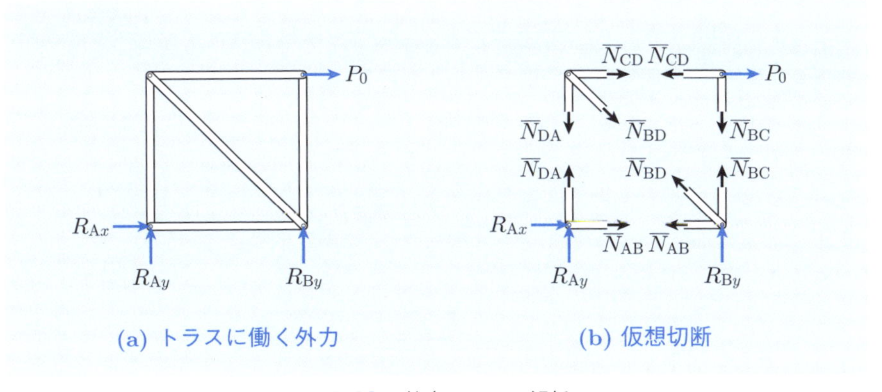

図 1.16　静定トラスの解析

1章の問題

□**1.1**　図1に示すように，真直棒に集中荷重 P_1, P_2 を与えた．このとき，面 X_1 および面 X_2 に生じる内力と内力モーメントを算出せよ．

□**1.2**　図2に示すように，真直棒に集中荷重 P_0 を与えた．このとき，面 X_1 および面 X_2 に生じる内力と内力モーメントを算出せよ．

□**1.3**　図3に示すように，真直棒の端面に単位面積あたり p の分布荷重を与えた．このとき，分布荷重 p を図心Oに働く等価な集中力とモーメントに置換せよ．

□**1.4**　図4に示すように，真直棒の端面に単位面積あたり p の分布荷重を与えた．このとき，分布荷重 p を図心Oに働く等価な集中力とモーメントに置換せよ．

□**1.5**　図5に示すように，静定トラスに集中荷重 P_0 を与えた．このとき，各部材に生じる軸力を算出せよ．ただし，各部材の断面積と長さは同一である．

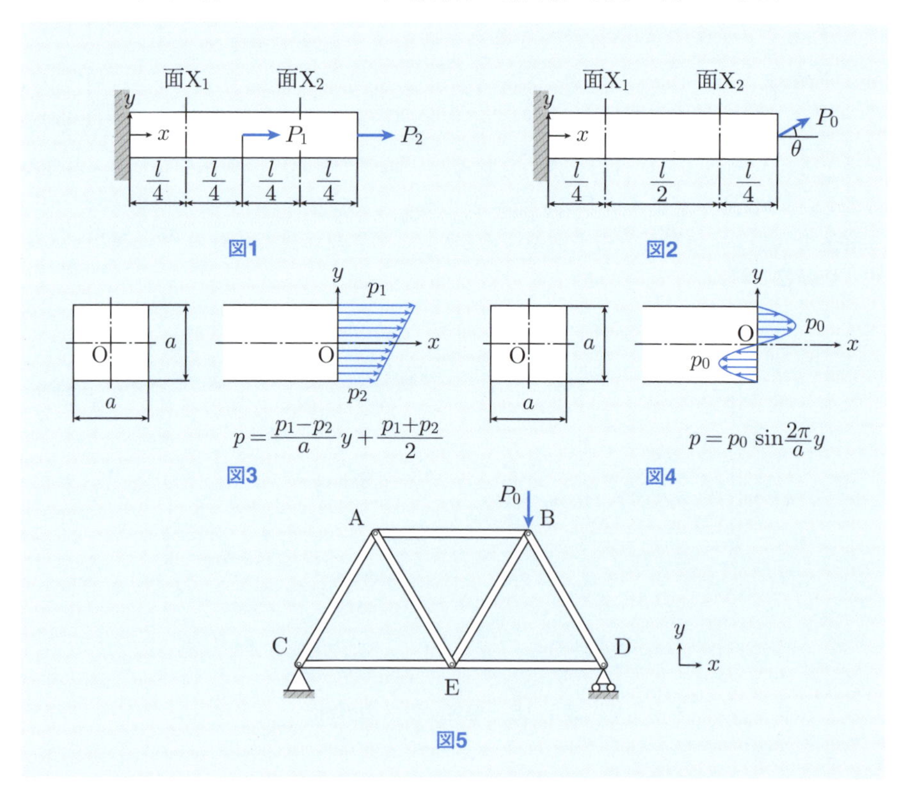

図1

図2

図3

図4

図5

第2章

応力の定義と解析

第１章では，外力などが働くことによって，物体には内力が生じることを学習した．材料力学では，物体に生じる単位面積あたりの内力を**応力**と呼び，内力の状態を表す最も基本的な物理量と位置づける．この章では，材料力学の基礎となる応力の定義と解析について学習する．

2.1　物体に生じる内力と応力

2.1.1　応力の概念と定義

第1章で学習したように，外力を受ける物体には内力と変形が生じる．内力は，本質的に仮想断面に生じる分布力とみなすことができ，物体に生じる内力の大きさを議論する上では，単位面積あたりの内力に着目するのが合理的である．材料力学では，物体に生じる単位面積あたりの内力を**応力**（stress）と呼び，内力の状態を表す最も基本的な物理量と位置づける．なお，定義から明らかなように，応力の単位は $\mathrm{N/m^2}$ または Pa などである．

図2.1に示すように，荷重 P_0 を受ける六面体について，荷重 P_0 の作用面と平行に仮想断面Aを定義すると，断面Aには法線方向に内力（垂直力）$\overline{F}_N = P_0$ が生じる．このとき，断面Aに生じる単位面積あたりの垂直力を**垂直応力**（normal

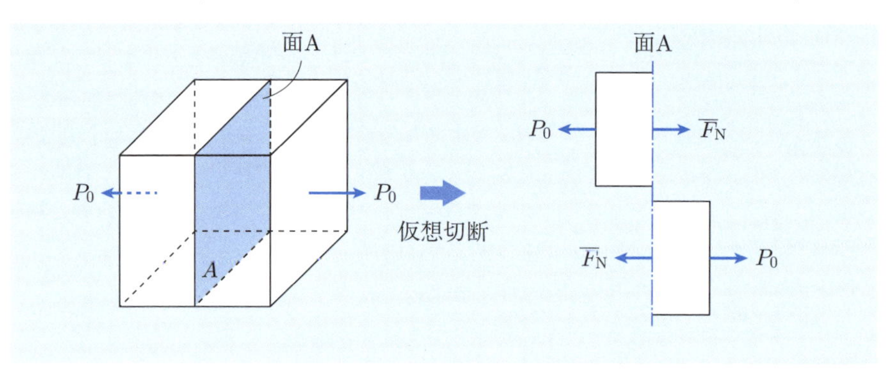

図2.1　垂直応力の定義

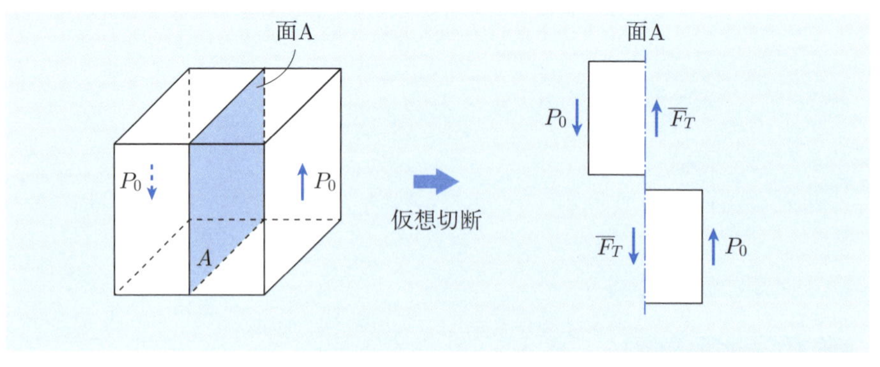

図2.2　せん断応力の定義

stress）と呼び，変数 σ を用いて表記する．同様に，図2.2に示すように，荷重 P_0 を受ける六面体について，荷重 P_0 の作用面と平行に仮想断面 A を定義すると，断面 A には接線方向に内力（せん断力）$\overline{F}_T = P_0$ が生じる．このとき，断面 A に生じる単位面積あたりのせん断力を**せん断応力**（shear stress）と呼び，変数 τ を用いて表記する．すなわち

$$\text{垂直応力}\ \sigma = \frac{\text{仮想断面に生じる垂直力}\ \overline{F}_N}{\text{仮想断面の面積}\ A} \tag{2.1}$$

$$\text{せん断応力}\ \tau = \frac{\text{仮想断面に生じるせん断力}\ \overline{F}_T}{\text{仮想断面の面積}\ A} \tag{2.2}$$

例えば，図2.1の事例について，$P_0 = 20\,\mathrm{kN}$, $A = 500\,\mathrm{mm}^2$ であれば，物体には $\sigma = 40\,\mathrm{MPa}$ の一様な垂直応力が生じることになる．同様に，図2.2の事例について，$P_0 = 10\,\mathrm{kN}$, $A = 500\,\mathrm{mm}^2$ であれば，物体には $\tau = 20\,\mathrm{MPa}$ の一様なせん断応力が生じることになる．

2.1.2　応力の定式化

式 (2.1) および式 (2.2) の定義をもとに，図2.3に示すような物体に生じる応力について考察してみよう．最初に，物体中の任意点 P を基準として x 軸，y 軸，z 軸を法線とする 3 つの微小な仮想断面 X, Y, Z を定義すると，これらの

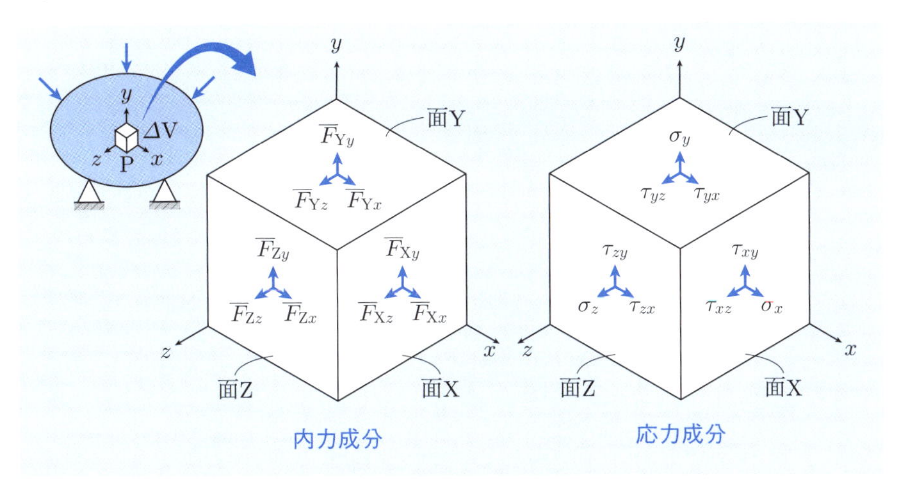

図2.3　微小六面体の内力

仮想断面で構成される微小六面体 ΔV を定義することができる．ここで，仮想断面 X に生じる内力の各方向成分を $\overline{F}_{Xx}$, $\overline{F}_{Xy}$, $\overline{F}_{Xz}$，仮想断面 Y に生じる内力の各方向成分を $\overline{F}_{Yx}$, $\overline{F}_{Yy}$, $\overline{F}_{Yz}$，仮想断面 Z に生じる内力の各方向成分を $\overline{F}_{Zx}$, $\overline{F}_{Zy}$, $\overline{F}_{Zz}$ とおくと，垂直応力およびせん断応力を定義することができる．理解を容易にするため，図2.4に示すように，x 方向成分と y 方向成分のみに着目すると，内力 $\overline{F}_{Xx}$, $\overline{F}_{Yy}$ は仮想断面 X および仮想断面 Y に生じる垂直力，内力 $\overline{F}_{Xy}$, $\overline{F}_{Yx}$ は仮想断面 X および仮想断面 Y に生じるせん断力に相当することが分かる．ここで，仮想断面 X に生じる垂直応力を σ_x，仮想断面 Y に生じる垂直応力を σ_y と定義すると，式 (2.1) より

$$\sigma_x = \frac{\overline{F}_{Xx}}{A_X}, \quad \sigma_y = \frac{\overline{F}_{Yy}}{A_Y} \tag{2.3}$$

同様に，仮想断面 X に生じるせん断応力を τ_{xy}，仮想断面 Y に生じるせん断応力を τ_{yx} と定義すると，式 (2.2) より

$$\tau_{xy} = \frac{\overline{F}_{Xy}}{A_X}, \quad \tau_{yx} = \frac{\overline{F}_{Yx}}{A_Y} \tag{2.4}$$

ただし，A_X, A_Y は仮想断面 X および仮想断面 Y の面積である．ここで，z 方向成分を含めて，式 (2.3) および式 (2.4) を一般化すると

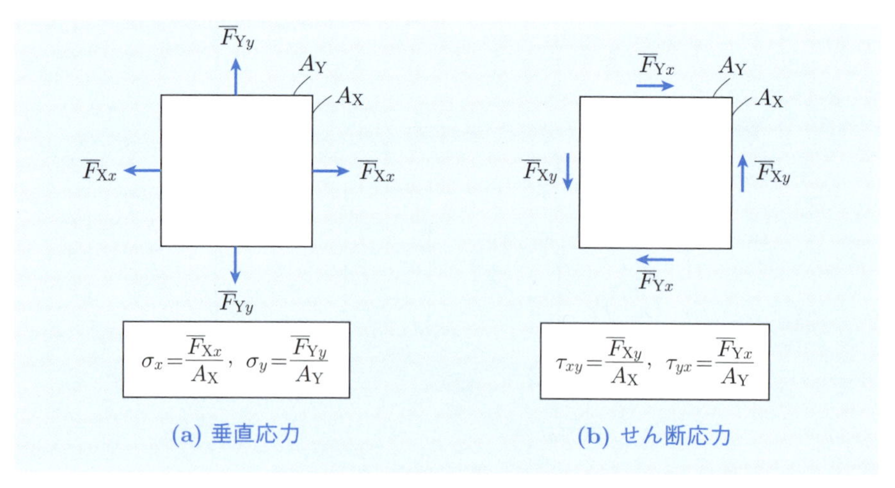

図2.4　微小六面体の応力

$$\sigma_x = \frac{\overline{F}_{\mathrm{X}x}}{A_{\mathrm{X}}}, \quad \tau_{xy} = \frac{\overline{F}_{\mathrm{X}y}}{A_{\mathrm{X}}}, \quad \tau_{xz} = \frac{\overline{F}_{\mathrm{X}z}}{A_{\mathrm{X}}}$$
$$\tau_{yx} = \frac{\overline{F}_{\mathrm{Y}x}}{A_{\mathrm{Y}}}, \quad \sigma_y = \frac{\overline{F}_{\mathrm{Y}y}}{A_{\mathrm{Y}}}, \quad \tau_{yz} = \frac{\overline{F}_{\mathrm{Y}z}}{A_{\mathrm{Y}}} \tag{2.5}$$
$$\tau_{zx} = \frac{\overline{F}_{\mathrm{Z}x}}{A_{\mathrm{Z}}}, \quad \tau_{zy} = \frac{\overline{F}_{\mathrm{Z}y}}{A_{\mathrm{Z}}}, \quad \sigma_z = \frac{\overline{F}_{\mathrm{Z}z}}{A_{\mathrm{Z}}}$$

また，式 (2.5) は次式のように行列形式に整理すると，各成分の対応関係を理解しやすい．

$$\begin{bmatrix} \sigma_x & \tau_{xy} & \tau_{xz} \\ \tau_{yx} & \sigma_y & \tau_{yz} \\ \tau_{zx} & \tau_{zy} & \sigma_z \end{bmatrix} = \begin{bmatrix} \frac{\overline{F}_{\mathrm{X}x}}{A_{\mathrm{X}}} & \frac{\overline{F}_{\mathrm{X}y}}{A_{\mathrm{X}}} & \frac{\overline{F}_{\mathrm{X}z}}{A_{\mathrm{X}}} \\ \frac{\overline{F}_{\mathrm{Y}x}}{A_{\mathrm{Y}}} & \frac{\overline{F}_{\mathrm{Y}y}}{A_{\mathrm{Y}}} & \frac{\overline{F}_{\mathrm{Y}z}}{A_{\mathrm{Y}}} \\ \frac{\overline{F}_{\mathrm{Z}x}}{A_{\mathrm{Z}}} & \frac{\overline{F}_{\mathrm{Z}y}}{A_{\mathrm{Z}}} & \frac{\overline{F}_{\mathrm{Z}z}}{A_{\mathrm{Z}}} \end{bmatrix} \tag{2.6}$$

なお，せん断応力については，物体がおかれた力学状態によらず，次式のような関係が成立する（**せん断応力の共役性**：conjugate of shear stress）．

$$\tau_{xy} = \tau_{yx}, \quad \tau_{yz} = \tau_{zy}, \quad \tau_{zx} = \tau_{xz} \tag{2.7}$$

微小六面体 ΔV を十分に小さくとると，より厳密な表現として，式 (2.5) は次式のように整理される（応力の定義）．

$$\sigma_x = \frac{d\overline{F}_{\mathrm{X}x}}{dA_{\mathrm{X}}}, \quad \tau_{xy} = \frac{d\overline{F}_{\mathrm{X}y}}{dA_{\mathrm{X}}}, \quad \tau_{xz} = \frac{d\overline{F}_{\mathrm{X}z}}{dA_{\mathrm{X}}}$$
$$\tau_{yx} = \frac{d\overline{F}_{\mathrm{Y}x}}{dA_{\mathrm{Y}}}, \quad \sigma_y = \frac{d\overline{F}_{\mathrm{Y}y}}{dA_{\mathrm{Y}}}, \quad \tau_{yz} = \frac{d\overline{F}_{\mathrm{Y}z}}{dA_{\mathrm{Y}}} \tag{2.8}$$
$$\tau_{zx} = \frac{d\overline{F}_{\mathrm{Z}x}}{dA_{\mathrm{Z}}}, \quad \tau_{zy} = \frac{d\overline{F}_{\mathrm{Z}y}}{dA_{\mathrm{Z}}}, \quad \sigma_z = \frac{d\overline{F}_{\mathrm{Z}z}}{dA_{\mathrm{Z}}}$$

$$\begin{bmatrix} \sigma_x & \tau_{xy} & \tau_{xz} \\ \tau_{yx} & \sigma_y & \tau_{yz} \\ \tau_{zx} & \tau_{zy} & \sigma_z \end{bmatrix} = \begin{bmatrix} \frac{d\overline{F}_{\mathrm{X}x}}{dA_{\mathrm{X}}} & \frac{d\overline{F}_{\mathrm{X}y}}{dA_{\mathrm{X}}} & \frac{d\overline{F}_{\mathrm{X}z}}{dA_{\mathrm{X}}} \\ \frac{d\overline{F}_{\mathrm{Y}x}}{dA_{\mathrm{Y}}} & \frac{d\overline{F}_{\mathrm{Y}y}}{dA_{\mathrm{Y}}} & \frac{d\overline{F}_{\mathrm{Y}z}}{dA_{\mathrm{Y}}} \\ \frac{d\overline{F}_{\mathrm{Z}x}}{dA_{\mathrm{Z}}} & \frac{d\overline{F}_{\mathrm{Z}y}}{dA_{\mathrm{Z}}} & \frac{d\overline{F}_{\mathrm{Z}z}}{dA_{\mathrm{Z}}} \end{bmatrix} \tag{2.9}$$

式 (2.8) で定義した 9 つの応力成分（独立な成分は 6 つ）は，図2.5のように整理される．いずれの応力成分についても，図中の矢印の向きを「正」，その逆向きを「負」と定義する．すなわち，垂直応力については，物体に対して引張方向に内力が生じる状態を「正」，物体に対して圧縮方向に内力が生じる状態を「負」と定義する．また，上述のように，せん断応力については，共役な成分が常に対になって生じることに留意すべきである．

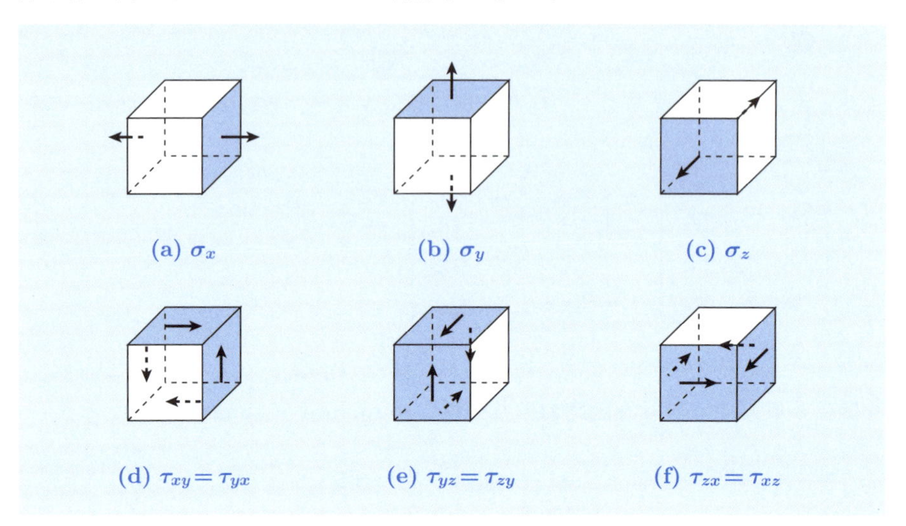

図2.5　応力成分の定義

例題2.1

図2.6に示すように，物体に荷重 $P_1 = 30\,\mathrm{kN}$, $P_2 = 20\,\mathrm{kN}$, $P_3 = 60\,\mathrm{kN}$, $P_4 = 40\,\mathrm{kN}$ が働いている．このとき，物体に生じる応力を算出せよ．ただし，物体の各辺の長さを $l_\mathrm{X} = 200\,\mathrm{mm}$, $l_\mathrm{Y} = 100\,\mathrm{mm}$, $l_\mathrm{Z} = 10\,\mathrm{mm}$ とする．

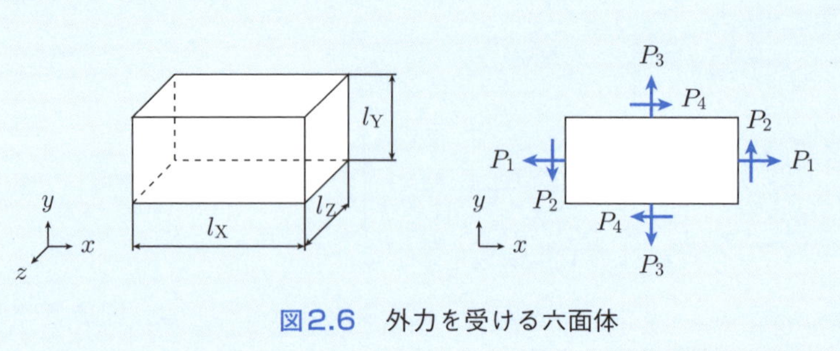

図2.6　外力を受ける六面体

【解答】　式 (2.5) に $\overline{F}_{\mathrm{X}x}=P_1$, $\overline{F}_{\mathrm{X}y}=P_2$, $\overline{F}_{\mathrm{X}z}=0$, $\overline{F}_{\mathrm{Y}x}=P_4$, $\overline{F}_{\mathrm{Y}y}=P_3$, $\overline{F}_{\mathrm{Y}z}=0$, $\overline{F}_{\mathrm{Z}x}=0$, $\overline{F}_{\mathrm{Z}y}=0$, $\overline{F}_{\mathrm{Z}z}=0$ を代入すると

$$\sigma_x=\frac{\overline{F}_{\mathrm{X}x}}{A_{\mathrm{X}}}=\frac{P_1}{l_{\mathrm{Y}}l_{\mathrm{Z}}}=\frac{30000}{100\times 10}=30\,\mathrm{MPa} \tag{a}$$

$$\sigma_y=\frac{\overline{F}_{\mathrm{Y}y}}{A_{\mathrm{Y}}}=\frac{P_3}{l_{\mathrm{Z}}l_{\mathrm{X}}}=\frac{60000}{10\times 200}=30\,\mathrm{MPa} \tag{b}$$

$$\sigma_z=\frac{\overline{F}_{\mathrm{Z}z}}{A_{\mathrm{Z}}}=\frac{0}{l_{\mathrm{X}}l_{\mathrm{Y}}}=\frac{0}{200\times 100}=0 \tag{c}$$

$$\tau_{xy}=\frac{\overline{F}_{\mathrm{X}y}}{A_{\mathrm{X}}}=\frac{P_2}{l_{\mathrm{Y}}l_{\mathrm{Z}}}=\frac{20000}{100\times 10}=20\,\mathrm{MPa} \tag{d}$$

$$\tau_{yx}=\frac{\overline{F}_{\mathrm{Y}x}}{A_{\mathrm{Y}}}=\frac{P_4}{l_{\mathrm{Z}}l_{\mathrm{X}}}=\frac{40000}{10\times 200}=20\,\mathrm{MPa} \tag{e}$$

$$\tau_{yz}=\frac{\overline{F}_{\mathrm{Y}z}}{A_{\mathrm{Y}}}=\frac{0}{l_{\mathrm{Z}}l_{\mathrm{X}}}=\frac{0}{10\times 200}=0 \tag{f}$$

$$\tau_{zy}=\frac{\overline{F}_{\mathrm{Z}y}}{A_{\mathrm{Z}}}=\frac{0}{l_{\mathrm{X}}l_{\mathrm{Y}}}=\frac{0}{200\times 100}=0 \tag{g}$$

$$\tau_{zx}=\frac{\overline{F}_{\mathrm{Z}x}}{A_{\mathrm{Z}}}=\frac{0}{l_{\mathrm{X}}l_{\mathrm{Y}}}=\frac{0}{200\times 100}=0 \tag{h}$$

$$\tau_{xz}=\frac{\overline{F}_{\mathrm{X}z}}{A_{\mathrm{X}}}=\frac{0}{l_{\mathrm{Y}}l_{\mathrm{Z}}}=\frac{0}{100\times 10}=0 \tag{i}$$

■

● 仮想切断と内力 ●

切目を入れたダイコンを圧縮してみよう．切目の方向によって，切目にずれが生じる場合と生じない場合があることが分かる．ずれはせん断によるものであり，次節で学習するように，ずれが生じないような断面を主面，主面に対する法線を主軸，主面に生じる垂直応力を主応力と呼ぶ．

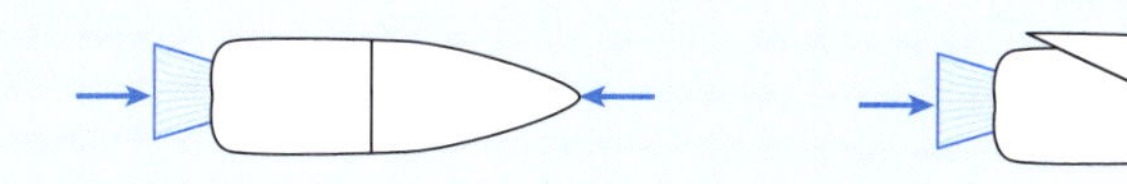

(a) ずれが生じない（主面）　(b) ずれが生じる（非主面）

2.2 座標変換と主応力

2.2.1 座標変換と主応力

図 2.7 に示すように，荷重 P_0 を受ける断面積 A_0 の真直棒に着目し，この棒の応力状態について考察してみよう．ただし，z 軸が棒の軸線と直交するように直交座標系 x-y-z をとり，x 軸が軸線となす角を θ とする．また，当面，x 方向成分と y 方向成分のみに着目する．最初に，棒中に x 軸を法線とする仮想断面 X と y 軸を法線とする仮想断面 Y を定義すると，仮想断面 X の面積 A_X および仮想断面 Y の面積 A_Y は

$$\begin{aligned} A_\mathrm{X} &= A_0/\cos\theta \\ A_\mathrm{Y} &= A_0/\sin\theta \end{aligned} \tag{2.10}$$

このとき，仮想断面 X に生じる内力 $\overline{F}_\mathrm{X}$ の x 方向成分 $\overline{F}_{\mathrm{X}x}$ および y 方向成分 $\overline{F}_{\mathrm{X}y}$ は，$\overline{F}_\mathrm{X} = P_0$ より

$$\begin{aligned} \overline{F}_{\mathrm{X}x} &= \overline{F}_\mathrm{X}\cos\theta = P_0\cos\theta \\ \overline{F}_{\mathrm{X}y} &= -\overline{F}_\mathrm{X}\sin\theta = -P_0\sin\theta \end{aligned} \tag{2.11}$$

また，仮想断面 Y に生じる内力 $\overline{F}_\mathrm{Y}$ の x 方向成分 $\overline{F}_{\mathrm{Y}x}$ および y 方向成分 $\overline{F}_{\mathrm{Y}y}$ は，$\overline{F}_\mathrm{Y} = P_0$ より

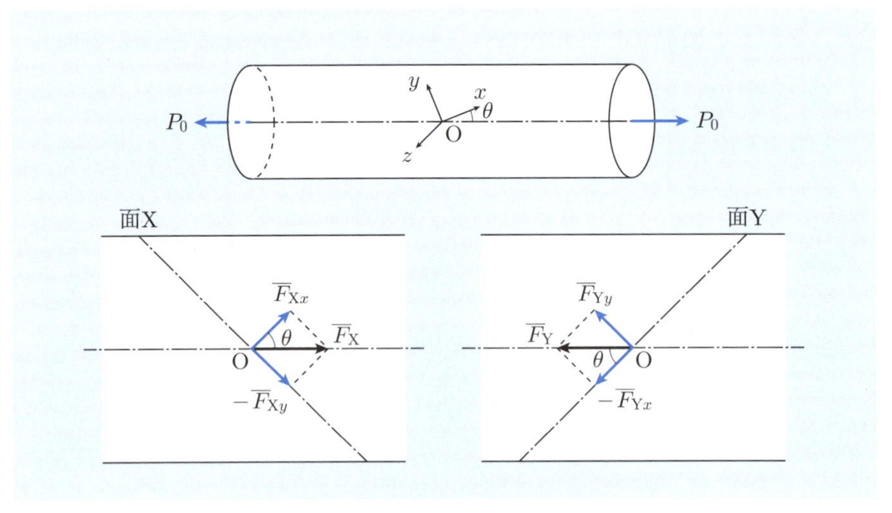

図 2.7 単軸応力状態での内力

$$\overline{F}_{Yx} = -\overline{F}_Y \cos\theta = -P_0 \cos\theta$$
$$\overline{F}_{Yy} = \overline{F}_Y \sin\theta = P_0 \sin\theta \tag{2.12}$$

したがって，$P_0/A_0 = \sigma_0$ とおき，式 (2.10)，式 (2.11)，式 (2.12) を式 (2.5) に代入すると，この棒に生じる応力の各成分は

$$\sigma_x = \frac{\overline{F}_{Xx}}{A_X} = \sigma_0 \cos^2\theta$$
$$\tau_{xy} = \frac{\overline{F}_{Xy}}{A_X} = -\sigma_0 \cos\theta \sin\theta$$
$$\sigma_y = \frac{\overline{F}_{Yy}}{A_Y} = \sigma_0 \sin^2\theta \tag{2.13}$$
$$\tau_{yx} = \frac{\overline{F}_{Yx}}{A_Y} = -\sigma_0 \cos\theta \sin\theta$$

以上のことから，物体に生じる応力の各成分は仮想断面（座標系）の取り方によって大きく変化することが分かり，この問題では，角度 θ に対する各成分の変化は図2.8のようになる．図から，$\theta = 0, \pi/2$ のとき，せん断応力 τ_{xy} が 0 となり，垂直応力 σ_x, σ_y が極値をとることが分かる．このことは任意の応力状態について成立し，座標系の向きを適切にとることによって，せん断応力をすべて 0 にすることができる．このように，せん断応力が 0 となるような仮想断

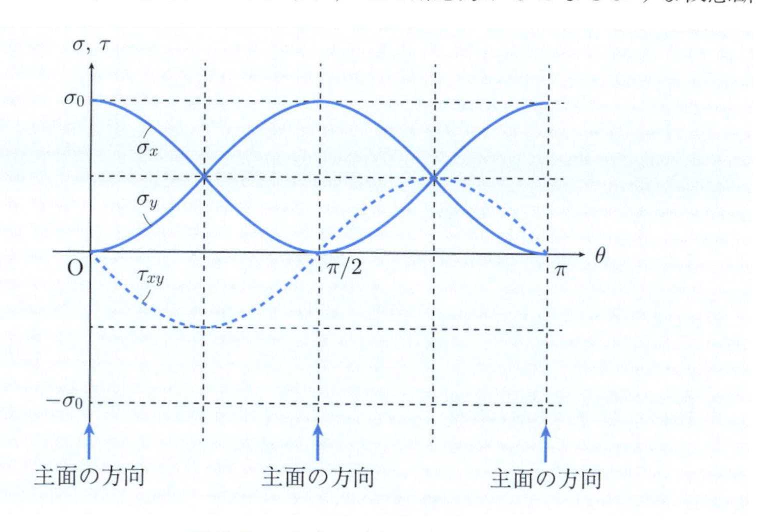

図2.8　応力の座標変換

面を**主面**（principal plane），主面に対する法線を**主軸**（principal axis），主面に対する垂直応力を**主応力**（principal stress）と呼ぶ．一般に，主面は 3 つ存在し互いに直交する．また，これら 3 つの主面を第 1 主面，第 2 主面，第 3 主面と呼び，3 つの主面に対する主応力をそれぞれ $\sigma_1, \sigma_2, \sigma_3$ のように表記する．この問題では，3 つの主面は $\theta = 0$ 面，$\theta = \pi/2$ 面，$z = 0$ 面であり，それぞれの主面に対する主応力は $\sigma_1 = \sigma_0, \sigma_2 = 0, \sigma_3 = 0$ となる．

また，式 (2.13) は次式のように行列形式に整理すると，各成分の対応関係を理解しやすい．

$$\begin{bmatrix} \sigma_x & \tau_{xy} \\ \tau_{yx} & \sigma_y \end{bmatrix} = \begin{bmatrix} \sigma_0 \cos^2\theta & -\sigma_0 \cos\theta \sin\theta \\ -\sigma_0 \cos\theta \sin\theta & \sigma_0 \sin^2\theta \end{bmatrix}$$
$$= \begin{bmatrix} \cos\theta & \sin\theta \\ -\sin\theta & \cos\theta \end{bmatrix} \begin{bmatrix} \sigma_0 & 0 \\ 0 & 0 \end{bmatrix} \begin{bmatrix} \cos\theta & \sin\theta \\ -\sin\theta & \cos\theta \end{bmatrix}^{\mathrm{T}} \tag{2.14}$$

ここで，右辺の第 1 番目と第 3 番目の行列は角度 θ の回転を表す座標変換であり，主軸と角度 θ をなす座標系に対する応力は，主応力と座標変換を用いて記述できることが分かる．これを一般化すると，任意の応力状態に対して，方向余弦 $a_{xx}, a_{xy}, \ldots, a_{zz}$ を用いて，次式のような関係が成立する．

$$\begin{bmatrix} \sigma_x & \tau_{xy} & \tau_{xz} \\ \tau_{yx} & \sigma_y & \tau_{yz} \\ \tau_{zx} & \tau_{zy} & \sigma_z \end{bmatrix} = \begin{bmatrix} a_{xx} & a_{xy} & a_{xz} \\ a_{yx} & a_{yy} & a_{yz} \\ a_{zx} & a_{zy} & a_{zz} \end{bmatrix} \begin{bmatrix} \sigma_1 & 0 & 0 \\ 0 & \sigma_2 & 0 \\ 0 & 0 & \sigma_3 \end{bmatrix} \begin{bmatrix} a_{xx} & a_{xy} & a_{xz} \\ a_{yx} & a_{yy} & a_{yz} \\ a_{zx} & a_{zy} & a_{zz} \end{bmatrix}^{\mathrm{T}}$$

$\cdots$ 応力の座標変換　(2.15)

ただし，a_{xx}, a_{xy}, a_{xz} は第 1 主軸を基準とした場合の x 軸の方向余弦，a_{yx}, a_{yy}, a_{yz} は第 2 主軸を基準とした場合の y 軸の方向余弦，a_{zx}, a_{zy}, a_{zz} は第 3 主軸を基準とした場合の z 軸の方向余弦である．また，添字 T は行列の転置（行と列の入れ替え）を表す．

2.2.2 様々な応力状態

上述のように，物体に生じる応力の各成分は，座標系の取り方によって大きく変化する．一方，主応力は，観測点の力学状態のみによって決まる物理量であり，座標系の取り方に依存することはない．すなわち，物体に生じる内力の様子は本質的に主応力によって評価すべきであり，物体の変形や破損を議論する上で，主応力という概念はきわめて重要である．材料力学では，3 つの主応力のうち，2 つが 0 であるような状態を**一軸応力**（uniaxial stress）または**単軸応力**状態と呼ぶ．これに対し，3 つの主応力のうち，1 つが 0 であるような状態を**二軸応力**（biaxial stress）または**平面応力**（plane stress）状態，一軸応力状態でも二軸応力状態でもない状態，すなわち，3 つの主応力のすべてが 0 でない状態を**三軸応力**（triaxial stress）状態と呼ぶ．

一般に，任意の外力を受ける物体では，上記のような応力状態が混在することになるが，特に平面応力状態に対する解析は重要である．平面応力状態（$\sigma_3 = 0$）において，第 3 主軸と z 軸が一致するように直交座標系 x-y-z をとると，第 3 主軸まわりの回転を表す座標変換は次式のように与えられる．

$$\begin{bmatrix} \cos\theta & \sin\theta & 0 \\ -\sin\theta & \cos\theta & 0 \\ 0 & 0 & 1 \end{bmatrix} \tag{2.16}$$

ただし，θ は第 1 主軸と x 軸とのなす角度である．したがって，応力の各成分は，式 (2.15) より

$$\begin{bmatrix} \sigma_x & \tau_{xy} & \tau_{xz} \\ \tau_{yx} & \sigma_y & \tau_{yz} \\ \tau_{zx} & \tau_{zy} & \sigma_z \end{bmatrix} = \begin{bmatrix} \cos\theta & \sin\theta & 0 \\ -\sin\theta & \cos\theta & 0 \\ 0 & 0 & 1 \end{bmatrix} \begin{bmatrix} \sigma_1 & 0 & 0 \\ 0 & \sigma_2 & 0 \\ 0 & 0 & 0 \end{bmatrix} \begin{bmatrix} \cos\theta & \sin\theta & 0 \\ -\sin\theta & \cos\theta & 0 \\ 0 & 0 & 1 \end{bmatrix}^{\mathrm{T}}$$
$$= \begin{bmatrix} \sigma_1\cos^2\theta + \sigma_2\sin^2\theta & -(\sigma_1 - \sigma_2)\cos\theta\sin\theta & 0 \\ -(\sigma_1 - \sigma_2)\cos\theta\sin\theta & \sigma_1\sin^2\theta + \sigma_2\cos^2\theta & 0 \\ 0 & 0 & 0 \end{bmatrix} \tag{2.17}$$

すなわち，平面応力状態とは，次式のように z に関する応力成分がすべて 0 の状態を意味する．

$$\sigma_z = 0, \quad \tau_{zx} = \tau_{xz} = 0, \quad \tau_{zy} = \tau_{yz} = 0 \quad \cdots \text{平面応力状態} \tag{2.18}$$

このような応力状態は，例えば，図2.9 に示すように，二次元的な広がりを持つ物体に二次元的な外力が働くような場合に生じ，特に，z 軸方向の寸法が小さい場合に顕著になる．そのほか，物体の自由表面（物体表面で表面力が直接作

用していない領域）では，自由表面の法線方向の応力成分が0となるため，この方向にz軸をとると，$\sigma_z = 0, \tau_{zx} = \tau_{xz} = 0, \tau_{zy} = \tau_{yz} = 0$となり，平面応力状態となる．

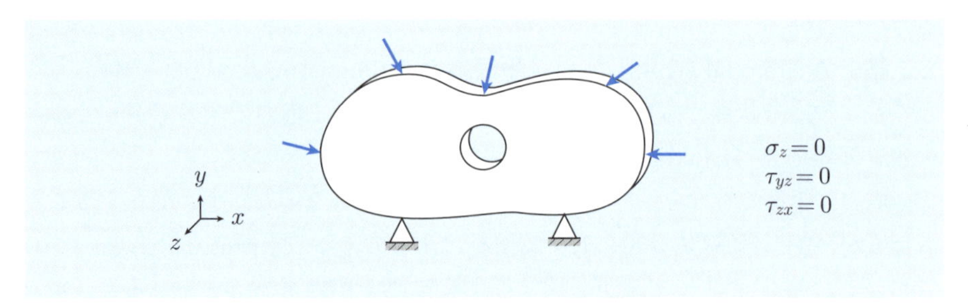

図2.9　薄板の二次元問題

■ **例題2.2** ■

外力を受ける物体中のある点Pにおいて，主応力が$\sigma_1 = 50\,\mathrm{MPa}$, $\sigma_2 = 10\,\mathrm{MPa}$, $\sigma_3 = 0$であった．このとき，z軸が第3主軸と一致し，x軸が第1主軸と$\theta = 45°$の角度をなすように直交座標系x-y-zを定義した場合，点Pに生じる応力を算出せよ．

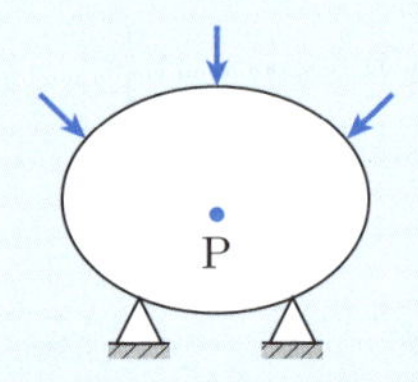

図2.10　外力を受ける物体

【解答】　$\sigma_3 = 0$であることから，点Pは平面応力状態にあり，$\sigma_z = 0$, $\tau_{yz} = \tau_{zy} = 0, \tau_{zx} = \tau_{xz} = 0$となる．このとき，式(2.17)より

$$\begin{bmatrix} \sigma_x & \tau_{xy} & \tau_{xz} \\ \tau_{yx} & \sigma_y & \tau_{yz} \\ \tau_{zx} & \tau_{zy} & \sigma_z \end{bmatrix} = \begin{bmatrix} \cos\theta & \sin\theta & 0 \\ -\sin\theta & \cos\theta & 0 \\ 0 & 0 & 1 \end{bmatrix} \begin{bmatrix} \sigma_1 & 0 & 0 \\ 0 & \sigma_2 & 0 \\ 0 & 0 & 0 \end{bmatrix} \begin{bmatrix} \cos\theta & \sin\theta & 0 \\ -\sin\theta & \cos\theta & 0 \\ 0 & 0 & 1 \end{bmatrix}^{\mathrm{T}} \tag{a}$$

ここで，$\theta = 45°$であり，$\cos 45° = 1/\sqrt{2}, \sin 45° = 1/\sqrt{2}$であることから，点Pに生じる応力の各成分は

$$\begin{bmatrix} \sigma_x & \tau_{xy} & \tau_{xz} \\ \tau_{yx} & \sigma_y & \tau_{yz} \\ \tau_{zx} & \tau_{zy} & \sigma_z \end{bmatrix} = \begin{bmatrix} \frac{1}{\sqrt{2}} & \frac{1}{\sqrt{2}} & 0 \\ \frac{-1}{\sqrt{2}} & \frac{1}{\sqrt{2}} & 0 \\ 0 & 0 & 1 \end{bmatrix} \begin{bmatrix} 50 & 0 & 0 \\ 0 & 10 & 0 \\ 0 & 0 & 0 \end{bmatrix} \begin{bmatrix} \frac{1}{\sqrt{2}} & \frac{1}{\sqrt{2}} & 0 \\ \frac{-1}{\sqrt{2}} & \frac{1}{\sqrt{2}} & 0 \\ 0 & 0 & 1 \end{bmatrix}^{\mathrm{T}}$$

$$\therefore \quad \begin{bmatrix} \sigma_x & \tau_{xy} & \tau_{xz} \\ \tau_{yx} & \sigma_y & \tau_{yz} \\ \tau_{zx} & \tau_{zy} & \sigma_z \end{bmatrix} = \begin{bmatrix} 30 & -20 & 0 \\ -20 & 30 & 0 \\ 0 & 0 & 0 \end{bmatrix} \mathrm{MPa} \qquad \text{(b)}$$

■

● 仮想切断と微小要素 ●

例えば，2.1.2 項では「仮想断面 X, Y, Z を定義」とあり，3 つの面のみが定義されているにも関わらず，6 つの面をもつ微小要素が定義されている．これは，1.1.2 項で学習したように，内力によって生じる変形を明確にするためであり，実際に物体中に六面体が存在するわけではない．棒状の部材を例にとると，下図 (a) がこれにあたる．この場合，仮想断面は 1 つ（面 X）であり，面 X_- は領域 A の一部，面 X_+ は領域 B の一部にあたる．また，それぞれの面に働く内力 $\overline{F}_+$, $\overline{F}_-$ は作用反作用の法則によって常に $\overline{F}_+ = \overline{F}_-$ となり，微小要素の長さは $dx = 0$ となる．一方，本節以降ではこれとは異なる微小要素が定義されることがあり，下図 (b) がこれにあたる．この場合，仮想断面は 2 つ（面 X_1，面 X_2）であり，面 X_1，面 X_2 ともに領域 C の一部にあたる．また，それぞれの面に働く内力 $\overline{F}_1$, $\overline{F}_2$ は特殊な場合を除き $\overline{F}_1 \neq \overline{F}_2$ となり，微小要素の長さは $dx \neq 0$ となる．これを一般化すると，3 つの仮想断面（面 X, Y, Z）で構成される微小六面体や 6 つの仮想断面（面 X_1, X_2, Y_1, Y_2, Z_1, Z_2）で構成される微小六面体を定義することができる．図2.3 や図3.3 は前者，図2.16 や図3.16 は後者にあたる．

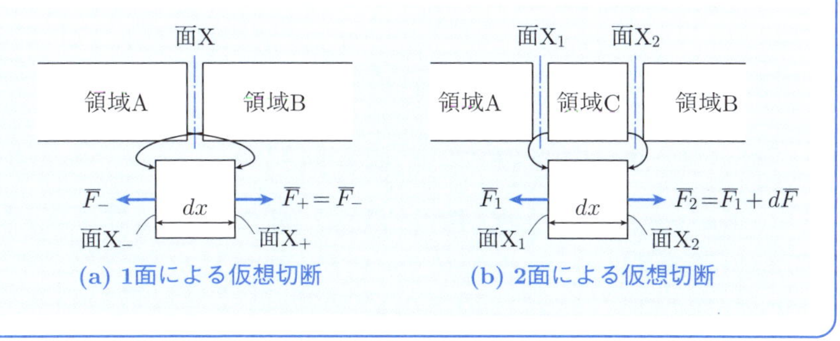

(a) 1面による仮想切断 (b) 2面による仮想切断

2.3 モールの応力円

2.3.1 モールの応力円の定義

2.2節で学習したように，任意の座標系に対する応力は，主応力と座標変換を用いて記述することができる．本節では，z 軸が第3主軸と一致するように直交座標系 x-y-z をとった場合について，第3主軸（z 軸）まわりの回転に対する応力の座標変換について考察してみよう．

一般に，z 軸まわりの回転を表す座標変換は，角度 θ を用いて，次式のように与えられる．

$$\begin{bmatrix} \cos\theta & \sin\theta & 0 \\ -\sin\theta & \cos\theta & 0 \\ 0 & 0 & 1 \end{bmatrix} \tag{2.19}$$

したがって，x 軸が第1主軸となす角度を θ とすると，直交座標系 x-y-z に対する応力の各成分は，式(2.15)より

$$\begin{bmatrix} \sigma_x & \tau_{xy} & \tau_{xz} \\ \tau_{yx} & \sigma_y & \tau_{yz} \\ \tau_{zx} & \tau_{zy} & \sigma_z \end{bmatrix} = \begin{bmatrix} \cos\theta & \sin\theta & 0 \\ -\sin\theta & \cos\theta & 0 \\ 0 & 0 & 1 \end{bmatrix} \begin{bmatrix} \sigma_1 & 0 & 0 \\ 0 & \sigma_2 & 0 \\ 0 & 0 & \sigma_3 \end{bmatrix} \begin{bmatrix} \cos\theta & \sin\theta & 0 \\ -\sin\theta & \cos\theta & 0 \\ 0 & 0 & 1 \end{bmatrix}^{\mathrm{T}}$$

$$= \begin{bmatrix} \sigma_1\cos^2\theta + \sigma_2\sin^2\theta & -(\sigma_1-\sigma_2)\cos\theta\sin\theta & 0 \\ -(\sigma_1-\sigma_2)\cos\theta\sin\theta & \sigma_1\sin^2\theta + \sigma_2\cos^2\theta & 0 \\ 0 & 0 & \sigma_3 \end{bmatrix} \tag{2.20}$$

ここで，垂直応力 σ_x とせん断応力 τ_{xy} に着目し，それらをあらためて $\sigma_x = \sigma$, $\tau_{xy} = \tau$ と表記すると

$$\sigma = \sigma_1\cos^2\theta + \sigma_2\sin^2\theta = \frac{\sigma_1+\sigma_2}{2} + \frac{\sigma_1-\sigma_2}{2}\cos 2\theta \tag{2.21}$$

$$\tau = -(\sigma_1-\sigma_2)\cos\theta\sin\theta = -\frac{\sigma_1-\sigma_2}{2}\sin 2\theta \tag{2.22}$$

さらに，$\cos^2\theta + \sin^2\theta = 1$ なる関係を用いて，式(2.21)および式(2.22)から角度 θ を消去すると

$$\left(\sigma - \frac{\sigma_1+\sigma_2}{2}\right)^2 + \tau^2 = \left(\frac{\sigma_1-\sigma_2}{2}\right)^2 \tag{2.23}$$

ここで，主応力 σ_1, σ_2 が座標系の取り方によらず観測点の力学状態のみによって決まる物理量であることに留意すると，式 (2.23) は中心が $(\sigma, \tau) = ((\sigma_1+\sigma_2)/2, 0)$，半径が $r = (\sigma_1-\sigma_2)/2$ の σ-τ 平面上の真円を表すことが分かる．すなわち，z 軸まわりの任意の回転に対して，垂直応力 σ とせん断応力 τ との関係は，図2.11 の青線のような円状の軌跡で与えられることになる．一方，式 (2.22) を角度 θ について整理すると

$$\sin 2\theta = \frac{-\tau}{(\sigma_1 - \sigma_2)/2} \tag{2.24}$$

ここで，$(\sigma_1 - \sigma_2)/2$ が円の半径を表すことに留意すると，式 (2.24) は第 1 主軸に対する x 軸の傾き θ が点 D の偏角 2θ に相当することを意味している．すなわち，第 1 主軸から角度 θ だけ傾いた座標軸に対する応力 (σ, τ) は円周上の点 D の座標として与えられる．このように，主軸まわりの応力の座標変換は，σ-τ 平面上の円を用いて図形的に表現できることが分かり，これを**モールの応力円**（Mohr's circle of stress）と呼ぶ．

図2.11 から分かるように，点 A は垂直応力 σ の最大値 σ_1 を与え，線分 CA の方向は第 1 主軸（第 1 主面）の方向を与える．同様に，点 B は垂直応力 σ の最小値 σ_2 を与え，線分 CB の方向は第 2 主軸（第 2 主面）の方向を与える．ま

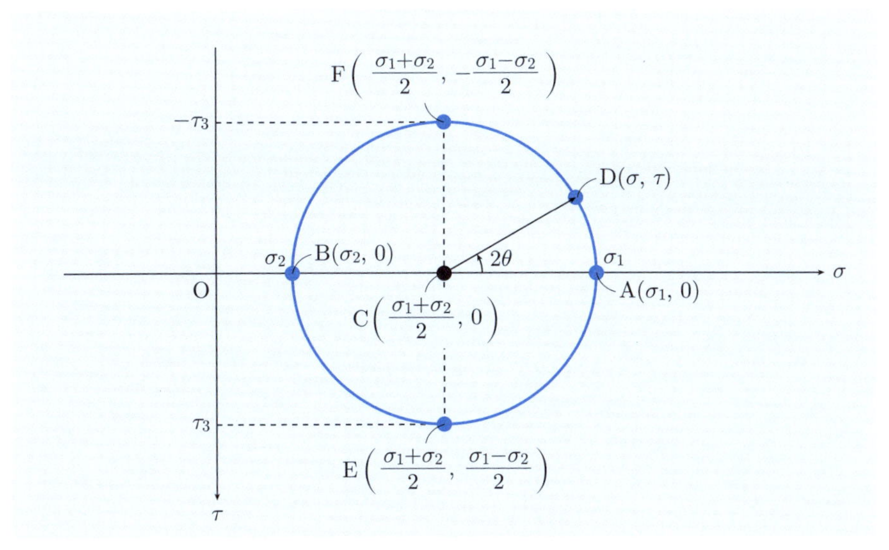

図2.11　モールの応力円

た，点Eおよび点Fはせん断応力 τ の最大値 τ_3 と最小値 $-\tau_3$ を与え，それらの方向は第1主面および第2主面の方向と $\pm 45^\circ$ の角度をなす．このような面を**主せん断面**（principal shear plane），主せん断面に生じるせん断応力を**主せん断応力**（principal shear stress）と呼ぶ．図から分かるように，主せん断応力 τ_3 は主応力 σ_1, σ_2 を用いて次式のように与えられる．

$$\tau_3 = \frac{|\sigma_1 - \sigma_2|}{2} \tag{2.25}$$

すなわち，モールの応力円の半径は，観測点に生じる主せん断応力 τ_3 の大きさを表すことになる．

2.3.2　モールの応力円の利用

第3主軸（z 軸）まわりの応力の座標変換を考えた場合，主応力 σ_1, σ_2 が既知であれば，以下の手順でモールの応力円を描くことができる．

(1)　横軸を σ，縦軸を τ とする座標平面を定義する（τ 軸は下向き）．
(2)　第1主面の応力状態 $(\sigma, \tau) = (\sigma_1, 0)$ をプロットする（点A）．
(3)　第2主面の応力状態 $(\sigma, \tau) = (\sigma_2, 0)$ をプロットする（点B）．
(4)　線分ABを直径とする円を描画する．

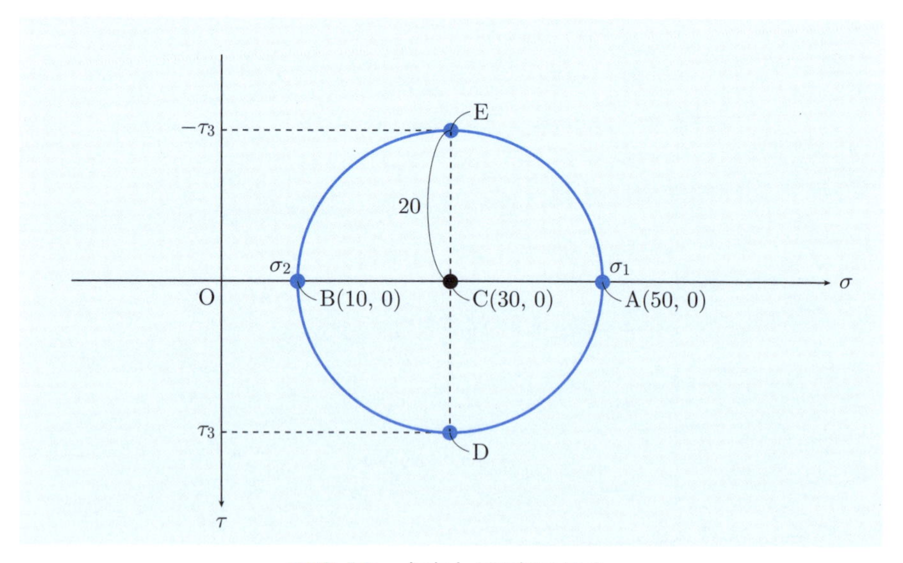

図2.12　主応力が既知の場合

例えば，$\sigma_1 = 50\,\text{MPa}$, $\sigma_2 = 10\,\text{MPa}$ の場合，観測点の応力状態を示すモールの応力円は，図2.12に示すように，点 C(30,0) を中心とする半径 20 の真円となる．このとき，せん断応力 τ は点 D および点 E において極値をとり，主せん断応力は $\tau_3 = 20\,\text{MPa}$ となる．

一方，垂直応力 σ_x, σ_y とせん応力 τ_{xy} が既知であれば，以下の手順でモールの応力円を描くことができる．

(1)　横軸を σ，縦軸を τ とする座標平面を定義する（τ 軸は下向き）．
(2)　x 面の応力状態 $(\sigma, \tau) = (\sigma_x, \tau_{xy})$ をプロットする（点 A）．
(3)　y 面の応力状態 $(\sigma, \tau) = (\sigma_y, -\tau_{xy})$ をプロットする（点 B）．
(4)　線分 AB を直径とする円を描画する．

例えば，$\sigma_x = 40\,\text{MPa}$, $\sigma_y = 20\,\text{MPa}$, $\tau_{xy} = 10\,\text{MPa}$ の場合，観測点の応力状態を示すモールの応力円は，図2.13に示すように，点 C(30,0) を中心とする半径 $10\sqrt{2}$ の真円となる．このとき，最大主応力は $\sigma_1 = 30 + 10\sqrt{2}\,\text{MPa}$，最小主応力は $\sigma_2 = 30 - 10\sqrt{2}\,\text{MPa}$，$x$ 面が第 1 主面となす角度は $\theta = -22.5°$ となる．また，せん断応力 τ は点 F および点 G において極値をとり，主せん断応力は $\tau_3 = 10\sqrt{2}\,\text{MPa}$ となる．

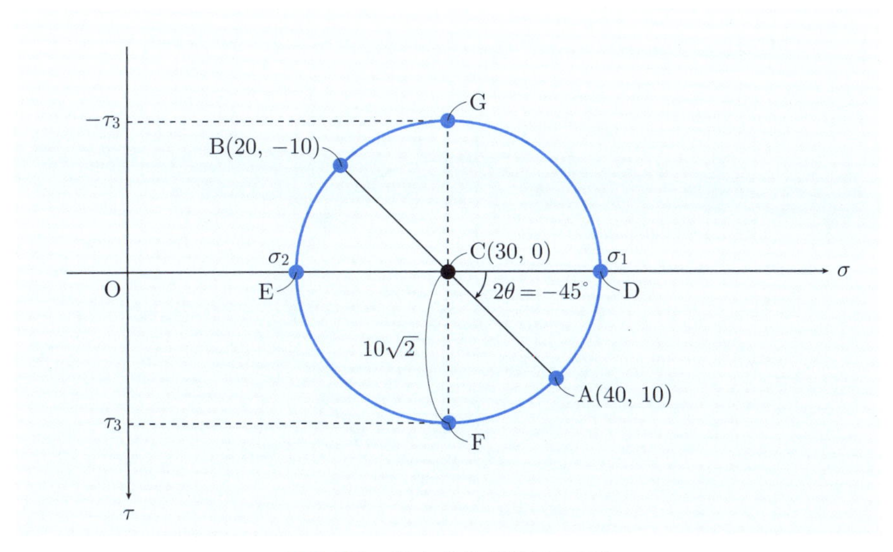

図2.13　応力成分が既知の場合

■ 例題2.3 ■

外力を受ける物体中のある点Pにおいて，下記のような応力状態であった．このとき，点Pに生じる主応力$\sigma_1, \sigma_2, \sigma_3$を算出せよ．また，$z$軸まわりに$x$面と45°の角度をなす面Sに生じる垂直応力$\sigma$とせん断応力$\tau$を算出せよ．

$$\begin{bmatrix} \sigma_x & \tau_{xy} & \tau_{xz} \\ \tau_{yx} & \sigma_y & \tau_{yz} \\ \tau_{zx} & \tau_{zy} & \sigma_z \end{bmatrix} = \begin{bmatrix} 40 & 40 & 0 \\ 40 & -20 & 0 \\ 0 & 0 & 0 \end{bmatrix} \text{MPa}$$

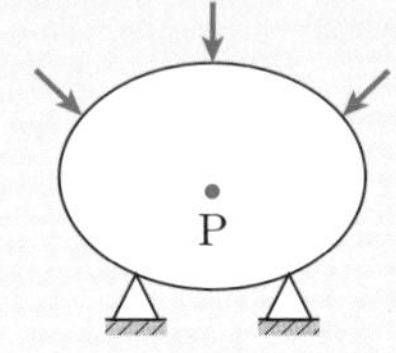

図2.14 外力を受ける物体

【解答】 横軸をσ，縦軸をτとする座標平面を定義し，$(\sigma, \tau) = (40, 40)$となる点Aと$(\sigma, \tau) = (-20, -40)$となる点Bをプロットすると，モールの応力円は図2.15のようになる．このとき，円の中心は点C(10, 0)，半径Rは50となり，主応力σ_1, σ_2は点Dおよび点Eの座標に相当する．すなわち

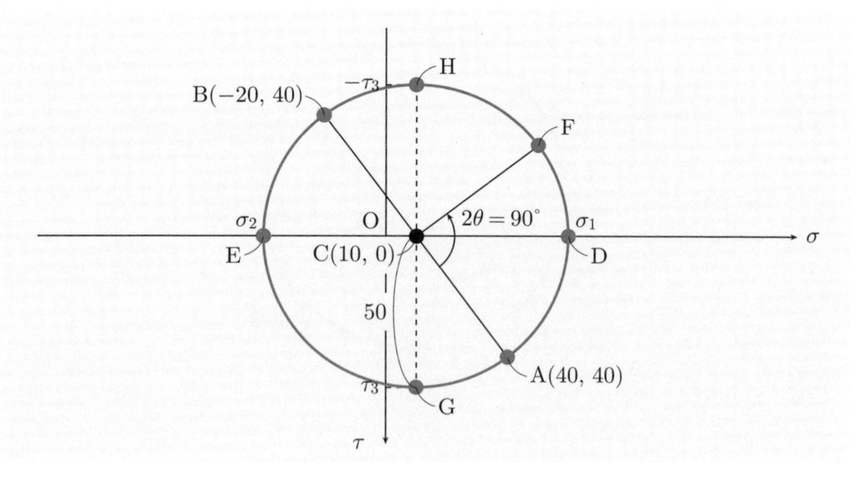

図2.15 モールの応力円

$$
\begin{aligned}
\sigma_1 &= \overline{\mathrm{OC}} + R = 10 + 50 = 60\,\mathrm{MPa} \\
\sigma_2 &= \overline{\mathrm{OC}} - R = 10 - 50 = -40\,\mathrm{MPa} \\
\sigma_3 &= 0
\end{aligned} \tag{a}
$$

また，面Sに生じる垂直応力 σ とせん断応力 τ は，この円上で点Aの方向と偏角 $2\theta = 2 \times 45^\circ$ をなす点Fの座標の相当する．すなわち

$$
\begin{aligned}
\sigma &= \overline{\mathrm{OC}} + R\cos\angle\mathrm{DCF} = 10 + 50 \times 0.8 = 50\,\mathrm{MPa} \\
\tau &= -R\sin\angle\mathrm{DCF} = -50 \times 0.6 = -30\,\mathrm{MPa}
\end{aligned} \tag{b}
$$

■

● スカラー，ベクトル，テンソル ●

温度や質量などの物理量は**スカラー**，速度や力などの物理量は**ベクトル**であると考えられるが，本章で学習した応力や次章で学習するひずみは，これらと異なる取り扱いが必要となる物理量であり**テンソル**と呼ばれる．厳密な定義は他書に譲るが，単純化していえば，テンソルとは直交変換によってある座標系から別の座標系への変換が可能な物理量を指す．すなわち，スカラーやベクトルもテンソルに属することになり，それぞれ 3^0 個，3^1 個の成分を有することから0階のテンソル，1階のテンソルと呼ばれる．ここで，座標変換行列を $[a_{ij}]$ とおき，変換前後の量をプライムの有無で区別すると，以下のように整理することができる．

スカラー（0階のテンソル）… 温度，質量など

$$s' = s$$

ベクトル（1階のテンソル）… 速度，力など

$$
\begin{bmatrix} v'_x \\ v'_y \\ v'_z \end{bmatrix} = \begin{bmatrix} a_{xx} & a_{xy} & a_{xz} \\ a_{yx} & a_{yy} & a_{yz} \\ a_{zx} & a_{zy} & a_{zz} \end{bmatrix} \begin{bmatrix} v_x \\ v_y \\ v_z \end{bmatrix}
$$

テンソル（2階のテンソル）… 応力，ひずみなど

$$
\begin{bmatrix} t'_{xx} & t'_{xy} & t'_{xz} \\ t'_{yx} & t'_{yy} & t'_{yz} \\ t'_{zx} & t'_{zy} & t'_{zz} \end{bmatrix} = \begin{bmatrix} a_{xx} & a_{xy} & a_{xz} \\ a_{yx} & a_{yy} & a_{yz} \\ a_{zx} & a_{zy} & a_{zz} \end{bmatrix} \begin{bmatrix} t_{xx} & t_{xy} & t_{xz} \\ t_{yx} & t_{yy} & t_{yz} \\ t_{zx} & t_{zy} & t_{zz} \end{bmatrix} \begin{bmatrix} a_{xx} & a_{xy} & a_{xz} \\ a_{yx} & a_{yy} & a_{yz} \\ a_{zx} & a_{zy} & a_{zz} \end{bmatrix}^{\mathrm{T}}
$$

補足 2.1　応力の平衡方程式

図2.16 (a) に示すように，外力を受けて変形する物体中の任意点 P の近傍に微小六面体 ΔV を定義し，その平衡状態について考察してみよう．現象を二次元問題として簡略化し，点 P に生じる応力の各成分を σ_x, σ_y, τ_{xy} とおくと，応力が位置 x, y の関数であることから，高次項を無視すると，各面に生じる応力は図2.16 (b) のように与えられることになる．したがって，微小六面体 ΔV に働く単位体積あたりの物体力の各成分を F_x, F_y, F_z とおくと，平衡条件より

$$\frac{\partial \sigma_x}{\partial x} + \frac{\partial \tau_{yx}}{\partial y} + F_x = 0 \quad (x \text{ 軸方向の力の平衡}) \tag{2.26}$$

$$\frac{\partial \tau_{xy}}{\partial x} + \frac{\partial \sigma_y}{\partial y} + F_y = 0 \quad (y \text{ 軸方向の力の平衡}) \tag{2.27}$$

$$\tau_{xy} = \tau_{yx} \quad (z \text{ 軸まわりのモーメントの平衡}) \tag{2.28}$$

このような議論を三次元問題に拡張すると，平衡状態にある物体中に生じる応力は，常に次式で与えられるような関係を満たすことになる．

$$\begin{aligned} \frac{\partial \sigma_x}{\partial x} + \frac{\partial \tau_{xy}}{\partial y} + \frac{\partial \tau_{zx}}{\partial z} + F_x = 0 \\ \frac{\partial \tau_{xy}}{\partial x} + \frac{\partial \sigma_y}{\partial y} + \frac{\partial \tau_{yz}}{\partial z} + F_y = 0 \\ \frac{\partial \tau_{zx}}{\partial x} + \frac{\partial \tau_{yz}}{\partial y} + \frac{\partial \sigma_z}{\partial z} + F_z = 0 \end{aligned} \tag{2.29}$$

式 (2.29) は**応力の平衡方程式**と呼ばれ，任意の力学状態にある物体の平衡状態を表す基礎方程式である．

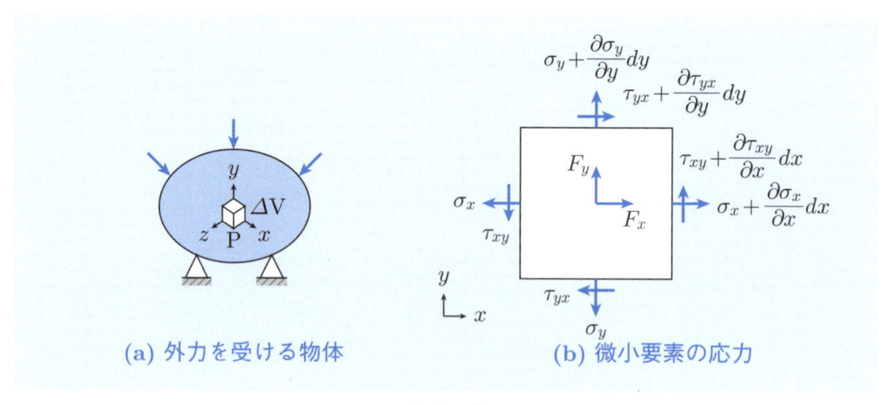

図2.16　物体に生じる応力

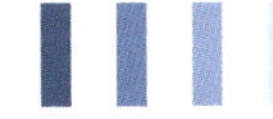

補足 2.2　モールの応力円

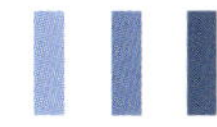

2.3 節では，第 3 主軸まわりの回転に対する応力の座標変換について考察し，モールの応力円を用いて，第 3 主面内の応力状態を簡便に解析できることを学習した．同様の考察を第 1 主軸まわりの回転および第 2 主軸まわりの回転に拡張すると，モールの応力円を用いて，第 1 主面内の応力状態および第 2 主面内の応力状態を解析することができる．すなわち，図2.17に示すように，3 つの主応力 σ_1, σ_2, σ_3 のうちの 2 つを組み合わせて，同一の σ-τ 平面上に 3 つのモールの応力円を作成することができる．また，それぞれの応力円に対して，3 つの主せん断応力 τ_1, τ_2, τ_3 を次式のように定義することができる．

$$\begin{aligned} \tau_1 &= \frac{|\sigma_2 - \sigma_3|}{2} \\ \tau_2 &= \frac{|\sigma_3 - \sigma_1|}{2} \\ \tau_3 &= \frac{|\sigma_1 - \sigma_2|}{2} \end{aligned} \tag{2.30}$$

上記の考察から分かるように，物体に生じる応力を議論する場合には，特定の主面内の応力状態のみに着目することは不適切であり，常に 3 つの応力円を考慮して応力状態を考察すべきである．特に，第 12 章で学習するように，機械構造物で広く用いられる鉄鋼材料などでは，主としてせん断応力が破損に寄与することが知られており，3 つの主せん断応力の大小関係を看過することは，構造設計に重大な瑕疵を生じることになりかねない．

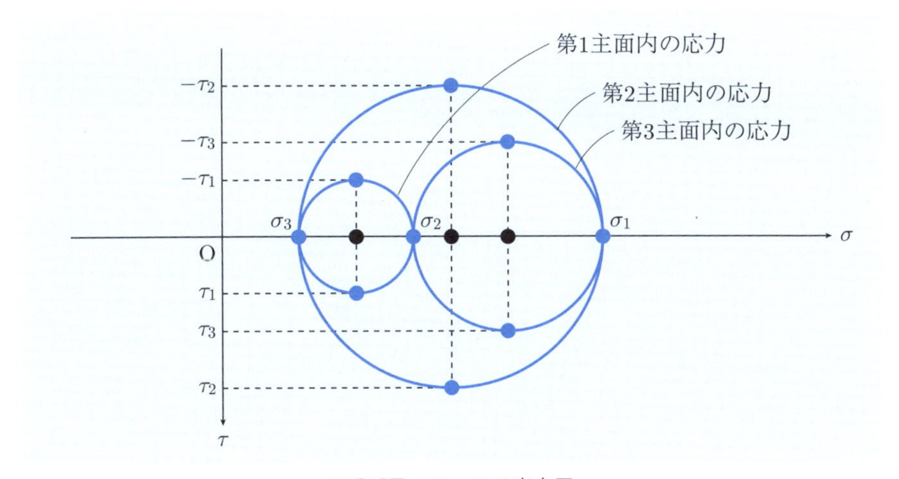

図2.17　モールの応力円

2章の問題

□**2.1** 図1に示すように，真直棒の端面 X_1, X_2 に荷重 $P_0 = 20\,\mathrm{kN}$ を与えた．このとき，棒に生じる応力を算出せよ．ただし，面 Y_1, Y_2，面 Z_1, Z_2 には荷重が働かないものとし，棒の断面積を $A = 100\,\mathrm{mm}^2$，長さを $l = 200\,\mathrm{mm}$ とする．

□**2.2** 図2に示すように，物体に荷重 $P_1 = 50\,\mathrm{kN}$, $P_2 = 30\,\mathrm{kN}$, $P_3 = 20\,\mathrm{kN}$, $P_4 = 60\,\mathrm{kN}$ を与えた．このとき，物体に生じる応力を算出せよ．ただし，各辺の長さを $l_X = 200\,\mathrm{mm}$, $l_Y = 100\,\mathrm{mm}$, $l_Z = 50\,\mathrm{mm}$ とする．

□**2.3** 外力を受ける物体中のある点Pにおいて，主応力 $\sigma_1 = 40\,\mathrm{MPa}$, $\sigma_2 = 20\,\mathrm{MPa}$, $\sigma_3 = 0$ であった．このとき，第3主軸まわりに第1主面と 30° の角度をなす面Sに生じる垂直応力 σ とせん断応力 τ を算出せよ．

□**2.4** 外力を受ける物体中のある点Pにおいて，z 面に対して平面応力状態となり，垂直応力 $\sigma_x = 50\,\mathrm{MPa}$, $\sigma_y = -10\,\mathrm{MPa}$，せん断応力 $\tau_{xy} = 40\,\mathrm{MPa}$ であった．このとき，点Pに生じる主応力 σ_1, σ_2, σ_3 を算出せよ．

□**2.5** 外力を受ける物体中のある点Pにおいて，主応力 $\sigma_1 = 40\,\mathrm{MPa}$, $\sigma_2 = 20\,\mathrm{MPa}$, $\sigma_3 = 10\,\mathrm{MPa}$ であった．このとき，点Pに生じる主せん断応力 τ_1, τ_2, τ_3 を算出せよ．

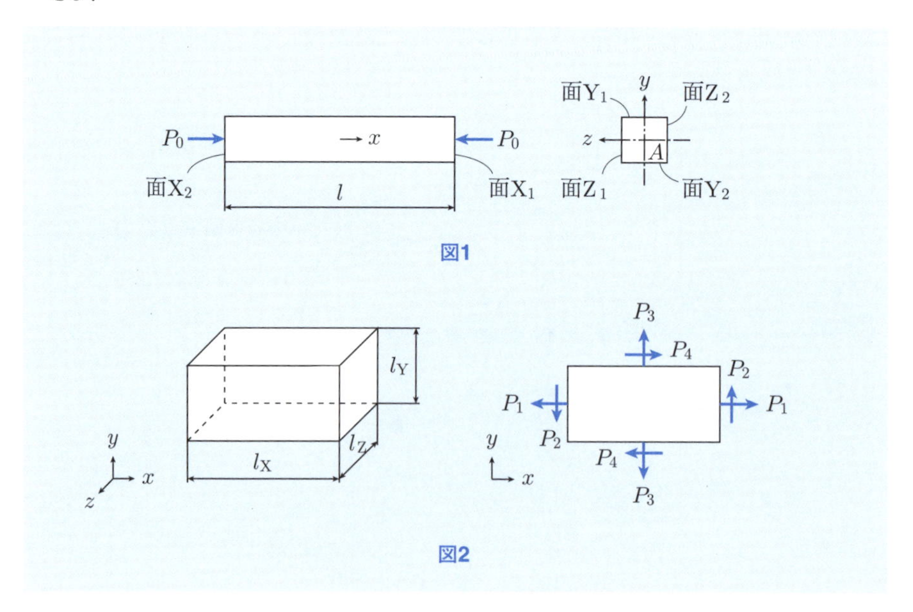

図1

図2

第3章

ひずみの定義と解析

第１章では，外力などが働くことによって，物体には変形が生じることを学習した．材料力学では，物体に生じる単位長さあたりの変形を**ひずみ**と呼び，変形の状態を表す最も基本的な物理量と位置づける．この章では，材料力学の基礎となるひずみの定義と解析について学習する．

3.1　物体に生じる変形とひずみ

3.1.1　ひずみの概念と定義

第1章で学習したように，外力を受ける物体には内力と変形が生じる．変形は，本質的に変形量の絶対値ではなく変形率として捉えるべきであり，物体に生じる変形の大きさを議論する上では，単位長さあたりの変形に着目するのが合理的である．材料力学では，物体に生じる単位長さあたりの変形を**ひずみ** (strain) と呼び，変形の状態を表す最も基本的な物理量と位置づける．なお，定義から明らかなように，ひずみは無次元量である．

図3.1に示すように，変位 u_0 を生じる六面体について，六面体の辺に沿って基準線素Lを定義すると，線素Lには平行方向に相対変位（伸び）$u_N = u_0$ が生じる．このとき，線素Lに生じる単位長さあたりの伸びを**垂直ひずみ** (normal

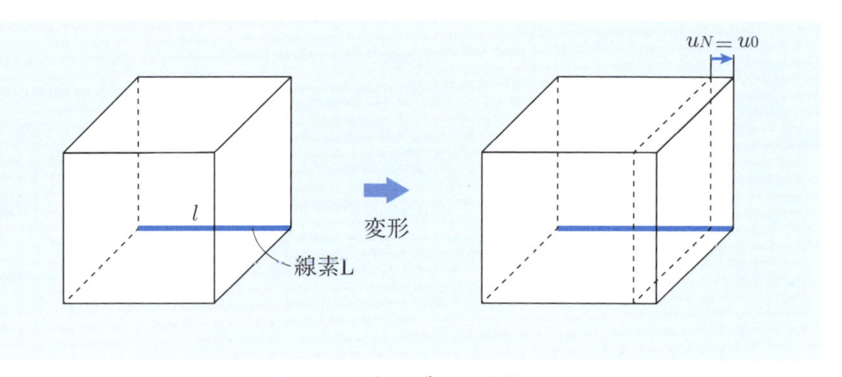

図3.1　垂直ひずみの定義

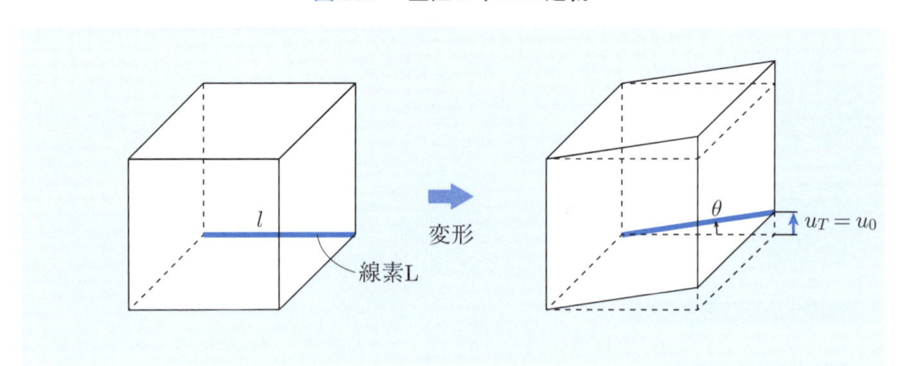

図3.2　せん断ひずみの定義

strain）と呼び，変数 ε を用いて表記する．同様に，図3.2に示すように，変位 u_0 を受ける六面体について，六面体の辺に沿って基準線素Lを定義すると，線素Lには垂直方向に相対変位（ずれ）$u_T = u_0$ が生じる．このとき，線素Lに生じる単位長さあたりのずれを**せん断ひずみ**（shear strain）と呼び，変数 γ を用いて表記する．また，$\gamma = \tan\theta \simeq \theta$ となる．すなわち

$$\text{垂直ひずみ}\,\varepsilon = \frac{\text{基準線素の伸び}\,u_N}{\text{基準線素の長さ}\,l} \quad \cdots \text{長さの変化率} \tag{3.1}$$

$$\text{せん断ひずみ}\,\gamma = \frac{\text{基準線素のずれ}\,u_T}{\text{基準線素の長さ}\,l} = \theta \quad \cdots \text{角度の変化} \tag{3.2}$$

例えば，図3.1の事例について，$u_0 = 0.02\,\mathrm{mm}$, $l = 50\,\mathrm{mm}$ であれば，物体には $\varepsilon = 400 \times 10^{-6}$ の一様な垂直ひずみが生じることになる．同様に，図3.2の事例について，$u_0 = 0.01\,\mathrm{mm}$, $l = 50\,\mathrm{mm}$ であれば，物体には $\gamma = 200 \times 10^{-6}$ の一様なせん断ひずみが生じることになる．

3.1.2　ひずみの定式化

式 (3.1) および式 (3.2) の定義をもとに，図3.3に示すような物体に生じるひずみについて考察してみよう．最初に，物体中の任意点Pを基準として x 軸，y 軸，z 軸に沿って3つの微小な基準線素X, Y, Zを定義すると，これらの基準

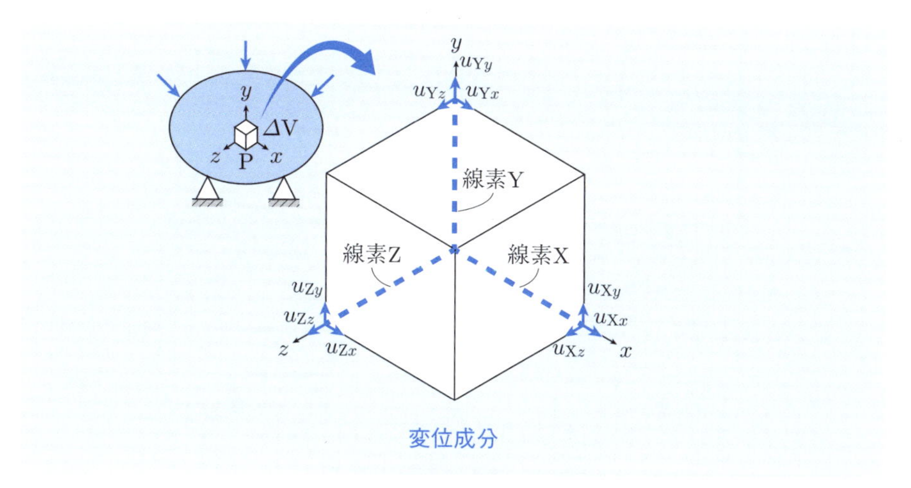

図3.3　微小六面体の変形

線素で構成される微小六面体 $\Delta\mathrm{V}$ を定義することができる．ここで，基準線素 X の両端の相対変位の各方向成分を $u_{\mathrm{X}x}$, $u_{\mathrm{X}y}$, $u_{\mathrm{X}z}$，基準線素 Y の両端の相対変位の各方向成分を $u_{\mathrm{Y}x}$, $u_{\mathrm{Y}y}$, $u_{\mathrm{Y}z}$，基準線素 Z の両端の相対変位の各方向成分を $u_{\mathrm{Z}x}$, $u_{\mathrm{Z}y}$, $u_{\mathrm{Z}z}$ とおくと，垂直ひずみおよびせん断ひずみを定義することができる．理解を容易にするため，図3.4に示すように，x 方向成分と y 方向成分のみに着目すると，相対変位 $u_{\mathrm{X}x}$, $u_{\mathrm{Y}y}$ は基準線素 X および基準線素 Y に生じる伸び，相対変位 $u_{\mathrm{X}y}$, $u_{\mathrm{Y}x}$ は基準線素 X および基準線素 Y に生じるずれに相当することが分かる．ここで，基準線素 X に生じる垂直ひずみを ε_x，基準線素 Y に生じる垂直ひずみを ε_y と定義すると，式 (3.1) より

$$\varepsilon_x = \frac{u_{\mathrm{X}x}}{l_{\mathrm{X}}}, \quad \varepsilon_y = \frac{u_{\mathrm{Y}y}}{l_{\mathrm{Y}}} \tag{3.3}$$

一方，式 (3.2) で定義されるように，せん断ひずみは基準線素間の角度変化に相当する．したがって，基準線素 X の基準線素 Y に対する角度変化 θ_{XY} をせん断ひずみ γ_{xy}，基準線素 Y の基準線素 X に対する角度変化 θ_{YX} をせん断ひずみ γ_{yx} と定義すると，両者は同一の物理量を表すことになり

$$\gamma_{xy} = \frac{u_{\mathrm{X}y}}{l_{\mathrm{X}}} + \frac{u_{\mathrm{Y}x}}{l_{\mathrm{Y}}} = \theta_{\mathrm{XY}}, \quad \gamma_{yx} = \frac{u_{\mathrm{Y}x}}{l_{\mathrm{Y}}} + \frac{u_{\mathrm{X}y}}{l_{\mathrm{X}}} = \theta_{\mathrm{YX}} \tag{3.4}$$

ただし，l_{X}, l_{Y} は基準線素 X および基準線素 Y の長さである．ここで，z 方向成分を含めて，式 (3.3) および式 (3.4) を一般化すると

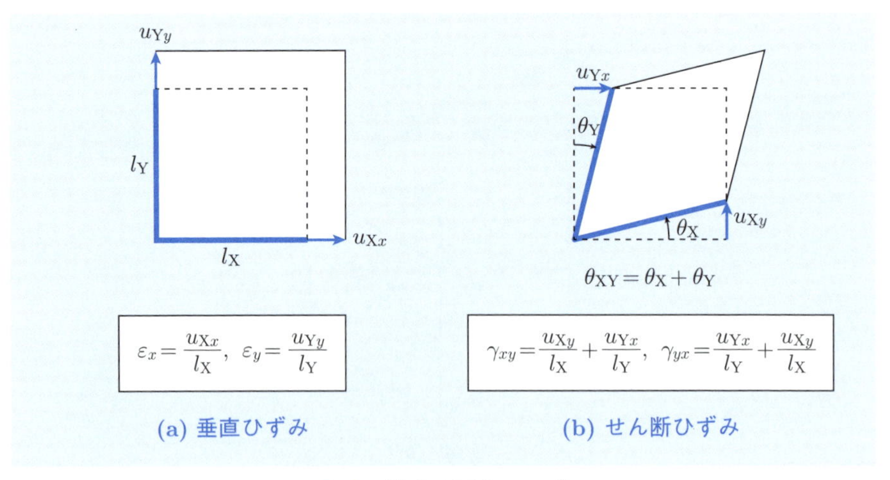

図3.4　微小六面体のひずみ

$$
\begin{aligned}
&\varepsilon_x = \frac{u_{Xx}}{l_X}, && \gamma_{xy} = \frac{u_{Xy}}{l_X} + \frac{u_{Yx}}{l_Y}, && \gamma_{xz} = \frac{u_{Xz}}{l_X} + \frac{u_{Zx}}{l_Z} \\
&\gamma_{yx} = \frac{u_{Yx}}{l_Y} + \frac{u_{Xy}}{l_X}, && \varepsilon_y = \frac{u_{Yy}}{l_Y}, && \gamma_{yz} = \frac{u_{Yz}}{l_Y} + \frac{u_{Zy}}{l_Z} \\
&\gamma_{zx} = \frac{u_{Zx}}{l_Z} + \frac{u_{Xz}}{l_X}, && \gamma_{zy} = \frac{u_{Zy}}{l_Z} + \frac{u_{Yz}}{l_Y}, && \varepsilon_z = \frac{u_{Zz}}{l_Z}
\end{aligned}
\tag{3.5}
$$

また，式 (3.5) は次式のように行列形式に整理すると，各成分の対応関係を理解しやすい．

$$
\begin{bmatrix} \varepsilon_x & \frac{\gamma_{xy}}{2} & \frac{\gamma_{xz}}{2} \\ \frac{\gamma_{yx}}{2} & \varepsilon_y & \frac{\gamma_{yz}}{2} \\ \frac{\gamma_{zx}}{2} & \frac{\gamma_{zy}}{2} & \varepsilon_z \end{bmatrix} = \begin{bmatrix} \frac{u_{Xx}}{l_X} & \frac{1}{2}\left(\frac{u_{Xy}}{l_X} + \frac{u_{Yx}}{l_Y}\right) & \frac{1}{2}\left(\frac{u_{Xz}}{l_X} + \frac{u_{Zx}}{l_Z}\right) \\ \frac{1}{2}\left(\frac{u_{Yx}}{l_Y} + \frac{u_{Xy}}{l_X}\right) & \frac{u_{Yy}}{l_Y} & \frac{1}{2}\left(\frac{u_{Yz}}{l_Y} + \frac{u_{Zy}}{l_Z}\right) \\ \frac{1}{2}\left(\frac{u_{Zx}}{l_Z} + \frac{u_{Xz}}{l_X}\right) & \frac{1}{2}\left(\frac{u_{Zy}}{l_Z} + \frac{u_{Yz}}{l_Y}\right) & \frac{u_{Zz}}{l_Z} \end{bmatrix}
\tag{3.6}
$$

なお，せん断ひずみについては，物体がおかれた力学状態によらず，次式のような関係が成立する（**せん断ひずみの共役性**：conjugate of shear strain）．

$$
\gamma_{xy} = \gamma_{yx} = \theta_{XY}, \quad \gamma_{yz} = \gamma_{zy} = \theta_{YZ}, \quad \gamma_{zx} = \gamma_{xz} = \theta_{ZX}
\tag{3.7}
$$

微小六面体 ΔV を十分に小さくとると，点 P に生じる変位の各方向成分を u, v, w として，式 (3.5) は次式のように整理される（ひずみの定義，補足 3.1）．

$$
\begin{aligned}
&\varepsilon_x = \frac{\partial u}{\partial x}, && \gamma_{xy} = \frac{\partial v}{\partial x} + \frac{\partial u}{\partial y}, && \gamma_{xz} = \frac{\partial w}{\partial x} + \frac{\partial u}{\partial z} \\
&\gamma_{yx} = \frac{\partial u}{\partial y} + \frac{\partial v}{\partial x}, && \varepsilon_y = \frac{\partial v}{\partial y}, && \gamma_{yz} = \frac{\partial w}{\partial y} + \frac{\partial v}{\partial z} \\
&\gamma_{zx} = \frac{\partial u}{\partial z} + \frac{\partial w}{\partial x}, && \gamma_{zy} = \frac{\partial v}{\partial z} + \frac{\partial w}{\partial y}, && \varepsilon_z = \frac{\partial w}{\partial z}
\end{aligned}
\tag{3.8}
$$

$$
\begin{bmatrix} \varepsilon_x & \frac{\gamma_{xy}}{2} & \frac{\gamma_{xz}}{2} \\ \frac{\gamma_{yx}}{2} & \varepsilon_y & \frac{\gamma_{yz}}{2} \\ \frac{\gamma_{zx}}{2} & \frac{\gamma_{zy}}{2} & \varepsilon_z \end{bmatrix} = \begin{bmatrix} \frac{\partial u}{\partial x} & \frac{1}{2}\left(\frac{\partial v}{\partial x} + \frac{\partial u}{\partial y}\right) & \frac{1}{2}\left(\frac{\partial w}{\partial x} + \frac{\partial u}{\partial z}\right) \\ \frac{1}{2}\left(\frac{\partial u}{\partial y} + \frac{\partial v}{\partial x}\right) & \frac{\partial v}{\partial y} & \frac{1}{2}\left(\frac{\partial w}{\partial y} + \frac{\partial v}{\partial z}\right) \\ \frac{1}{2}\left(\frac{\partial u}{\partial z} + \frac{\partial w}{\partial x}\right) & \frac{1}{2}\left(\frac{\partial v}{\partial z} + \frac{\partial w}{\partial y}\right) & \frac{\partial w}{\partial z} \end{bmatrix}
\tag{3.9}
$$

式 (3.8) で定義した 9 つのひずみ成分（独立な成分は 6 つ）は，図 3.5 のように整理される．いずれのひずみ成分についても，図中の矢印の向きを「正」，その逆向きを「負」と定義する．すなわち，垂直ひずみについては，物体に対して引張方向に変形が生じる状態を「正」，物体に対して圧縮方向に変形が生じる状態を「負」と定義する．また，上述のように，せん断ひずみについては，共役な成分は同一の変形を表すことに留意すべきである．

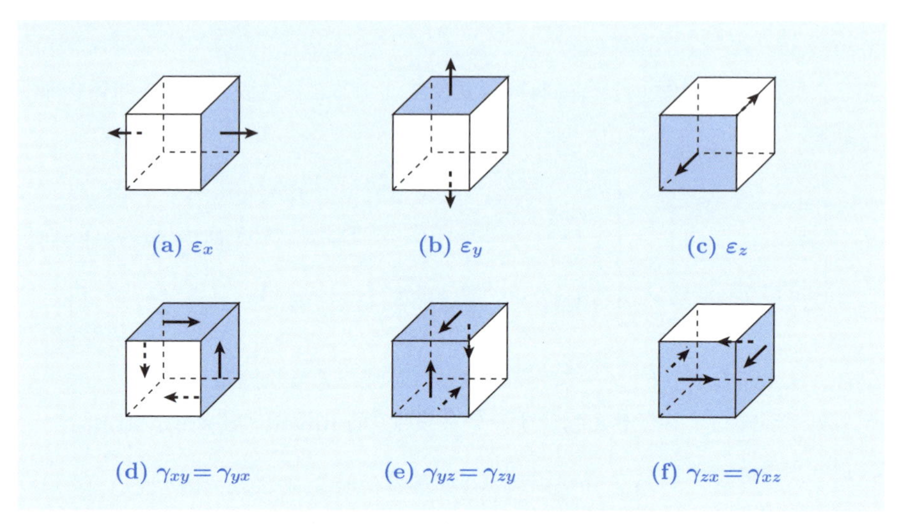

図3.5　ひずみ成分の定義

例題3.1

図3.6に示すように，物体に変位 $u_1 = 0.06\,\mathrm{mm}$, $u_2 = 0.04\,\mathrm{mm}$, $u_3 = 0.03\,\mathrm{mm}$, $u_4 = 0.02\,\mathrm{mm}$ が生じている．このとき，物体に生じるひずみを算出せよ．ただし，物体の各辺の長さを $l_\mathrm{X} = 200\,\mathrm{mm}$, $l_\mathrm{Y} = 100\,\mathrm{mm}$, $l_\mathrm{Z} = 10\,\mathrm{mm}$ とする．

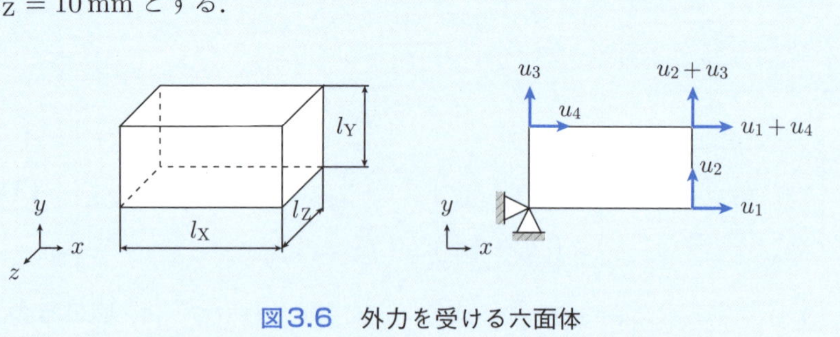

図3.6　外力を受ける六面体

【解答】 式 (3.5) に $u_{\mathrm{X}x}=u_1$, $u_{\mathrm{X}y}=u_2$, $u_{\mathrm{X}z}=0$, $u_{\mathrm{Y}x}=u_4$, $u_{\mathrm{Y}y}=u_3$, $u_{\mathrm{Y}z}=0$, $u_{\mathrm{Z}x}=0$, $u_{\mathrm{Z}y}=0$, $u_{\mathrm{Z}z}=0$ を代入すると

$$\varepsilon_x=\frac{u_{\mathrm{X}x}}{l_{\mathrm{X}}}=\frac{u_1}{l_{\mathrm{X}}}=\frac{0.06}{200}=300\times10^{-6} \tag{a}$$

$$\varepsilon_y=\frac{u_{\mathrm{Y}y}}{l_{\mathrm{Y}}}=\frac{u_3}{l_{\mathrm{Y}}}=\frac{0.03}{100}=300\times10^{-6} \tag{b}$$

$$\varepsilon_z=\frac{u_{\mathrm{Z}z}}{l_{\mathrm{Z}}}=\frac{0}{l_{\mathrm{Z}}}=\frac{0}{10}=0 \tag{c}$$

$$\gamma_{xy}=\frac{u_{\mathrm{X}y}}{l_{\mathrm{X}}}+\frac{u_{\mathrm{Y}x}}{l_{\mathrm{Y}}}=\frac{u_2}{l_{\mathrm{X}}}+\frac{u_4}{l_{\mathrm{Y}}}=\frac{0.04}{200}+\frac{0.02}{100}=400\times10^{-6} \tag{d}$$

$$\gamma_{yx}=\frac{u_{\mathrm{Y}x}}{l_{\mathrm{Y}}}+\frac{u_{\mathrm{X}y}}{l_{\mathrm{X}}}=\frac{u_4}{l_{\mathrm{Y}}}+\frac{u_2}{l_{\mathrm{X}}}=\frac{0.02}{100}+\frac{0.04}{200}=400\times10^{-6} \tag{e}$$

$$\gamma_{yz}=\frac{u_{\mathrm{Y}z}}{l_{\mathrm{Y}}}+\frac{u_{\mathrm{Z}y}}{l_{\mathrm{Z}}}=\frac{0}{l_{\mathrm{Y}}}+\frac{0}{l_{\mathrm{Z}}}=\frac{0}{100}+\frac{0}{10}=0 \tag{f}$$

$$\gamma_{zy}=\frac{u_{\mathrm{Z}y}}{l_{\mathrm{Z}}}+\frac{u_{\mathrm{Y}z}}{l_{\mathrm{Y}}}=\frac{0}{l_{\mathrm{Z}}}+\frac{0}{l_{\mathrm{Y}}}=\frac{0}{10}+\frac{0}{100}=0 \tag{g}$$

$$\gamma_{zx}=\frac{u_{\mathrm{Z}x}}{l_{\mathrm{Z}}}+\frac{u_{\mathrm{X}z}}{l_{\mathrm{X}}}=\frac{0}{l_{\mathrm{Z}}}+\frac{0}{l_{\mathrm{X}}}=\frac{0}{10}+\frac{0}{200}=0 \tag{h}$$

$$\gamma_{xz}=\frac{u_{\mathrm{X}z}}{l_{\mathrm{X}}}+\frac{u_{\mathrm{Z}x}}{l_{\mathrm{Z}}}=\frac{0}{l_{\mathrm{X}}}+\frac{0}{l_{\mathrm{Z}}}=\frac{0}{200}+\frac{0}{10}=0 \tag{i}$$

■

● 基準線素と変形 ●

十字を入れたタオルを引っ張ってみよう．十字の方向によって，十字に回転が生じる場合と生じない場合があることが分かる．回転はせん断によるものであり，次節で学習するように，回転が生じないような方向を主軸，主軸を法線とする面を主面，主軸の方向に生じる垂直ひずみを主ひずみと呼ぶ．

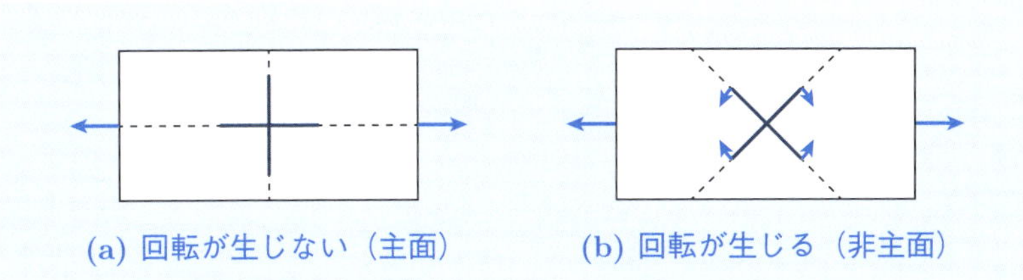

(a) 回転が生じない（主面）　(b) 回転が生じる（非主面）

3.2　座標変換と主ひずみ

3.2.1　座標変換と主ひずみ

図3.7に示すように，変位 u_0 を生じる長さ l_0 の真直棒に着目し，この棒のひずみ状態について考察してみよう．ただし，z 軸が棒の軸線と直交するように直交座標系 x-y-z をとり，x 軸が軸線となす角を θ とする．また，当面，x 方向成分と y 方向成分のみに着目する．最初に，棒中に x 軸に平行な長さ l_{X} の基準線素 X と y 軸に平行な長さ l_{Y} の基準線素 Y を定義し，$u_0/l_0 = \varepsilon_0$ とおくと，点 X に生じる変位 u_{X} および点 Y に生じる変位 u_{Y} は

$$
\begin{aligned}
u_{\mathrm{X}} &= \varepsilon_0 l_{\mathrm{X}} \cos\theta \\
u_{\mathrm{Y}} &= \varepsilon_0 l_{\mathrm{Y}} \sin\theta
\end{aligned}
\tag{3.10}
$$

このとき，点 X に生じる変位 u_{X} の x 方向成分 $u_{\mathrm{X}x}$ および y 方向成分 $u_{\mathrm{X}y}$ は，式 (3.10) より

$$
\begin{aligned}
u_{\mathrm{X}x} &= u_{\mathrm{X}} \cos\theta = \varepsilon_0 l_{\mathrm{X}} \cos^2\theta \\
u_{\mathrm{X}y} &= -u_{\mathrm{X}} \sin\theta = -\varepsilon_0 l_{\mathrm{X}} \cos\theta \sin\theta
\end{aligned}
\tag{3.11}
$$

また，点 Y に生じる変位 u_{Y} の x 方向成分 $u_{\mathrm{Y}x}$ および y 方向成分 $u_{\mathrm{Y}y}$ は，式 (3.10) より

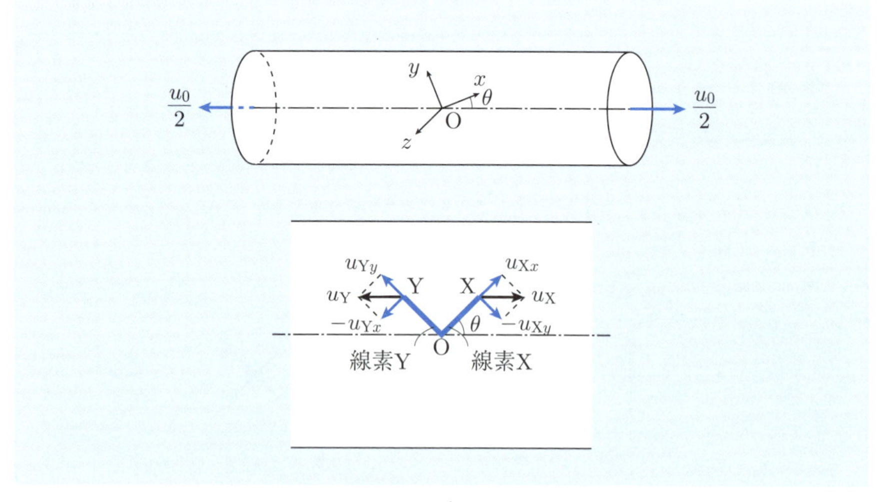

図3.7　単軸ひずみ状態での変形

$$
\begin{aligned}
u_{\mathrm{Y}x} &= -u_{\mathrm{Y}}\cos\theta = -\varepsilon_0 l_{\mathrm{Y}}\cos\theta\sin\theta \\
u_{\mathrm{Y}y} &= u_{\mathrm{Y}}\sin\theta = \varepsilon_0 l_{\mathrm{Y}}\sin^2\theta
\end{aligned}
\tag{3.12}
$$

したがって，式 (3.11) および式 (3.12) を式 (3.5) に代入すると，この棒に生じるひずみの各成分は

$$
\begin{aligned}
\varepsilon_x &= \frac{u_{\mathrm{X}x}}{l_{\mathrm{X}}} = \varepsilon_0\cos^2\theta \\
\gamma_{xy} &= \frac{u_{\mathrm{X}y}}{l_{\mathrm{X}}} + \frac{u_{\mathrm{Y}x}}{l_{\mathrm{Y}}} = -2\varepsilon_0\cos\theta\sin\theta \\
\varepsilon_y &= \frac{u_{\mathrm{Y}y}}{l_{\mathrm{Y}}} = \varepsilon_0\sin^2\theta \\
\gamma_{yx} &= \frac{u_{\mathrm{Y}x}}{l_{\mathrm{Y}}} + \frac{u_{\mathrm{X}y}}{l_{\mathrm{X}}} = -2\varepsilon_0\cos\theta\sin\theta
\end{aligned}
\tag{3.13}
$$

以上のことから，物体に生じるひずみの各成分は基準線素（座標系）の取り方によって大きく変化することが分かり，この問題では，角度 θ に対する各成分の変化は図 3.8 のようになる．図から，$\theta = 0, \pi/2$ のとき，せん断ひずみ γ_{xy} が 0 となり，垂直ひずみ ε_x, ε_y が極値をとることが分かる．このことは，任意のひずみ状態について成立し，座標系の向きを適切にとることによって，せん断ひずみをすべて 0 にすることができる．このように，せん断ひずみが 0 とな

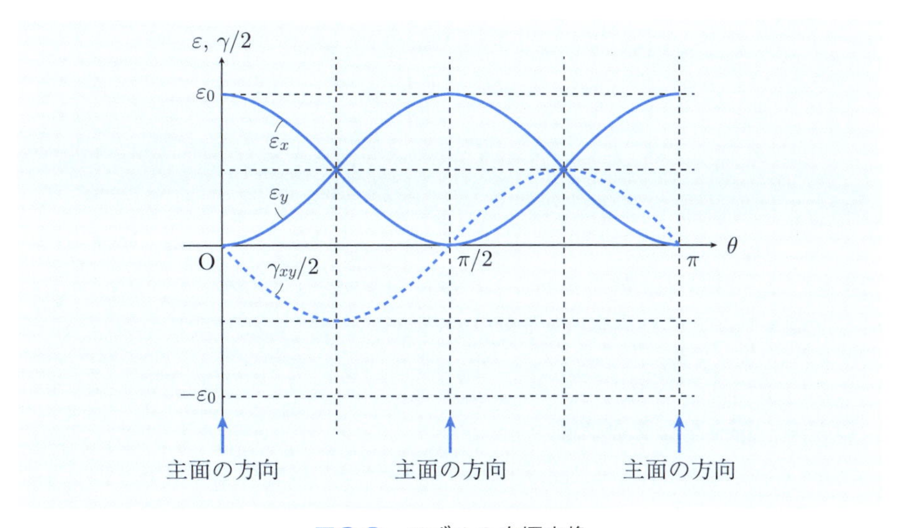

図 3.8　ひずみの座標変換

る場合，対応するせん断応力も0となり，3つの座標軸は3つの主軸と一致することになる．このとき，主面に対する垂直ひずみを**主ひずみ**（principal strain）と呼ぶ．また，主応力の場合と同様，第1主面，第2主面，第3主面に対する主ひずみをそれぞれ $\varepsilon_1, \varepsilon_2, \varepsilon_3$ のように表記する．この問題では，3つの主面は $\theta = 0$ 面，$\theta = \pi/2$ 面，$z = 0$ 面であり，それぞれの主面に対する主ひずみは $\varepsilon_1 = \varepsilon_0, \varepsilon_2 = 0, \varepsilon_3 = 0$ となる．

また，式(3.13)は次式のように行列形式に整理すると，各成分の対応関係を理解しやすい．

$$\begin{bmatrix} \varepsilon_x & \frac{\gamma_{xy}}{2} \\ \frac{\gamma_{yx}}{2} & \varepsilon_y \end{bmatrix} = \begin{bmatrix} \varepsilon_0 \cos^2\theta & -\varepsilon_0 \cos\theta \sin\theta \\ -\varepsilon_0 \cos\theta \sin\theta & \varepsilon_0 \sin^2\theta \end{bmatrix}$$

$$= \begin{bmatrix} \cos\theta & \sin\theta \\ -\sin\theta & \cos\theta \end{bmatrix} \begin{bmatrix} \varepsilon_0 & 0 \\ 0 & 0 \end{bmatrix} \begin{bmatrix} \cos\theta & \sin\theta \\ -\sin\theta & \cos\theta \end{bmatrix}^{\mathrm{T}} \quad (3.14)$$

ここで，右辺の第1番目と第3番目の行列は角度 θ の回転を表す座標変換であり，主軸と角度 θ をなす座標系に対するひずみは，主ひずみと座標変換を用いて記述できることが分かる．これを一般化すると，任意のひずみ状態に対して，方向余弦 $a_{xx}, a_{xy}, \ldots, a_{zz}$ を用いて，次式のような関係が成立する．

$$\begin{bmatrix} \varepsilon_x & \frac{\gamma_{xy}}{2} & \frac{\gamma_{xz}}{2} \\ \frac{\gamma_{yx}}{2} & \varepsilon_y & \frac{\gamma_{yz}}{2} \\ \frac{\gamma_{zx}}{2} & \frac{\gamma_{zy}}{2} & \varepsilon_z \end{bmatrix} = \begin{bmatrix} a_{xx} & a_{xy} & a_{xz} \\ a_{yx} & a_{yy} & a_{yz} \\ a_{zx} & a_{zy} & a_{zz} \end{bmatrix} \begin{bmatrix} \varepsilon_1 & 0 & 0 \\ 0 & \varepsilon_2 & 0 \\ 0 & 0 & \varepsilon_3 \end{bmatrix} \begin{bmatrix} a_{xx} & a_{xy} & a_{xz} \\ a_{yx} & a_{yy} & a_{yz} \\ a_{zx} & a_{zy} & a_{zz} \end{bmatrix}^{\mathrm{T}}$$

… ひずみの座標変換 (3.15)

ただし，a_{xx}, a_{xy}, a_{xz} は第1主軸を基準とした場合の x 軸の方向余弦，a_{yx}, a_{yy}, a_{yz} は第2主軸を基準とした場合の y 軸の方向余弦，a_{zx}, a_{zy}, a_{zz} は第3主軸を基準とした場合の z 軸の方向余弦である．また，添字Tは行列の転置（行と列の入れ替え）を表す．

3.2.2 様々なひずみ状態

上述のように，物体に生じるひずみの各成分は，座標系の取り方によって大きく変化する．一方，主ひずみは観測点の力学状態のみによって決まる物理量であり，座標系の取り方に依存することはない．すなわち，物体に生じる変形の様子は本質的に主ひずみによって評価すべきであり，物体の変形や破損を議論する上で主ひずみという概念はきわめて重要である．材料力学では，3 つの主ひずみのうち，2 つが 0 であるような状態を**一軸ひずみ**（uniaxial strain）または**単軸ひずみ**状態と呼ぶ．これに対し，3 つの主ひずみのうち，1 つが 0 であるような状態を**二軸ひずみ**（biaxial strain）または**平面ひずみ**（plane strain）状態，一軸ひずみ状態でも二軸ひずみ状態でもない状態，すなわち，3 つの主ひずみのすべてが 0 でない状態を**三軸ひずみ**（triaxial strain）状態と呼ぶ．

一般に，任意の外力を受ける物体では，上記のようなひずみ状態が混在することになるが，特に平面ひずみ状態に対する解析は重要である．平面ひずみ状態（$\varepsilon_3 = 0$）において，第 3 主軸と z 軸が一致するように直交座標系 x-y-z をとると，第 3 主軸まわりの回転を表す座標変換は次式のように与えられる．

$$\begin{bmatrix} \cos\theta & \sin\theta & 0 \\ -\sin\theta & \cos\theta & 0 \\ 0 & 0 & 1 \end{bmatrix} \tag{3.16}$$

ただし，θ は第 1 主軸と x 軸とのなす角度である．したがって，応力の各成分は，式 (3.15) より

$$\begin{aligned} \begin{bmatrix} \varepsilon_x & \frac{\gamma_{xy}}{2} & \frac{\gamma_{xz}}{2} \\ \frac{\gamma_{yx}}{2} & \varepsilon_y & \frac{\gamma_{yz}}{2} \\ \frac{\gamma_{zx}}{2} & \frac{\gamma_{zy}}{2} & \varepsilon_z \end{bmatrix} &= \begin{bmatrix} \cos\theta & \sin\theta & 0 \\ -\sin\theta & \cos\theta & 0 \\ 0 & 0 & 1 \end{bmatrix} \begin{bmatrix} \varepsilon_1 & 0 & 0 \\ 0 & \varepsilon_2 & 0 \\ 0 & 0 & 0 \end{bmatrix} \begin{bmatrix} \cos\theta & \sin\theta & 0 \\ -\sin\theta & \cos\theta & 0 \\ 0 & 0 & 1 \end{bmatrix}^{\mathrm{T}} \\ &= \begin{bmatrix} \varepsilon_1\cos^2\theta + \varepsilon_2\sin^2\theta & -(\varepsilon_1 - \varepsilon_2)\cos\theta\sin\theta & 0 \\ -(\varepsilon_1 - \varepsilon_2)\cos\theta\sin\theta & \varepsilon_1\sin^2\theta + \varepsilon_2\cos^2\theta & 0 \\ 0 & 0 & 0 \end{bmatrix} \end{aligned} \tag{3.17}$$

すなわち，平面ひずみ状態とは，次式のように z に関するひずみ成分がすべて 0 の状態を意味する．

$$\varepsilon_z = 0, \quad \gamma_{zx} = \gamma_{zy} = 0, \quad \gamma_{zy} = \gamma_{yz} = 0 \quad \cdots \text{平面ひずみ状態} \tag{3.18}$$

このようなひずみ状態は，例えば，図3.9 に示すように，二次元的な広がりを持つ物体に二次元的な外力が働くような場合に生じ，特に，z 軸方向の寸法が大きい場合に顕著になる．ただし，z 軸方向の寸法が大きい場合においても，物体

の自由表面では平面応力状態になることに留意すべきである．

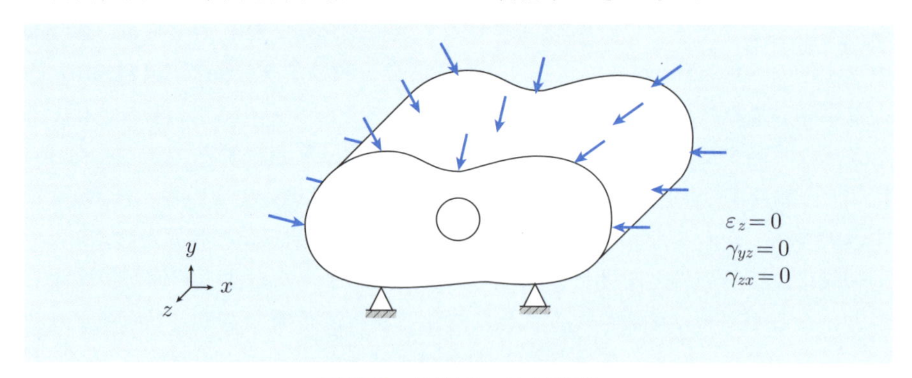

図3.9　厚板の二次元問題

■ 例題3.2 ■

外力を受ける物体中のある点Pにおいて，主ひずみが $\varepsilon_1 = 500 \times 10^{-6}$，$\varepsilon_2 = 100 \times 10^{-6}$，$\varepsilon_3 = 0$ であった．このとき，z 軸が第3主軸と一致し，x 軸が第1主軸と $\theta = 45^\circ$ の角度をなすように直交座標系 x-y-z を定義した場合，点Pに生じるひずみを算出せよ．

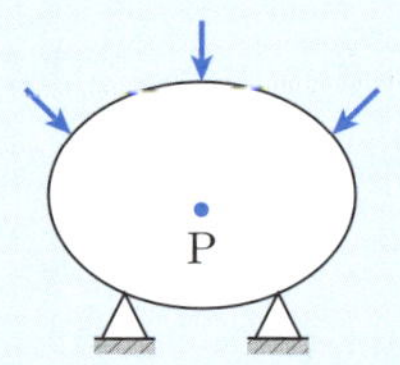

図3.10　外力を受ける物体

【解答】　$\varepsilon_3 = 0$ であることから，点Pは平面ひずみ状態にあり，$\varepsilon_z = 0$，$\gamma_{yz} = \gamma_{zy} = 0$，$\gamma_{zx} = \gamma_{xz} = 0$ となる．このとき，式 (3.17) より

$$
\begin{bmatrix} \varepsilon_x & \frac{\gamma_{xy}}{2} & \frac{\gamma_{xz}}{2} \\ \frac{\gamma_{yx}}{2} & \varepsilon_y & \frac{\gamma_{yz}}{2} \\ \frac{\gamma_{zx}}{2} & \frac{\gamma_{zy}}{2} & \varepsilon_z \end{bmatrix} = \begin{bmatrix} \cos\theta & \sin\theta & 0 \\ -\sin\theta & \cos\theta & 0 \\ 0 & 0 & 1 \end{bmatrix} \begin{bmatrix} \varepsilon_1 & 0 & 0 \\ 0 & \varepsilon_2 & 0 \\ 0 & 0 & 0 \end{bmatrix} \begin{bmatrix} \cos\theta & \sin\theta & 0 \\ -\sin\theta & \cos\theta & 0 \\ 0 & 0 & 1 \end{bmatrix}^{\mathrm{T}} \quad \text{(a)}
$$

ここで，$\theta = 45^\circ$ であり，$\cos 45^\circ = 1/\sqrt{2}$, $\sin 45^\circ = 1/\sqrt{2}$ であることから，点Pに生じるひずみの各成分は

$$\begin{bmatrix} \varepsilon_x & \frac{\gamma_{xy}}{2} & \frac{\gamma_{xz}}{2} \\ \frac{\gamma_{yx}}{2} & \varepsilon_y & \frac{\gamma_{yz}}{2} \\ \frac{\gamma_{zx}}{2} & \frac{\gamma_{zy}}{2} & \varepsilon_z \end{bmatrix} = \begin{bmatrix} \frac{1}{\sqrt{2}} & \frac{1}{\sqrt{2}} & 0 \\ \frac{-1}{\sqrt{2}} & \frac{1}{\sqrt{2}} & 0 \\ 0 & 0 & 1 \end{bmatrix} \begin{bmatrix} 500 & 0 & 0 \\ 0 & 100 & 0 \\ 0 & 0 & 0 \end{bmatrix} \begin{bmatrix} \frac{1}{\sqrt{2}} & \frac{1}{\sqrt{2}} & 0 \\ \frac{-1}{\sqrt{2}} & \frac{1}{\sqrt{2}} & 0 \\ 0 & 0 & 1 \end{bmatrix}^{\mathrm{T}}$$

$$\therefore \quad \begin{bmatrix} \varepsilon_x & \frac{\gamma_{xy}}{2} & \frac{\gamma_{xz}}{2} \\ \frac{\gamma_{yx}}{2} & \varepsilon_y & \frac{\gamma_{yz}}{2} \\ \frac{\gamma_{zx}}{2} & \frac{\gamma_{zy}}{2} & \varepsilon_z \end{bmatrix} = \begin{bmatrix} 300 & -200 & 0 \\ -200 & 300 & 0 \\ 0 & 0 & 0 \end{bmatrix} \times 10^{-6} \qquad \text{(b)} \ ■$$

● ひずみゲージ ●

実際の製品に生じる内力や変形は，**ひずみゲージ**と呼ばれるセンサーを用いて測定されることが多い．ひずみゲージは樹脂フィルムの上に抵抗箔を形成した構造を有し，接着剤などによって測定箇所に貼付して使用する．このとき，抵抗箔に生じる垂直ひずみ ε と抵抗箔の長さ L および電気抵抗 R との関係は

$$\varepsilon = \frac{\Delta L}{L} = \frac{1}{K_{\mathrm{G}}}\frac{\Delta R}{R}$$

ただし，ΔL, ΔR は抵抗箔の長さおよび抵抗の変化，K_{G} は伸縮変形と抵抗変化との換算係数でありゲージ率と呼ばれる．一般に，ひずみゲージはホイートストンブリッジと組み合わせて使用され，$R_1 = R_2 = R_3 = R_4 = R_0$ の場合には，出力電圧 ΔV と垂直ひずみ ε との関係は，印加電圧 V_0 を用いて

$$\Delta V = \frac{R_1R_3 - R_2R_4}{(R_1+R_2)(R_3+R_4)}V_0 = \frac{1}{4}\frac{\Delta R}{R_0}V_0 = \frac{1}{4}K_{\mathrm{G}}V_0 \cdot \varepsilon$$

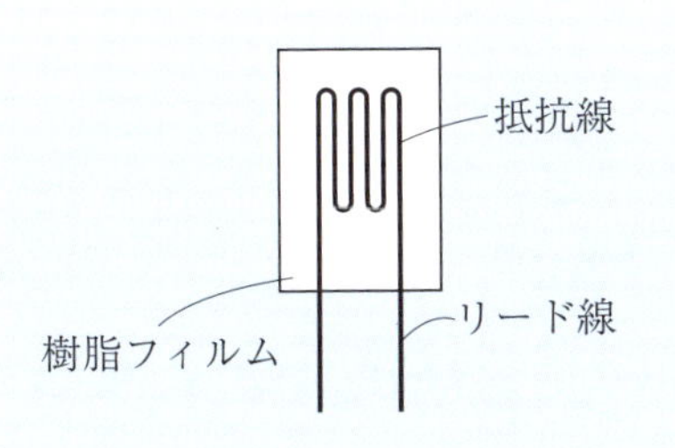

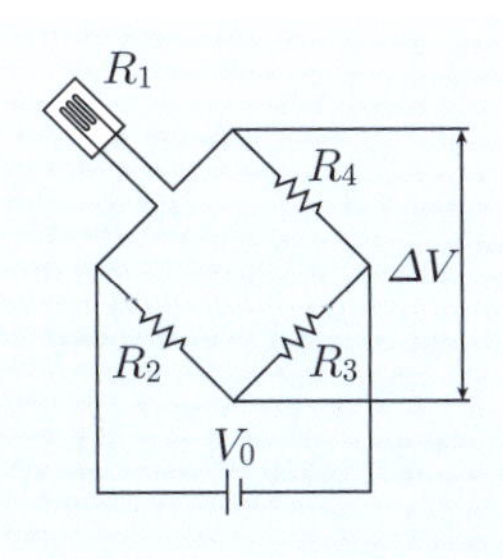

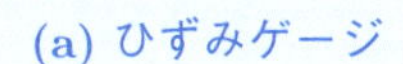

(a) ひずみゲージ　　(b) ホイートストンブリッジ

3.3 モールのひずみ円

3.3.1 モールのひずみ円の定義

3.2節で学習したように，任意の座標系に対するひずみは，主ひずみと座標変換を用いて記述することができる．本節では，z 軸が第3主軸と一致するように直交座標系 x-y-z をとった場合について，第3主軸（z 軸）まわりの回転に対するひずみの座標変換について考察してみよう．

一般に，z 軸まわりの回転を表す座標変換は，角度 θ を用いて，次式のように与えられる．

$$\begin{bmatrix} \cos\theta & \sin\theta & 0 \\ -\sin\theta & \cos\theta & 0 \\ 0 & 0 & 1 \end{bmatrix} \tag{3.19}$$

したがって，x 軸が第1主軸となす角度を θ とすると，直交座標系 x-y-z に対するひずみの各成分は，式 (3.15) より

$$\begin{bmatrix} \varepsilon_x & \frac{\gamma_{xy}}{2} & \frac{\gamma_{xz}}{2} \\ \frac{\gamma_{yx}}{2} & \varepsilon_y & \frac{\gamma_{yz}}{2} \\ \frac{\gamma_{zx}}{2} & \frac{\gamma_{zy}}{2} & \varepsilon_z \end{bmatrix} = \begin{bmatrix} \cos\theta & \sin\theta & 0 \\ -\sin\theta & \cos\theta & 0 \\ 0 & 0 & 1 \end{bmatrix} \begin{bmatrix} \varepsilon_1 & 0 & 0 \\ 0 & \varepsilon_2 & 0 \\ 0 & 0 & \varepsilon_3 \end{bmatrix} \begin{bmatrix} \cos\theta & \sin\theta & 0 \\ -\sin\theta & \cos\theta & 0 \\ 0 & 0 & 1 \end{bmatrix}^{\mathrm{T}}$$

$$= \begin{bmatrix} \varepsilon_1\cos^2\theta + \varepsilon_2\sin^2\theta & -(\varepsilon_1 - \varepsilon_2)\cos\theta\sin\theta & 0 \\ -(\varepsilon_1 - \varepsilon_2)\cos\theta\sin\theta & \varepsilon_1\sin^2\theta + \varepsilon_2\cos^2\theta & 0 \\ 0 & 0 & \varepsilon_3 \end{bmatrix} \tag{3.20}$$

ここで，垂直ひずみ ε_x とせん断ひずみ γ_{xy} に着目し，それらをあらためて $\varepsilon_x = \varepsilon$, $\gamma_{xy} = \gamma$ と表記すると

$$\varepsilon = \varepsilon_1\cos^2\theta + \varepsilon_2\sin^2\theta = \frac{\varepsilon_1 + \varepsilon_2}{2} + \frac{\varepsilon_1 - \varepsilon_2}{2}\cos 2\theta \tag{3.21}$$

$$\frac{\gamma}{2} = -(\varepsilon_1 - \varepsilon_2)\cos\theta\sin\theta = -\frac{\varepsilon_1 - \varepsilon_2}{2}\sin 2\theta \tag{3.22}$$

さらに，$\cos^2\theta + \sin^2\theta = 1$ なる関係を用いて，式 (3.21) および式 (3.22) から角度 θ を消去すると

$$\left(\varepsilon - \frac{\varepsilon_1 + \varepsilon_2}{2}\right)^2 + \left(\frac{\gamma}{2}\right)^2 = \left(\frac{\varepsilon_1 - \varepsilon_2}{2}\right)^2 \tag{3.23}$$

ここで，主ひずみ ε_1，ε_2 が座標系の取り方によらず観測点の力学状態のみによって決まる物理量であることに留意すると，式 (3.23) は中心が $(\varepsilon, \gamma/2) = ((\varepsilon_1 + \varepsilon_2)/2, 0)$，半径が $r = (\varepsilon_1 - \varepsilon_2)/2$ の ε-$\gamma/2$ 平面上の真円を表すことが分かる．すなわち，z 軸まわりの任意の回転に対して，垂直ひずみ ε とせん断ひずみ $\gamma/2$ との関係は，図3.11 の青線のような円状の軌跡で与えられることになる．一方，式 (3.22) を角度 θ について整理すると

$$\sin 2\theta = \frac{-\gamma/2}{(\varepsilon_1 - \varepsilon_2)/2} \tag{3.24}$$

ここで，$(\varepsilon_1 - \varepsilon_2)/2$ が円の半径を表すことに留意すると，式 (3.24) は第 1 主軸に対する x 軸の傾き θ が点 D の偏角 2θ に相当することを意味している．すなわち，第 1 主軸から角度 θ だけ傾いた座標軸に対するひずみ $(\varepsilon, \gamma/2)$ は円周上の点 D の座標として与えられる．このように，主軸まわりのひずみの座標変換は，ε-$\gamma/2$ 平面上の円を用いて図形的に表現できることが分かり，これを**モールのひずみ円**（Mohr's circle of strain）と呼ぶ．

図3.11 から分かるように，点 A は垂直ひずみ ε の最大値 ε_1 を与え，線分 CA の方向は第 1 主軸（第 1 主面）の方向を与える．同様に，点 B は垂直ひずみ ε の最小値 ε_2 を与え，線分 CB の方向は第 2 主軸（第 2 主面）の方向を与える．

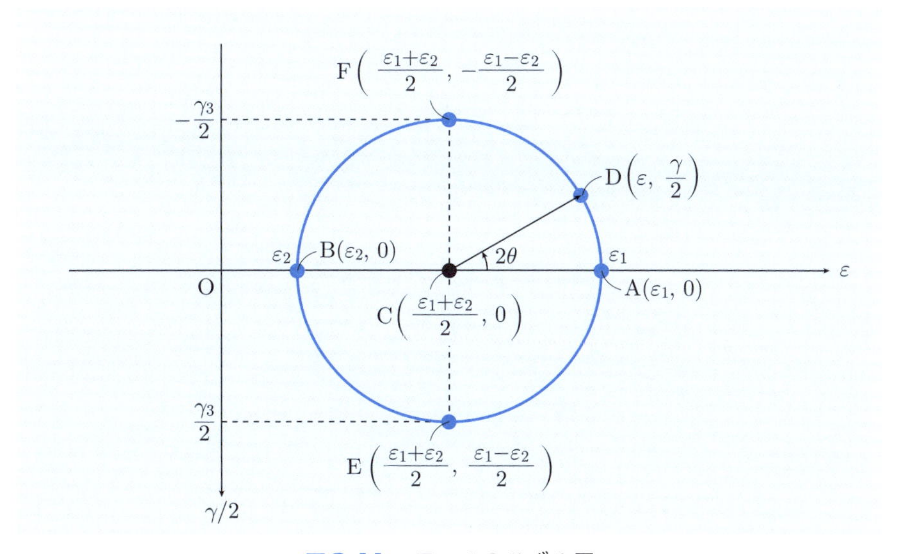

図3.11　モールのひずみ円

また，点Eおよび点Fはせん断ひずみγの最大値γ_3および最小値$-\gamma_3$を与え，それらの方向は第1主面および第2主面の方向と$\pm 45°$の角度をなす．すなわち，主せん断面の方向と一致する．このとき，主せん断面に生じるせん断ひずみを**主せん断ひずみ**（principal shear strain）と呼ぶ．図から分かるように，主せん断ひずみγ_3は，主ひずみε_1, ε_2を用いて，次式のように与えられる．

$$\frac{\gamma_3}{2} = \frac{|\varepsilon_1 - \varepsilon_2|}{2} \tag{3.25}$$

すなわち，モールのひずみ円の直径は，観測点に生じる主せん断ひずみγ_3の大きさを表すことになる．

3.3.2　モールのひずみ円の利用

第3主軸（z軸）まわりのひずみの座標変換について考えた場合，主ひずみε_1, ε_2が既知であれば，以下の手順でモールのひずみ円を描くことができる．

(1)　横軸をε，縦軸を$\gamma/2$とする座標平面を定義する（$\gamma/2$軸は下向き）．
(2)　第1主面のひずみ状態$(\varepsilon, \gamma/2) = (\varepsilon_1, 0)$をプロットする（点A）．
(3)　第2主面のひずみ状態$(\varepsilon, \gamma/2) = (\varepsilon_2, 0)$をプロットする（点B）．
(4)　線分ABを直径とする円を描画する．

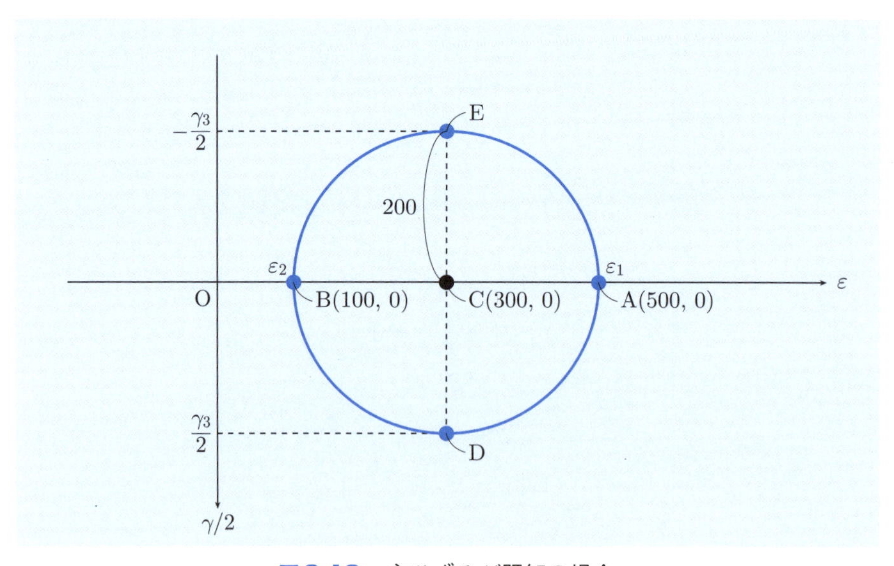

図3.12　主ひずみが既知の場合

例えば，$\varepsilon_1 = 500 \times 10^{-6}$, $\varepsilon_2 = 100 \times 10^{-6}$ の場合，観測点のひずみ状態を示すモールのひずみ円は，図3.12に示すように，点 C(300,0) を中心とする半径 200 の真円となる．このとき，せん断ひずみ γ は点 D および点 E において極値をとり，主せん断ひずみは $\gamma_3 = 400 \times 10^{-6}$ となる．

一方，垂直ひずみ ε_x, ε_y とせん断ひずみ γ_{xy} が既知であれば，以下の手順でモールのひずみ円を描くことができる．

(1)　横軸を ε，縦軸を $\gamma/2$ とする座標平面を定義する（$\gamma/2$ 軸は下向き）．
(2)　x 面のひずみ状態 $(\varepsilon, \gamma/2) = (\varepsilon_x, \gamma_{xy}/2)$ をプロットする（点 A）．
(3)　y 面のひずみ状態 $(\varepsilon, \gamma/2) = (\varepsilon_y, -\gamma_{xy}/2)$ をプロットする（点 B）．
(4)　線分 AB を直径とする円を描画する．

例えば，$\varepsilon_x = 400 \times 10^{-6}$, $\varepsilon_y = 200 \times 10^{-6}$, $\gamma_{xy} = 200 \times 10^{-6}$ の場合，観測点のひずみ状態を示すモールのひずみ円は，図3.13に示すように，点 C(300,0) を中心とする半径 $100\sqrt{2}$ の真円となる．このとき，最大主ひずみは $\varepsilon_1 = (300+100\sqrt{2})\times 10^{-6}$, 最小主ひずみは $\varepsilon_2 = (300-100\sqrt{2})\times 10^{-6}$, x 面が第 1 主面となす角度は $\theta = -22.5°$ となる．また，せん断ひずみ γ は点 F および点 G において極値をとり，主せん断ひずみは $\gamma_3 = 200\sqrt{2} \times 10^{-6}$ となる．

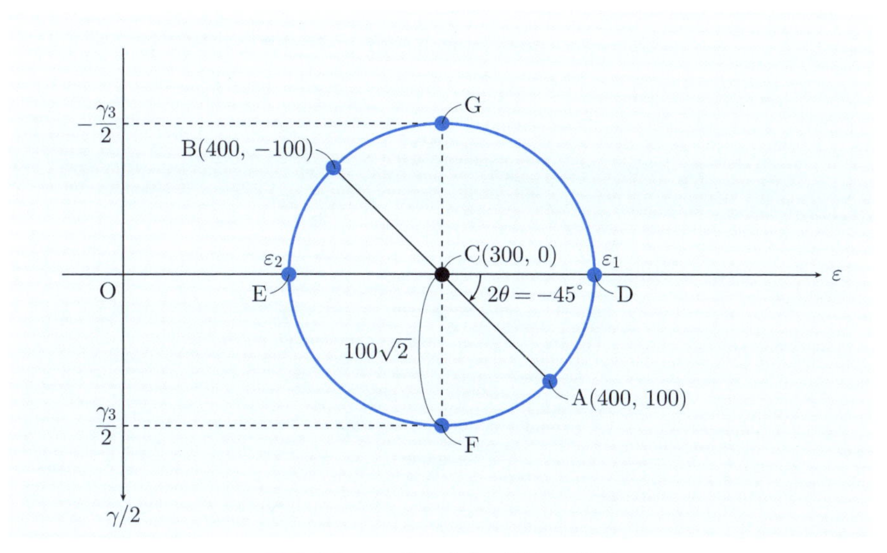

図3.13　ひずみ成分が既知の場合

例題3.3

外力を受ける物体中のある点Pにおいて，下記のようなひずみ状態であった．このとき，点Pに生じる主ひずみ $\varepsilon_1, \varepsilon_2, \varepsilon_3$ を算出せよ．また，z 軸まわりに x 面と $45°$ の角度をなす面Sに生じる垂直ひずみ ε とせん断ひずみ γ を算出せよ．

$$\begin{bmatrix} \varepsilon_x & \frac{\gamma_{xy}}{2} & \frac{\gamma_{xz}}{2} \\ \frac{\gamma_{yx}}{2} & \varepsilon_y & \frac{\gamma_{yz}}{2} \\ \frac{\gamma_{zx}}{2} & \frac{\gamma_{zy}}{2} & \varepsilon_z \end{bmatrix} = \begin{bmatrix} 400 & 400 & 0 \\ 400 & -200 & 0 \\ 0 & 0 & 0 \end{bmatrix} \times 10^{-6}$$

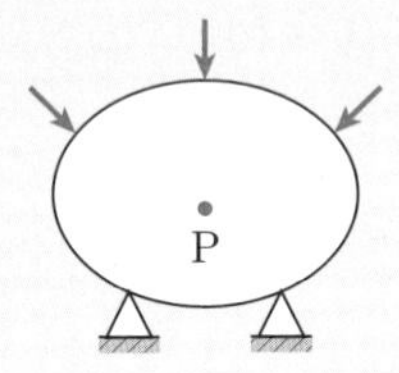

図3.14　外力を受ける物体

【解答】　横軸を ε，縦軸を $\gamma/2$ とする座標平面を定義し，$(\varepsilon, \gamma/2) = (400, 400)$ となる点Aと $(\varepsilon, \gamma/2) = (-200, -400)$ となる点Bをプロットすると，モールのひずみ円は図3.15のようになる．このとき，円の中心は点C(100,0)，半径 R は500となり，主ひずみ ε_1，ε_2 は点Dおよび点Eの座標に相当する．すなわち

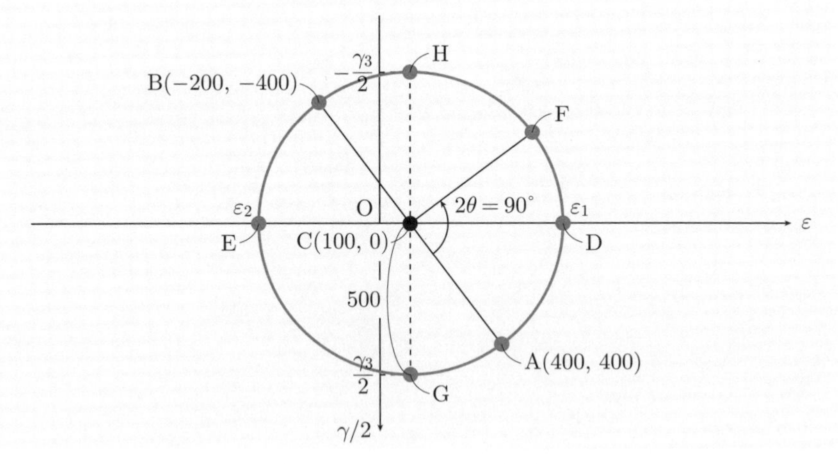

図3.15　モールのひずみ円

$$
\begin{aligned}
\varepsilon_1 &= \overline{\mathrm{OC}} + R = 100 + 500 = 600 \times 10^{-6} \\
\varepsilon_2 &= \overline{\mathrm{OC}} - R = 100 - 500 = -400 \times 10^{-6} \\
\varepsilon_3 &= 0
\end{aligned}
\qquad \text{(a)}
$$

また，面 S に生じる垂直ひずみ ε とせん断ひずみ γ は，この円上で点 A の方向と偏角 $2\theta = 2 \times 45°$ をなす点 F の座標に相当する．すなわち

$$
\begin{aligned}
\varepsilon &= \overline{\mathrm{OC}} + R\cos\angle\mathrm{DCF} = 100 + 500 \times 0.8 = 500 \times 10^{-6} \\
\gamma &= -R\sin\angle\mathrm{DCF} \times 2 = -500 \times 0.6 \times 2 = -600 \times 10^{-6}
\end{aligned}
\qquad \text{(b)}
$$

■

● テンソルの主軸と主値 ●

例えば，スピードガンで投球の速さを測る場合，A の位置で測定した場合には，正しく速さを測ることができるが，B の位置で測定した場合には，正しく速さを測ることができない．すなわち，ベクトルの大小を評価するためには，「まっすぐ」に観測することが重要である．同様に，テンソルの大小を評価するためにも，「まっすぐ」に観測することが重要である．このような「まっすぐ」な方向は，ベクトル（1 階のテンソル）では 1 つ，2 階のテンソルでは 3 つ存在し，**主軸**と呼ばれる．また，「まっすぐ」な方向から測定したベクトルやテンソルの大きさは，速度の場合には速さ，応力の場合には主応力，ひずみの場合には主ひずみに相当し，**主値**と呼ばれる．すなわち，速度や力の場合には，大きさにあたる量が 1 つであるのに対して，応力やひずみの場合には，大きさにあたる量が 3 つ存在することになる．したがって，応力の大きさを基準として材料の強度を評価する場合には，3 つの主応力の相互作用を考慮した評価が必要となる．

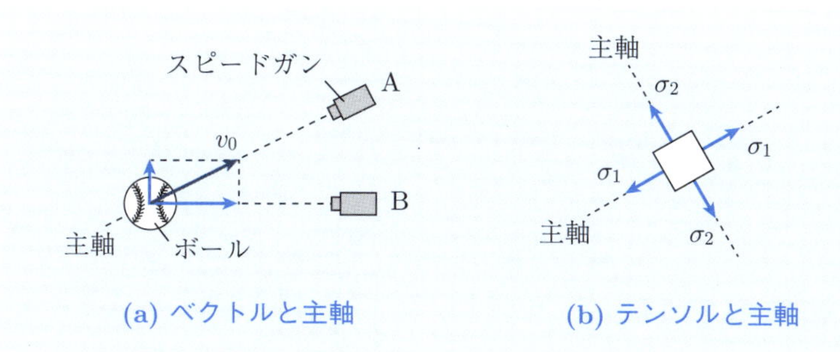

(a) ベクトルと主軸　(b) テンソルと主軸

補足3.1 ひずみ–変位関係式

図3.16 (a) に示すように，外力を受けて変形する物体中の任意点Pの近傍に微小六面体 ΔV を定義し，その変形状態について考察してみよう．現象を二次元問題として簡略化し，点Pに生じる変位の各成分を u, v とおくと，変位が位置 x, y の関数であることから，高次項を無視すると，各点に生じる変位は図3.16 (b) のように与えられることになる．したがって，辺PXおよび辺PYの長さの変化，辺PXと辺PYとの挟角の変化に着目すると，ひずみの定義より

$$\varepsilon_x = \frac{u + (\partial u/\partial x)dx - u}{dx} = \frac{\partial u}{\partial x} \tag{3.26}$$

$$\varepsilon_y = \frac{v + (\partial v/\partial y)dy - v}{dy} = \frac{\partial v}{\partial y} \tag{3.27}$$

$$\gamma_{xy} = \frac{v + (\partial v/\partial x)dx - v}{dx} + \frac{u + (\partial u/\partial y)dy - u}{dy} = \frac{\partial v}{\partial x} + \frac{\partial u}{\partial y} \tag{3.28}$$

このような議論を三次元問題に拡張すると，物体中に生じる変位とひずみは，常に次式で与えられるような関係を満たすことになる．

$$\begin{aligned}
&\varepsilon_x = \frac{\partial u}{\partial x}, && \gamma_{xy} = \frac{\partial v}{\partial x} + \frac{\partial u}{\partial y}, && \gamma_{xz} = \frac{\partial w}{\partial x} + \frac{\partial u}{\partial z} \\
&\gamma_{yx} = \frac{\partial u}{\partial y} + \frac{\partial v}{\partial x}, && \varepsilon_y = \frac{\partial v}{\partial y}, && \gamma_{yz} = \frac{\partial w}{\partial y} + \frac{\partial v}{\partial z} \\
&\gamma_{zx} = \frac{\partial u}{\partial z} + \frac{\partial w}{\partial x}, && \gamma_{zy} = \frac{\partial v}{\partial z} + \frac{\partial w}{\partial y}, && \varepsilon_z = \frac{\partial w}{\partial z}
\end{aligned} \tag{3.29}$$

式 (3.29) は**ひずみ–変位関係式**と呼ばれ，任意の力学状態にある物体の変形状態を表す基礎方程式である．

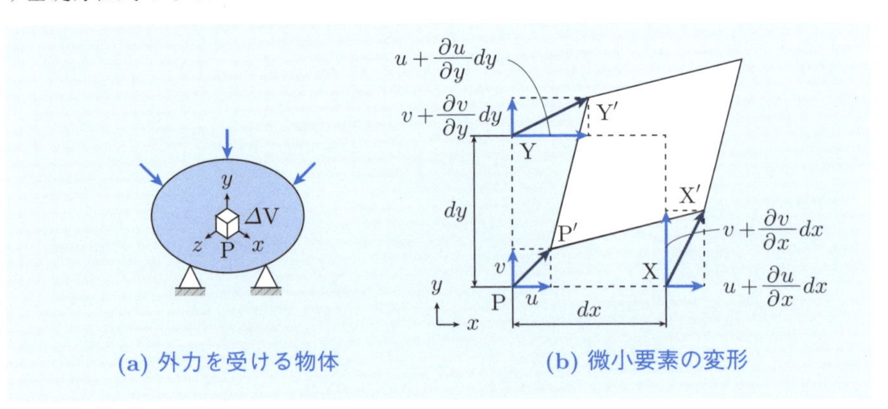

図3.16 物体に生じる変形

補足 3.2　モールのひずみ円

3.3 節では，第 3 主軸まわりの回転に対するひずみの座標変換について考察し，モールのひずみ円を用いて，第 3 主面内のひずみ状態を簡便に解析できることを学習した．同様の考察を第 1 主軸まわりの回転および第 2 主軸まわりの回転に拡張すると，モールのひずみ円を用いて，第 1 主面内のひずみ状態および第 2 主面内のひずみ状態を解析することができる．すなわち，図3.17に示すように，3 つの主ひずみ ε_1, ε_2, ε_3 のうちの 2 つを組み合わせて，同一の ε-$\gamma/2$ 平面上に 3 つのモールのひずみ円を作成することができる．また，それぞれのひずみ円に対して，3 つの主せん断ひずみ γ_1, γ_2, γ_3 を次式のように定義することができる．

$$
\begin{aligned}
\frac{\gamma_1}{2} &= \frac{|\varepsilon_2 - \varepsilon_3|}{2} \\
\frac{\gamma_2}{2} &= \frac{|\varepsilon_3 - \varepsilon_1|}{2} \\
\frac{\gamma_3}{2} &= \frac{|\varepsilon_1 - \varepsilon_2|}{2}
\end{aligned}
\tag{3.30}
$$

上記の考察から分かるように，補足 2.2 で学習した応力の場合と同様，物体に生じるひずみを議論する場合には，特定の主面内のひずみ状態のみに着目することは不適切であり，常に 3 つのひずみ円を考慮してひずみ状態を考察すべきである．これは，平面応力状態や平面ひずみ状態のような二次元問題に対しても同様であり，モールの応力円やモールのひずみ円を適切に使いこなすことが，材料力学を学習するにあたっての重要なポイントの一つとなる．

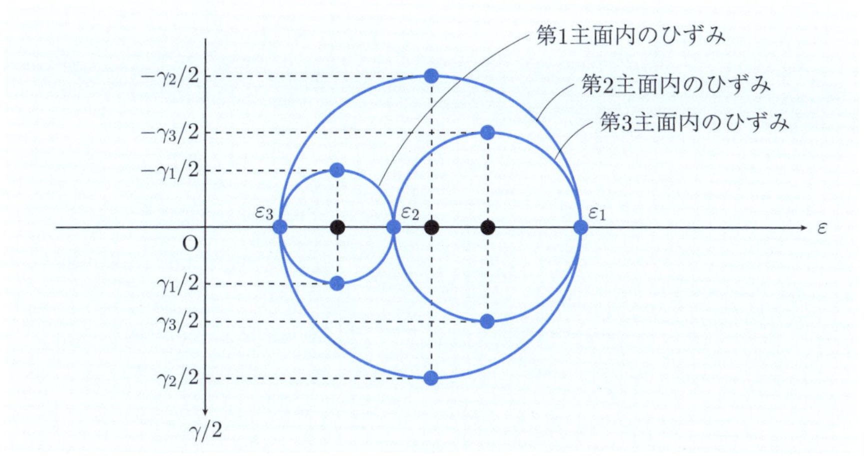

図3.17　モールのひずみ円

3章の問題

□**3.1**　図1に示すように，真直棒の端面 X_1, X_2 に変位 $u_0/2 = 0.1\,\mathrm{mm}$ を与えた．このとき，棒に生じるひずみを算出せよ．ただし，面 Y_1, Y_2，面 Z_1, Z_2 には変位が生じないものとし，棒の断面積を $A = 100\,\mathrm{mm}^2$，長さを $l = 200\,\mathrm{mm}$ とする．

□**3.2**　図2に示すように，物体に変位 $u_1 = 0.10\,\mathrm{mm}$, $u_2 = 0.06\,\mathrm{mm}$, $u_3 = 0.01\,\mathrm{mm}$, $u_4 = 0.03\,\mathrm{mm}$ を与えた．このとき，物体に生じるひずみを算出せよ．ただし，各辺の長さを $l_\mathrm{X} = 200\,\mathrm{mm}$, $l_\mathrm{Y} = 100\,\mathrm{mm}$, $l_\mathrm{Z} = 50\,\mathrm{mm}$ とする．

□**3.3**　外力を受ける物体中のある点Pにおいて，主ひずみ $\varepsilon_1 = 400 \times 10^{-6}$, $\varepsilon_2 = 200 \times 10^{-6}$, $\varepsilon_3 = 0$ であった．このとき，第3主軸まわりに第1主面と $30°$ の角度をなす面Sに生じる垂直ひずみ ε とせん断ひずみ γ を算出せよ．

□**3.4**　外力を受ける物体中のある点Pにおいて，z 面に対して平面ひずみ状態となり，垂直ひずみ $\varepsilon_x = 500 \times 10^{-6}$, $\varepsilon_y = -100 \times 10^{-6}$，せん断ひずみ $\gamma_{xy} = 800 \times 10^{-6}$ であった．このとき，点Pに生じる主ひずみ ε_1, ε_2, ε_3 を算出せよ．

□**3.5**　外力を受ける物体中のある点Pにおいて，主ひずみ $\varepsilon_1 = 400 \times 10^{-6}$, $\varepsilon_2 = 200 \times 10^{-6}$, $\varepsilon_3 = 100 \times 10^{-6}$ であった．このとき，点Pに生じる主せん断ひずみ γ_1, γ_2, γ_3 を算出せよ．

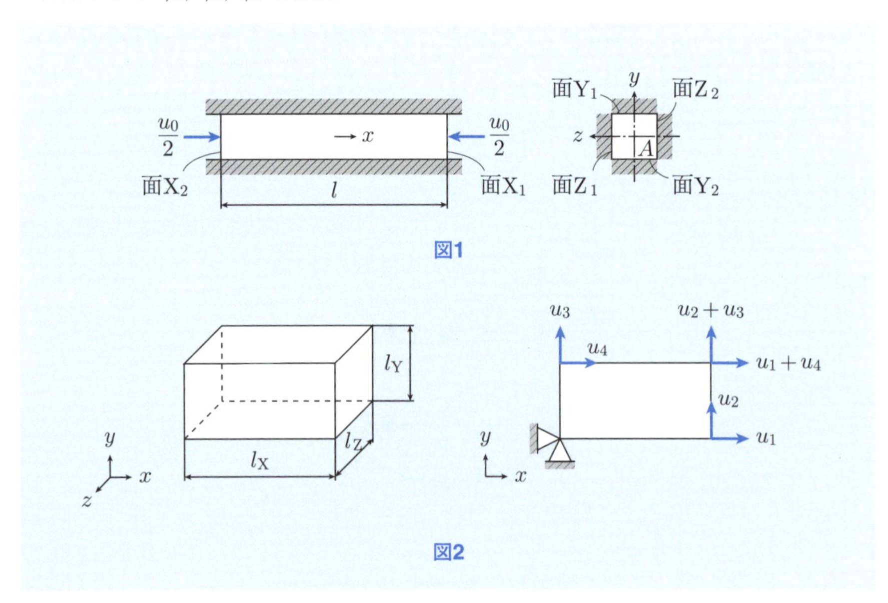

図1

図2

第4章

応力とひずみの関係

同じ形状の物体に同じ荷重を与えても，物体の材質によって，生じる変形の大きさが異なることは言うまでもない．すなわち，同一の応力状態にある物体のひずみ状態は物体の性質に依存する．この章では，**応力–ひずみ関係式**およびその根拠となる**フックの法則**と**ポアソン効果**について学習する．

4.1　応力とひずみの関係

4.1.1　ポアソン効果とフックの法則

図4.1に示すように，真直棒に引張荷重を与えると，棒には荷重方向に内力と変形が生じ，変形が微小であれば変形は内力に比例する．このような内力と変形との線形関係を**フックの法則**（Hooke's law）と呼ぶ．また，このとき，引張荷重によって，棒には荷重方向に引張変形（伸び）が生じると同時に，直交方向に圧縮変形（縮み）が生じる．このような異なる方向の変形の相互作用を**ポアソン効果**（Poisson's effect）と呼ぶ．

図4.2に示すように，外力を受ける物体中の任意点Pのまわりに定義した微小六面体 ΔV に着目し，点Pに生じる応力とひずみとの関係について考察してみよう．最初に，垂直応力 σ_x による変形について考えると，フックの法則により，垂直ひずみ ε_x は垂直応力 σ_x に比例する．すなわち

$$\varepsilon_x = \frac{\sigma_x}{E} \tag{4.1}$$

ここで，E は垂直応力に対する変形抵抗を表す材料固有の定数であり，**ヤング率**（Young's modulus）または**縦弾性係数**（modulus of longitudinal elasticity）と呼ばれる．このとき，ポアソン効果により，物体には垂直応力 σ_x と直交する方向に垂直ひずみ ε_y，ε_z を生じる．すなわち

$$\varepsilon_y = -\nu\varepsilon_x = -\nu\frac{\sigma_x}{E}, \quad \varepsilon_z = -\nu\varepsilon_x = -\nu\frac{\sigma_x}{E} \tag{4.2}$$

ここで，ν は荷重方向のひずみ（縦ひずみ）に対する直交方向のひずみ（横ひずみ）の比を表す材料固有の定数であり，**ポアソン比**（Poisson's ratio）と呼ばれる．一方，変形状態から明らかなように，垂直応力 σ_x はせん断ひずみ γ_{xy}，γ_{yz}，γ_{zx} を生じない．すなわち

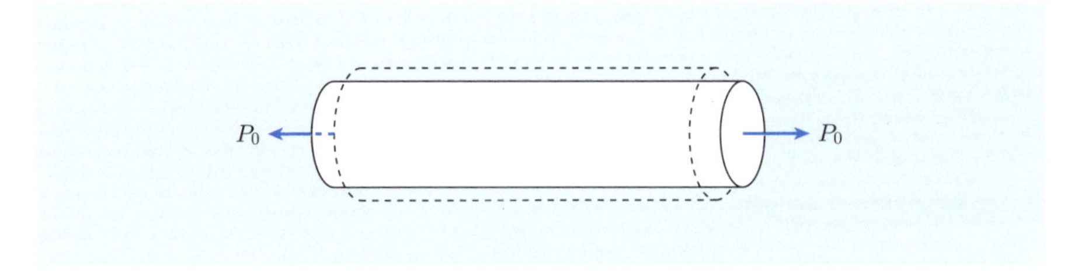

図4.1　引張荷重を受ける真直棒

$$\gamma_{xy} = \gamma_{yx} = 0, \quad \gamma_{yz} = \gamma_{zy} = 0, \quad \gamma_{zx} = \gamma_{xz} = 0 \tag{4.3}$$

垂直応力 σ_y, σ_z による変形についても同様であり，垂直応力 σ_x, σ_y, σ_z によって生じるひずみの各成分は次式のように整理される．

$$\begin{aligned} &\varepsilon_x = \frac{\sigma_x}{E}, && \varepsilon_y = -\nu\frac{\sigma_x}{E}, && \varepsilon_z = -\nu\frac{\sigma_x}{E} \\ &\gamma_{xy} = \gamma_{yx} = 0, && \gamma_{yz} = \gamma_{zy} = 0, && \gamma_{zx} = \gamma_{xz} = 0 \end{aligned} \tag{4.4}$$

$$\begin{aligned} &\varepsilon_x = -\nu\frac{\sigma_y}{E}, && \varepsilon_y = \frac{\sigma_y}{E}, && \varepsilon_z = -\nu\frac{\sigma_y}{E} \\ &\gamma_{xy} = \gamma_{yx} = 0, && \gamma_{yz} = \gamma_{zy} = 0, && \gamma_{zx} = \gamma_{xz} = 0 \end{aligned} \tag{4.5}$$

$$\begin{aligned} &\varepsilon_x = -\nu\frac{\sigma_z}{E}, && \varepsilon_y = -\nu\frac{\sigma_z}{E}, && \varepsilon_z = \frac{\sigma_z}{E} \\ &\gamma_{xy} = \gamma_{yx} = 0, && \gamma_{yz} = \gamma_{zy} = 0, && \gamma_{zx} = \gamma_{xz} = 0 \end{aligned} \tag{4.6}$$

次に，せん断応力 $\tau_{xy} = \tau_{yx}$ による変形について考えると，せん断ひずみ γ_{xy} はせん断応力 τ_{xy} に比例する．すなわち

$$\gamma_{xy} = \gamma_{yx} = \frac{\tau_{xy}}{G} \tag{4.7}$$

ここで, G はせん断応力に対する変形抵抗を表す材料固有の定数であり，**せん断弾性係数**（shear modulus）または**横弾性係数**（modulus of transverse elasticity）と呼ばれる．また，せん断変形については異なる方向の変形の相互作用は存在

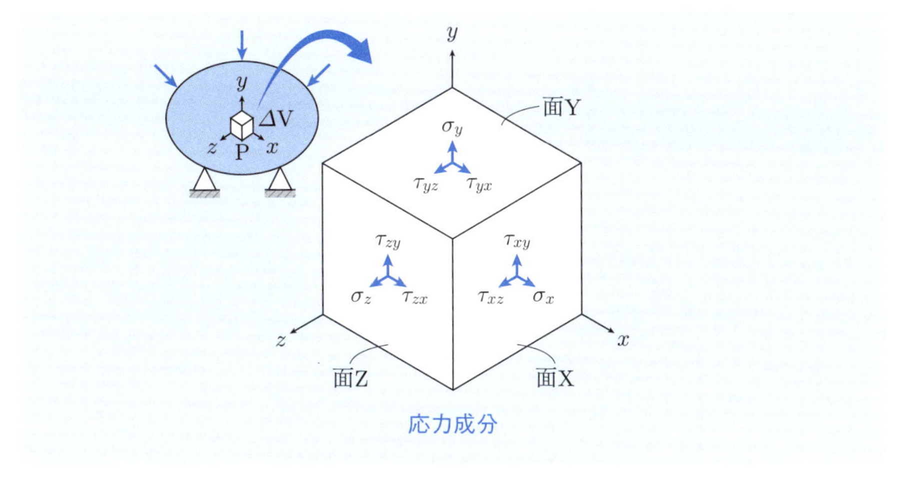

図4.2 微小六面体の応力とひずみ

せず，せん断応力 τ_{xy} はせん断ひずみ γ_{yz}, γ_{zx} を生じない．すなわち

$$\gamma_{yz} = \gamma_{zy} = 0, \quad \gamma_{zx} = \gamma_{xz} = 0 \tag{4.8}$$

一方，変形状態から明らかなように，せん断応力 τ_{xy} は垂直ひずみ ε_x, ε_y, ε_z を生じない．すなわち

$$\varepsilon_x = 0, \quad \varepsilon_y = 0, \quad \varepsilon_z = 0 \tag{4.9}$$

せん断応力 τ_{yz}, τ_{zx} による変形についても同様であり，せん断応力 τ_{xy}, τ_{yz}, τ_{zx} によって生じるひずみの各成分は次式のように整理される．

$$\begin{aligned} &\varepsilon_x = 0, && \varepsilon_y = 0, && \varepsilon_z = 0 \\ &\gamma_{xy} = \gamma_{yx} = \frac{\tau_{xy}}{G}, && \gamma_{yz} = \gamma_{zy} = 0, && \gamma_{zx} = \gamma_{xz} = 0 \end{aligned} \tag{4.10}$$

$$\begin{aligned} &\varepsilon_x = 0, && \varepsilon_y = 0, && \varepsilon_z = 0 \\ &\gamma_{xy} = \gamma_{yx} = 0, && \gamma_{yz} = \gamma_{zy} = \frac{\tau_{yz}}{G}, && \gamma_{zx} = \gamma_{xz} = 0 \end{aligned} \tag{4.11}$$

$$\begin{aligned} &\varepsilon_x = 0, && \varepsilon_y = 0, && \varepsilon_z = 0 \\ &\gamma_{xy} = \gamma_{yx} = 0, && \gamma_{yz} = \gamma_{zy} = 0, && \gamma_{zx} = \gamma_{xz} = \frac{\tau_{zx}}{G} \end{aligned} \tag{4.12}$$

以上のことから，重ね合わせの原理を用いると，任意の応力状態に対して，フックの法則は次式のように一般化される．

$$\left.\begin{aligned} \varepsilon_x &= \frac{\sigma_x}{E} - \nu\frac{\sigma_y}{E} - \nu\frac{\sigma_z}{E} \\ \varepsilon_y &= \frac{\sigma_y}{E} - \nu\frac{\sigma_z}{E} - \nu\frac{\sigma_x}{E} \\ \varepsilon_z &= \frac{\sigma_z}{E} - \nu\frac{\sigma_x}{E} - \nu\frac{\sigma_y}{E} \\ \gamma_{xy} &= \frac{\tau_{xy}}{G} \\ \gamma_{yz} &= \frac{\tau_{yz}}{G} \\ \gamma_{zx} &= \frac{\tau_{zx}}{G} \end{aligned}\right\} \cdots \text{応力とひずみの関係} \tag{4.13}$$

式 (4.13) は，**応力–ひずみ関係式**（stress-strain relations）と呼ばれ，物体に生じる内力と変形との関係を与える最も基本的な式である．また，この式から分かるように，バネに対する荷重と変位との関係などと異なり，物体に生じる垂直応力と垂直ひずみとの関係は単純な比例関係ではないことに留意すべきであ

る．すなわち，任意の応力状態にある物体に対して，垂直応力 σ_x を 2 倍に増やしても，特殊な場合を除いて，垂直ひずみ ε_x が 2 倍になることはない．また，垂直応力 σ_x が正となる場合であっても，垂直ひずみ ε_x は必ずしも正となるわけではなく，引張応力に対して圧縮ひずみが生じたり，圧縮応力に対して引張ひずみが生じることもある．なお，応力について整理すると，式 (4.13) は次式のように表記することもできる．

$$\begin{aligned}
\sigma_x &= \frac{(1-\nu)E}{(1+\nu)(1-2\nu)}\left\{\varepsilon_x + \frac{\nu}{1-\nu}(\varepsilon_y + \varepsilon_z)\right\} \\
\sigma_y &= \frac{(1-\nu)E}{(1+\nu)(1-2\nu)}\left\{\varepsilon_y + \frac{\nu}{1-\nu}(\varepsilon_z + \varepsilon_x)\right\} \\
\sigma_z &= \frac{(1-\nu)E}{(1+\nu)(1-2\nu)}\left\{\varepsilon_z + \frac{\nu}{1-\nu}(\varepsilon_x + \varepsilon_y)\right\} \\
\tau_{xy} &= G\gamma_{xy} \\
\tau_{yz} &= G\gamma_{yz} \\
\tau_{zx} &= G\gamma_{zx}
\end{aligned} \tag{4.14}$$

なお，ヤング率 E，ポアソン比 ν，せん断弾性係数 G との間には，次式のような関係が成立することが知られている（補足 4.1）．

$$G = \frac{E}{2(1+\nu)} \quad \cdots \text{弾性係数間の関係} \tag{4.15}$$

4.1.2　平面応力と平面ひずみ

図 4.3 に示すように，二次元的な広がりを持つ十分に板厚の小さい物体に二次元的な外力が働くような場合，物体の力学状態は平面応力状態（$\sigma_z = 0$, $\tau_{yz} = 0$, $\tau_{zx} = 0$）となる．このとき，式 (4.13) は次式のようになり，垂直応力と垂直ひずみとの独立な関係式は 2 つになる．

$$\begin{aligned}
\varepsilon_x &= \frac{\sigma_x}{E} - \nu\frac{\sigma_y}{E} \\
\varepsilon_y &= \frac{\sigma_y}{E} - \nu\frac{\sigma_x}{E}
\end{aligned} \tag{4.16}$$

また，垂直ひずみ ε_z は次式のように与えられ，平面応力状態では，$\sigma_x + \sigma_y = 0$ となる場合を除いて，$\varepsilon_z \neq 0$ であることに留意すべきである．

$$\varepsilon_z = -\frac{\nu}{E}(\sigma_x + \sigma_y) = -\frac{\nu}{1-\nu}(\varepsilon_x + \varepsilon_y) \tag{4.17}$$

図4.4に示すように，二次元的な広がりを持つ十分に板厚の大きい物体に二次元的な外力が働くような場合，物体の力学状態は平面ひずみ状態（$\varepsilon_z = 0$, $\gamma_{yz} = 0$, $\gamma_{zx} = 0$）となる．このとき，式 (4.13) は次式のようになり，垂直応力と垂直ひずみとの独立な関係式は 2 つになる．

$$
\begin{aligned}
\varepsilon_x &= \frac{\sigma_x}{E'} - \nu' \frac{\sigma_y}{E'} \\
\varepsilon_y &= \frac{\sigma_y}{E'} - \nu' \frac{\sigma_x}{E'}
\end{aligned}
\tag{4.18}
$$

また，垂直応力 σ_z は次式のように与えられ，平面ひずみ状態では，$\sigma_x + \sigma_y = 0$ となる場合を除いて，$\sigma_z \neq 0$ であることに留意すべきである．

$$
\sigma_z = \frac{\nu E}{(1+\nu)(1-2\nu)}(\varepsilon_x + \varepsilon_y) = \nu(\sigma_x + \sigma_y) \tag{4.19}
$$

ただし，E', ν' は次式のように与えられ，$\nu = 0.3$ と仮定すると，平面ひずみ状態では，ヤング率が見かけ上 10 %ほど大きくなることが分かる．

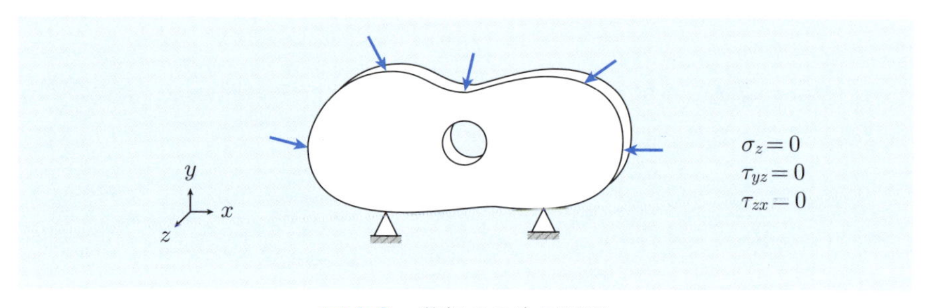

図4.3 薄板の二次元問題

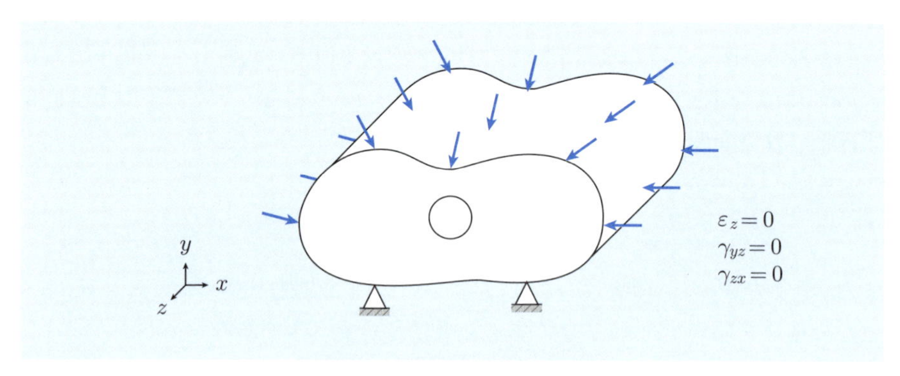

図4.4 厚板の二次元問題

$$E' = \frac{E}{1-\nu^2} \simeq 1.10E, \quad \nu' = \frac{\nu}{1-\nu} \simeq 1.43\nu \tag{4.20}$$

例題4.1

外力を受ける物体中のある点Pにおいて，下記のような応力状態であった．このとき，点Pに生じるひずみを算出せよ．ただし，この物体は均質等方性の線形弾性体であり，物体のヤング率を $E = 200\,\mathrm{GPa}$，ポアソン比を $\nu = 0.3$ とする．

$$\begin{bmatrix} \sigma_x & \tau_{xy} & \tau_{xz} \\ \tau_{yx} & \sigma_y & \tau_{yz} \\ \tau_{zx} & \tau_{zy} & \sigma_z \end{bmatrix} = \begin{bmatrix} 40 & 40 & 0 \\ 40 & -20 & 0 \\ 0 & 0 & 0 \end{bmatrix} \mathrm{MPa}$$

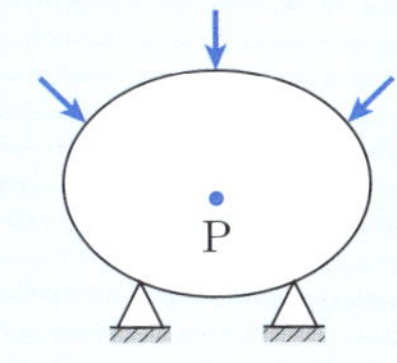

図4.5　外力を受ける物体

【解答】　この物体のヤング率を E，ポアソン比を ν，せん断弾性係数を G とおくと，応力–ひずみ関係式より

$$\varepsilon_x = \frac{\sigma_x}{E} - \nu\frac{\sigma_y}{E} - \nu\frac{\sigma_z}{E} = \frac{40 - 0.3 \times (-20+0)}{200000} = 230 \times 10^{-6} \tag{a}$$

$$\varepsilon_y = \frac{\sigma_y}{E} - \nu\frac{\sigma_z}{E} - \nu\frac{\sigma_x}{E} = \frac{-20 - 0.3 \times (0+40)}{200000} = -160 \times 10^{-6} \tag{b}$$

$$\varepsilon_z = \frac{\sigma_z}{E} - \nu\frac{\sigma_x}{E} - \nu\frac{\sigma_y}{E} = \frac{0 - 0.3 \times (40-20)}{200000} = -30 \times 10^{-6} \tag{c}$$

$$\gamma_{xy} = \frac{\tau_{xy}}{G} = \frac{2(1+\nu)\tau_{xy}}{E} = \frac{2 \times (1+0.3) \times 40}{200000} = 520 \times 10^{-6} \tag{d}$$

$$\gamma_{yz} = \frac{\tau_{yz}}{G} = \frac{2(1+\nu)\tau_{yz}}{E} = \frac{2 \times (1+0.3) \times 0}{200000} = 0 \tag{e}$$

$$\gamma_{zx} = \frac{\tau_{zx}}{G} = \frac{2(1+\nu)\tau_{zx}}{E} = \frac{2 \times (1+0.3) \times 0}{200000} = 0 \tag{f}$$

■

4.2 応力–ひずみ曲線

4.2.1 応力–ひずみ曲線

図4.6に示すように，荷重 P を受ける丸棒に着目し，この棒に生じる応力とひずみとの関係について考察してみよう．最初に，この棒の断面積を A，全長を l，直径を d とすると，この棒に生じる応力は次式のように与えられ，$\sigma_1 = \sigma_x$，$\sigma_2 = 0, \sigma_3 = 0$ の単軸応力状態となる．

$$\begin{aligned}&\sigma_x = \frac{P}{A}, \qquad \sigma_y = 0, \qquad \sigma_z = 0\\&\tau_{xy} = \tau_{yx} = 0, \quad \tau_{yz} = \tau_{zy} = 0, \quad \tau_{zx} = \tau_{xz} = 0\end{aligned} \tag{4.21}$$

一方，荷重 P によって，この棒の全長は Δl だけ増加し，直径は Δd だけ減少する．したがって，この棒に生じるひずみは次式のように与えられる．

$$\begin{aligned}&\varepsilon_x = \frac{\Delta l}{l}, \qquad \varepsilon_y = -\frac{\Delta d}{d}, \qquad \varepsilon_z = -\frac{\Delta d}{d}\\&\gamma_{xy} = \gamma_{yx} = 0, \quad \gamma_{yz} = \gamma_{zy} = 0, \quad \gamma_{zx} = \gamma_{xz} = 0\end{aligned} \tag{4.22}$$

このように，単純な応力状態にある物体を用いて，材料の機械的特性を決定する試験を**材料試験**（materials test）と呼び，材料試験に使用する物体を**試験片**（specimen）と呼ぶ．特に，真直棒状または真直板状の試験片に引張荷重を与える材料試験を**引張試験**（tensile test）と呼ぶ．

材料試験については，日本産業規格（JIS）などで試験方法が規格化されており，引張試験では，図4.7に示すような試験片が使用される．この試験片では，中央部付近（平行部）の断面が一様になっており，引張荷重に対してほぼ単軸応力状態となる．引張試験によって応力とひずみとの関係を計測すると，鉄鋼材料では，図4.8に示すような**応力–ひずみ曲線**（stress-strain curve）が得ら

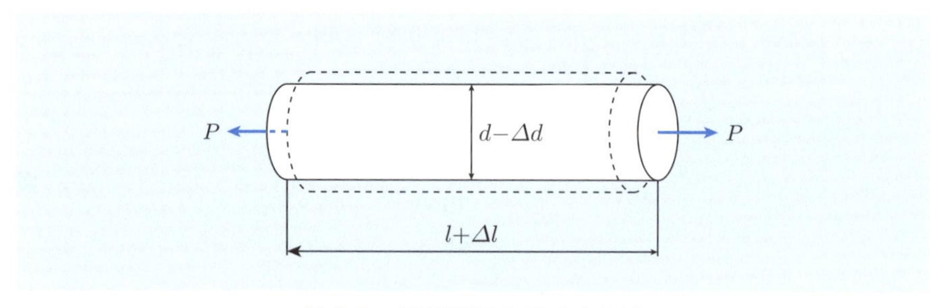

図4.6 引張荷重を受ける丸棒

れる．図中で，横軸は荷重方向の垂直ひずみ ε_x，縦軸は荷重方向の垂直応力 σ_x である．図4.8の青線は，試験片に働く荷重 P と評点間の変位 Δl，試験前に計測した平行部の断面積 A_0 と評点間の距離 l_0 をもとに，次式を用いて垂直応力 $\sigma_x = \sigma_n$ と垂直ひずみ $\varepsilon_x = \varepsilon_n$ を決定したものであり，**公称応力**（nominal stress）–**公称ひずみ**（nominal strain）曲線と呼ばれる．

$$\sigma_n = \frac{P}{A_0} \quad \cdots \text{公称応力} \tag{4.23}$$

$$\varepsilon_n = \frac{\Delta l}{l_0} \quad \cdots \text{公称ひずみ} \tag{4.24}$$

図から分かるように，鉄鋼材料においては，変形が小さい領域では，応力–ひずみ曲線はほぼ線形となりフックの法則が成立する．このとき，応力–ひずみ曲

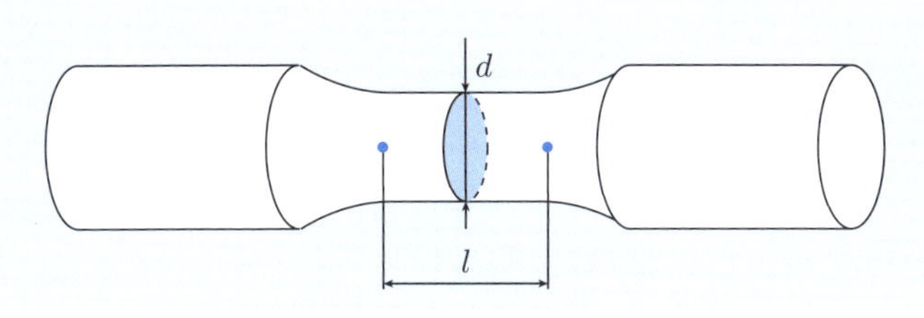

図4.7 引張試験片

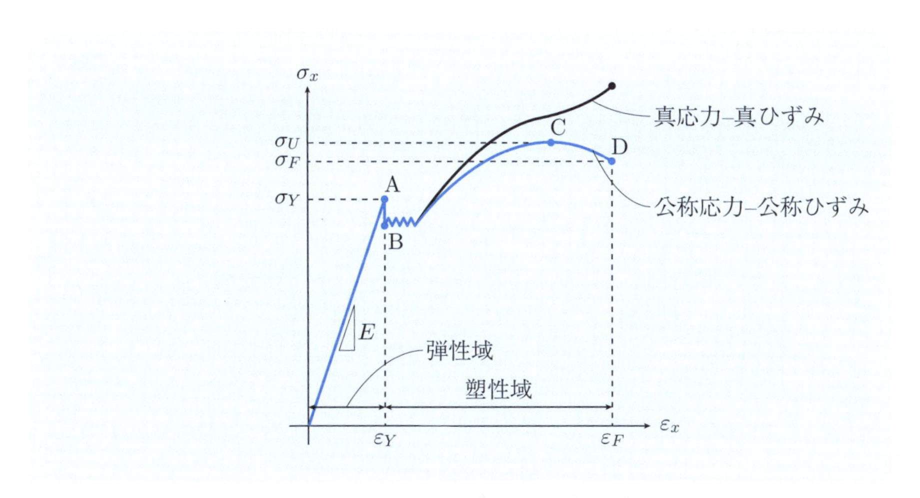

図4.8 応力–ひずみ曲線（軟鋼）

線の勾配はヤング率 E に相当する．また，この領域で除荷すると，試験片は試験前の状態に戻る．すなわち，物体の変形は可逆的であり，この領域を**弾性域**（elastic region），弾性域におけるひずみ ε_e を**弾性ひずみ**（elastic strain）と呼ぶ．一方，変形が大きい領域では，応力–ひずみ曲線は非線形となりフックの法則は成立しない．また，この領域で除荷すると，試験片には変形が残留する．すなわち，物体の変形は不可逆的であり，この領域を**塑性域**（plastic region），塑性域におけるひずみ ε_p を**塑性ひずみ**（plastic strain）と呼ぶ．このように，物体に生じる応力やひずみの増加に伴って，変形挙動が弾性から塑性に遷移する現象を**降伏**（yielding）と呼び，降伏が開始する点を**降伏点**（yield point），降伏点における応力 σ_Y を**降伏応力**（yield stress）と呼ぶ．なお，鉄鋼材料では，弾性域と塑性域の境界となる点 A を**上降伏点**，点 B を**下降伏点**と呼ぶ．降伏点を過ぎて負荷を続けると応力は徐々に増加する．このような現象を**加工硬化**（work hardening）と呼ぶ．その後，点 C において応力は最大となり，点 D において試験片は**破断**（rupture）する．このとき，点 C における応力 σ_U を**引張強さ**（tensile strength）と呼び，点 D における応力 σ_F を**破断強さ**（rupture strength），点 D におけるひずみ ε_F を**破断伸び**（rupture elongation）と呼ぶ．実際の構造では，部材の力学状態が弾性域を超えないように設計・使用するのが一般的であり，降伏応力 σ_Y は材料の強度を表す重要な指標となる．

応力–ひずみ曲線は材料によって様々であるが，図4.9 (a) に示すように，顕著

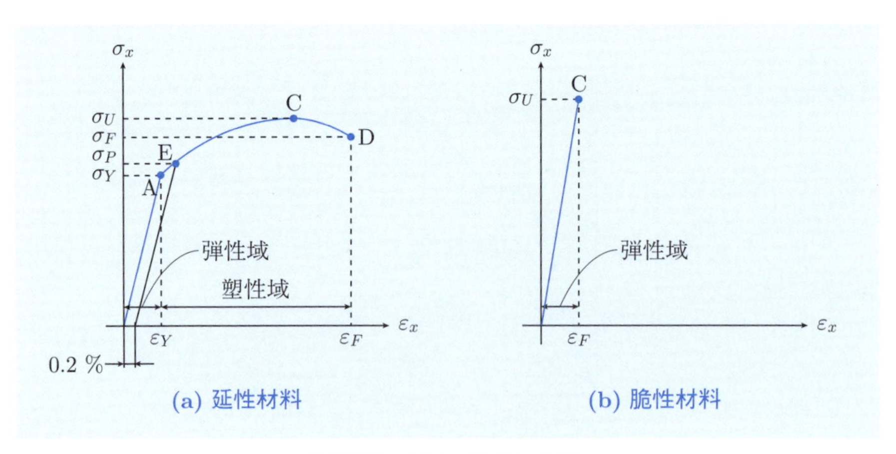

図4.9　応力–ひずみ曲線

な塑性変形を伴って破断に至る材料を**延性材料**（ductile material），図4.9 (b)に示すように，顕著な塑性変形を伴わずに破断に至る材料を**脆性材料**（brittle material）と呼ぶ．なお，鉄鋼材料以外の延性材料では，降伏点が明確でない場合が多い．このような場合，塑性ひずみ ε_p が0.2％となる点Eをもって降伏点とみなし，点Eにおける応力 σ_P を**耐力**（proof stress）と呼ぶ．

4.2.2 真応力と真ひずみ

引張試験において，試験片に生じる変形が小さい領域では，試験前に計測した平行部の断面積 A_0 や評点間の距離 l_0 をもとに算出した公称応力 σ_n や公称ひずみ ε_n を用いて，試験片に生じる応力やひずみを評価することができる．しかし，試験片に生じる変形が大きい領域では，平行部の断面積 A は試験前の断面積 A_0 より小さくなり，評点間の距離 l は試験前の距離 l_0 より大きくなる．したがって，このような領域での応力やひずみを正しく評価するためには，試験片の変形を考慮した解析を行う必要がある．図4.8の黒線は，平行部の断面積 A と評点間の距離 l の変化を考慮し，次式を用いて垂直応力 $\sigma_x = \sigma_t$ と垂直ひずみ $\varepsilon_x = \varepsilon_t$ を決定したものであり，**真応力**（true stress）–**真ひずみ**（true strain）曲線と呼ばれる．

$$\sigma_t = \sigma_n(1+\varepsilon_n) \quad \cdots \text{真応力} \tag{4.25}$$

$$\varepsilon_t = \ln(1+\varepsilon_n) \quad \cdots \text{真ひずみ} \tag{4.26}$$

図から分かるように，試験片に生じる変形が小さい領域では，公称応力–公称ひずみ曲線は真応力–真ひずみ曲線とほぼ等しい．これに対して，試験片に生じる変形が大きい領域では，公称応力–公称ひずみ曲線は真応力–真ひずみ曲線と大きく異なる．したがって，塑性域まで考慮して材料の物性を議論する場合には，

表4.1 各種材料の機械的性質

	ヤング率 E [GPa]	ポアソン比 ν [–]	線膨張係数 α [$\times 10^{-6}\cdot\mathrm{K}^{-1}$]	質量密度 ρ [$\mathrm{g\cdot cm^{-3}}$]
炭素鋼	206	0.30	12	7.8
アルミ合金	74	0.33	23	2.8
チタン合金	106	0.32	8	4.4
コンクリート	30	–	10	2.3
エポキシ	3	–	60	1.2

公称応力や公称ひずみではなく，真応力や真ひずみに着目して解析を行うべきである．表4.1に各種材料の代表的な物性を示す．

例題4.2

引張試験において，変形中のある瞬間のひずみは時々刻々のひずみ増分の積分値であると考えることができる．また，多くの材料において，変形が大きい領域では変形に伴う体積変化を無視できることが知られている．このような考察をもとに，式 (4.25) および式 (4.26) を導出せよ．

【解答】 変形前の評点間部の代表長を l_0，変形中のある瞬間までの伸びを Δl とおくと，評点間部に生じる公称ひずみ ε_n は

$$\varepsilon_n = \frac{\Delta l}{l_0} \tag{a}$$

また，変形中のある瞬間のひずみが時々刻々のひずみ増分の積分値であることを考慮すると，その瞬間の真ひずみ ε_t は，ひずみ増分 $d\varepsilon$ を用いて

$$\varepsilon_t = \int_{l_0}^{l} d\varepsilon \tag{b}$$

ここで，変形中のある瞬間の評点間部の代表長を $l = l_0 + \Delta l$，その瞬間の変位増分を dl とおくと，評点間部に生じるひずみ増分 $d\varepsilon$ は

$$d\varepsilon = \frac{dl}{l} \tag{c}$$

したがって，式 (a) および式 (c) を式 (b) に代入すると，真ひずみ ε_t は，公称ひずみ ε_n を用いて，次式のように与えられることになる．

$$\varepsilon_t = \int_{l_0}^{l} d\varepsilon = \int_{l_0}^{l} \frac{dl}{l} = \ln\left(\frac{l}{l_0}\right) = \ln\left(\frac{l_0 + \Delta l}{l_0}\right) = \ln(1 + \varepsilon_n) \tag{d}$$

一方，変形前の評点間部の断面積を A_0 とおくと，荷重 P によって評点間部に生じる公称応力 σ_n は

$$\sigma_n = \frac{P}{A_0} \tag{e}$$

また，変形中のある瞬間の評点間部の断面積を A とおくと，荷重 P によって評点間部に生じる真応力 σ_t は

$$\sigma_t = \frac{P}{A} \tag{f}$$

ここで，変形に伴う体積変化を無視できると仮定すると，変形中のある瞬間の評点間部の体積 Al は，変形前の評点間部の体積 A_0l_0 を用いて

$$Al = A_0 l_0 \tag{g}$$

したがって，式 (e) および式 (g) を式 (f) に代入すると，真応力 σ_t は，公称応力 σ_n と公称ひずみ ε_n を用いて，次式のように与えられることになる．

$$\sigma_t = \frac{P}{A} = \frac{P}{A_0} \cdot \frac{l}{l_0} = \frac{P}{A_0} \cdot \frac{l_0 + \Delta l}{l_0} = \sigma_n (1 + \varepsilon_n) \tag{h}$$ ■

● 弾性力学の基礎 ●

材料力学では棒，軸，はりなどの特殊な部材の取り扱いを学ぶことが当面の課題であり，固体の一般的な取り扱いは**弾性力学**や**塑性力学**に譲ることになる．しかし，実際の製品開発において，コンピューターを用いた数値解析の活用が進む現状を勘案すると，その基礎となる弾性力学について早期に触れておくことも重要であろう．弾性力学は，運動（変位），内力（応力），変形（ひずみ）という 3 つの要素を繋げる 3 つの方程式で構成される．運動と内力を関連づける方程式は応力の平衡方程式と呼ばれ，任意の力学状態にある物体の平衡状態を表す（補足 2.1）．運動と変形を関連づける方程式はひずみ–変位関係式と呼ばれ，任意の力学状態にある物体の変形状態を表す（補足 3.1）．さらに，内力と変形を関連づける方程式は応力–ひずみ関係式と呼ばれ，物体に固有の力学的特性を表す（4.1 節）．すなわち，弾性力学では，ひずみ–変位関係式を用いて変形を定義し，応力–ひずみ関係式を用いて物性を定義した上で，応力の平衡方程式を用いて静止状態を定式化することによって，棒，軸，はりのような特別な区別なしに，任意の形状，材質，力学状態にある物体に生じる内力や変形を解析することができる．

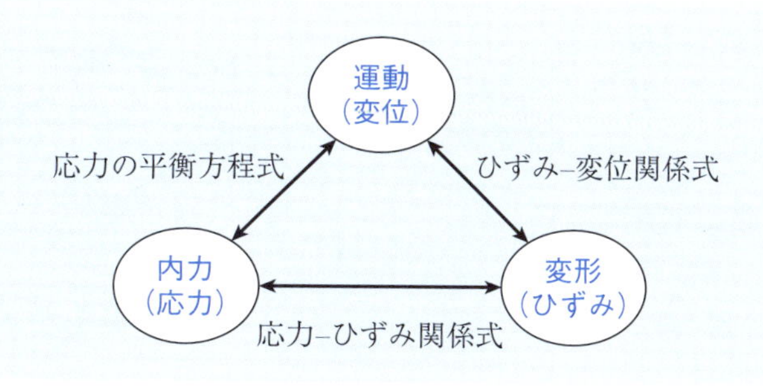

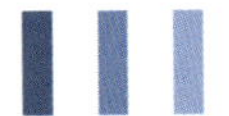

補足 4.1　弾性定数間の関係

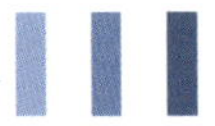

図4.10に示すように，平面応力状態（$\sigma_1 = \sigma_0,\ \sigma_2 = -\sigma_0,\ \sigma_3 = 0$）にある物体に着目し，この物体に生じる変形について考察してみよう．最初に，図4.10 (a)に示すように，第1主軸と x 軸，第2主軸と y 軸，第3主軸と z 軸が一致するように直交座標系 x-y-z を定義すると，$\sigma_x = \sigma_0,\ \sigma_y = -\sigma_0,\ \sigma_z = 0$ となり，垂直ひずみ ε_x は

$$\varepsilon_x = \frac{\sigma_x}{E} - \nu\frac{\sigma_y}{E} - \nu\frac{\sigma_z}{E} = \frac{\sigma_0}{E} + \nu\frac{\sigma_0}{E} \tag{4.27}$$

次に，図4.10 (b)に示すように，z 軸まわりに直交座標系 x-y-z と 45° の角度をなす直交座標系 x'-y'-z' を定義すると，$\tau_{x'y'} = \sigma_0$ となり，せん断ひずみ $\gamma_{x'y'}$ は

$$\gamma_{x'y'} = \frac{\tau_{x'y'}}{G} = \frac{\sigma_0}{G} \tag{4.28}$$

また，四角形 EFGH において辺 EG の長さの変化に着目すると，垂直ひずみ ε_x は，せん断ひずみ $\gamma_{x'y'}$ を用いて

$$\varepsilon_x = \frac{2\sqrt{2}a\cos(\pi/4 - \gamma_{x'y'}/2) - 2a}{2a} = \frac{\gamma_{x'y'}}{2} \tag{4.29}$$

ただし，$2a$ は四角形 EFGH の対角線の長さである．ここで，式 (4.27) と式 (4.29) を等置し式 (4.28) を代入すると

$$\frac{\sigma_0}{E} + \nu\frac{\sigma_0}{E} = \frac{\gamma_{x'y'}}{2} = \frac{\sigma_0}{2G} \tag{4.30}$$

したがって，ヤング率 E，ポアソン比 ν，せん断弾性係数 G との間には，次式のような関係が成立することになる．

$$G = \frac{E}{2(1+\nu)} \tag{4.31}$$

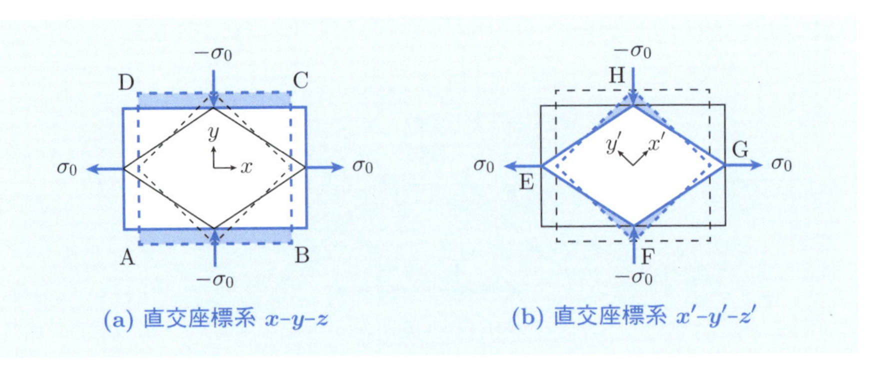

図4.10　平面応力状態にある物体

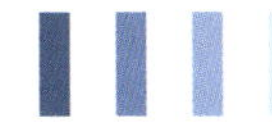

補足 4.2　薄肉円筒容器の解析

図4.11 (a) に示すように，内圧 p_0 を受ける薄肉円筒容器に着目し，この容器に生じる応力について考察してみよう．ただし，胴部の外径 $2a$ と比較して板厚 t は十分に小さいと仮定する．最初に，図4.11 (b) に示すように，面 X_1（$x = 0$）で容器を仮想切断し，面 X_1 に生じる垂直応力を σ_x とおくと，面 X_1 の左側部分の平衡条件より

$$\sigma_x \cdot 2\pi a t = p_0 \cdot \pi a^2 \qquad \therefore \quad \sigma_x = \frac{p_0 a}{2t} \tag{4.32}$$

次に，図4.11 (c) に示すように，面 X_2（$\theta = \pi/2$）で容器を仮想切断し，面 X_2 に生じる垂直応力を σ_θ とおくと，面 X_2 の左側部分の平衡条件より

$$\sigma_\theta \cdot 2lt = \int_0^\pi p_0 \cos\theta \cdot lr\, d\theta = p_0 \cdot 2la \qquad \therefore \quad \sigma_\theta = \frac{p_0 a}{t} \tag{4.33}$$

一方，板厚方向の垂直応力 σ_r は，胴部外面で $\sigma_r = 0$，胴部内面で $\sigma_r = -p_0$ であり，t/a が十分に小さい場合には

$$0 \leqq |\sigma_r| \leqq p_0 \ll \sigma_x, \sigma_\theta \qquad \therefore \quad \sigma_r \simeq 0 \tag{4.34}$$

すなわち，薄肉円筒容器の胴部では，平面応力状態（$\sigma_3 = \sigma_r = 0$）となり，周方向の主応力 $\sigma_1 = \sigma_\theta$ は軸方向の主応力 $\sigma_2 = \sigma_x$ の 2 倍となる．

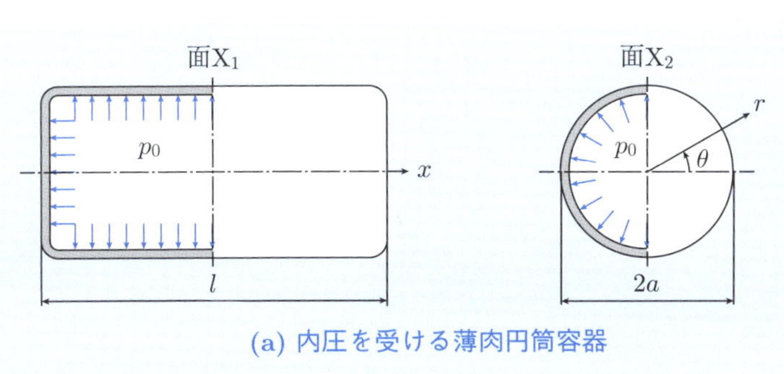

(a) 内圧を受ける薄肉円筒容器

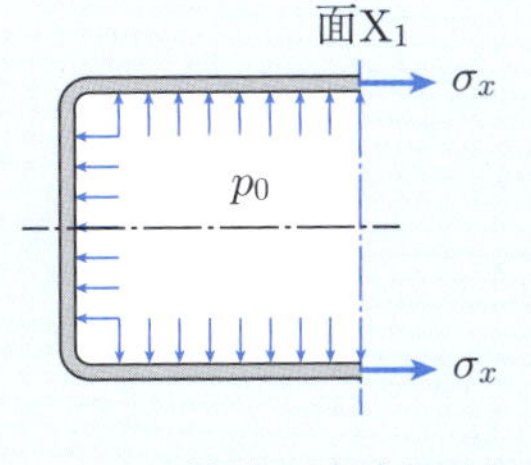

(b) 外力と内力(FBD)

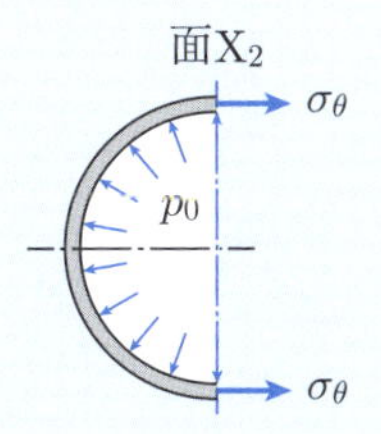

(c) 外力と内力(FBD)

図4.11　薄肉円筒容器の解析

4章の問題

□**4.1** 外力を受ける物体中のある点Pにおいて，z 面に対して平面応力状態となり，垂直応力 $\sigma_x = 50\,\text{MPa}$, $\sigma_y = -10\,\text{MPa}$，せん断応力 $\tau_{xy} = 40\,\text{MPa}$ であった．このとき，点Pに生じるひずみを算出せよ．ただし，物体のヤング率を $E = 200\,\text{GPa}$，ポアソン比を $\nu = 0.3$ とする．

□**4.2** 外力を受ける物体中のある点Pにおいて，z 面に対して平面ひずみ状態となり，垂直応力 $\varepsilon_x = 500 \times 10^{-6}$, $\varepsilon_y = -100 \times 10^{-6}$，せん断ひずみ $\gamma_{xy} = 800 \times 10^{-6}$ であった．このとき，点Pに生じる応力を算出せよ．ただし，物体のヤング率を $E = 200\,\text{GPa}$，ポアソン比を $\nu = 0.3$ とする．

□**4.3** 引張試験片に荷重 $P = 60\,\text{kN}$ を与えたところ，評点間に変位 $\Delta l = 10\,\text{mm}$ を生じた．このとき，試験片の平行部に生じる公称応力 σ_n，公称ひずみ ε_n，真応力 σ_t，真ひずみ ε_t を算出せよ．ただし，試験前における平行部の断面積を $A_0 = 150\,\text{mm}^2$，評点間の距離を $l_0 = 50\,\text{mm}$ とする．

□**4.4** 式 (2.25) および式 (3.25) を用いて，式 (4.15) を導出せよ．ただし，応力–ひずみ関係式は式 (4.13) で与えられる．

□**4.5** 薄肉円筒容器に内圧 p_0 を与えた．このとき，容器の半径の増加 Δa を算出せよ．ただし，容器のヤング率を E，ポアソン比を ν，板厚を t とする．

第5章

引張・圧縮による応力と変形

この章では，真直な棒状の部材に対して，考慮すべき内力が主として部材の軸線と平行な方向の成分，すなわち，**軸力**のみとなるような場合について，部材に生じる内力や変形の解析方法を学習する．このような状態を**引張**あるいは**圧縮**，引張・圧縮を受ける部材を**棒**と呼ぶ．

5.1　引張・圧縮を受ける真直棒

5.1.1　引張・圧縮による内力と応力

図5.1に示すように，集中荷重 P_0 を受ける棒状の部材に着目し，この部材に生じる内力について考察してみよう．ただし，変形前，変形後ともに部材の軸線は真直であり，変形前に軸線と垂直をなす面は変形後も軸線と垂直を保つものと仮定する．最初に，部材の軸線に沿って x 軸を定義し，x 軸を法線とする面Xでこの部材を仮想切断すると，面Xに生じる内力 $\overline{F}_x, \overline{F}_y, \overline{F}_z$ と内力モーメント $\overline{M}_x, \overline{M}_y, \overline{M}_z$ は

$$\begin{aligned} &\overline{F}_x \equiv \overline{N} = P_0, \quad &\overline{F}_y = 0, \quad &\overline{F}_z = 0 \\ &\overline{M}_x = 0, \quad &\overline{M}_y = 0, \quad &\overline{M}_z = 0 \end{aligned} \tag{5.1}$$

このように，外力を受ける棒状の部材に対して，考慮すべき内力が主として x 軸方向の内力 $\overline{F}_x$ のみとなるような場合，これを**引張**（tension）あるいは**圧縮**（compression）と呼び，引張・圧縮を受ける棒状の部材を**棒**（bar）と呼ぶ．また，引張・圧縮の問題において，x 軸方向の内力 $\overline{F}_x$ を**軸力**（axial force）と呼び，本書では，変数 $\overline{N}$ を用いて略記する．なお，軸力 $\overline{N}$ の正負については，

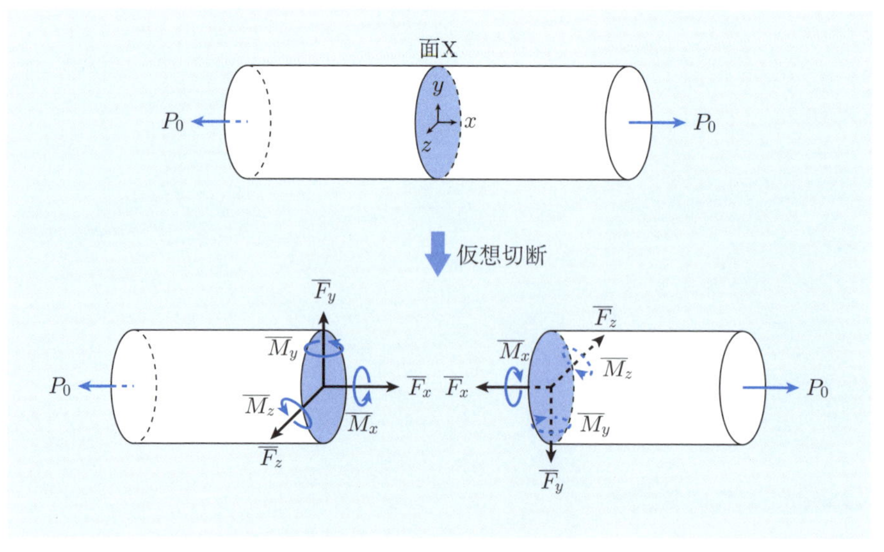

図5.1　引張を受ける真直棒

図5.2に示すとおりである．

図5.3に示すように，部材の形状に沿って直交座標系 x-y-z を定義すると，引張・圧縮によって部材中の任意点Pに生じる垂直応力 $\sigma_x, \sigma_y, \sigma_z$ とせん断応力 $\tau_{xy}=\tau_{yx}, \tau_{yz}=\tau_{zy}, \tau_{zx}=\tau_{xz}$ は，外力の作用点から十分に離れた位置では，次式のように近似できる．

$$
\begin{aligned}
&\sigma_x \equiv \sigma_L, \qquad &\sigma_y = 0, \qquad &\sigma_z = 0 \\
&\tau_{xy} = \tau_{yx} = 0, \qquad &\tau_{yz} = \tau_{zy} = 0, \qquad &\tau_{zx} = \tau_{xz} = 0
\end{aligned}
\tag{5.2}
$$

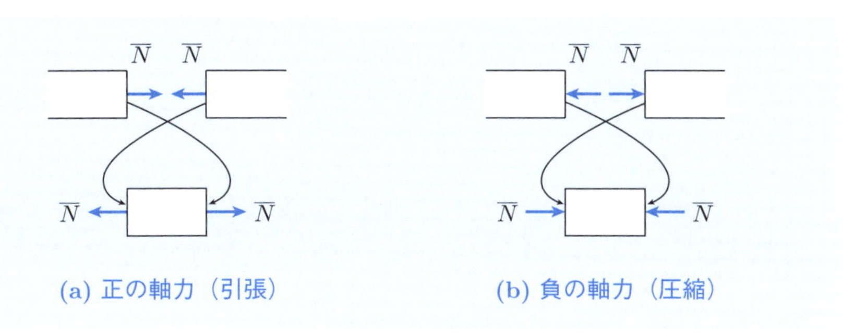

図5.2　軸力の正負

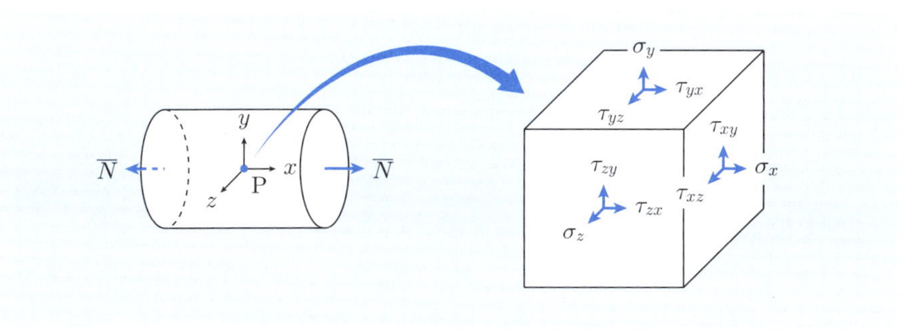

図5.3　微小六面体に生じる応力

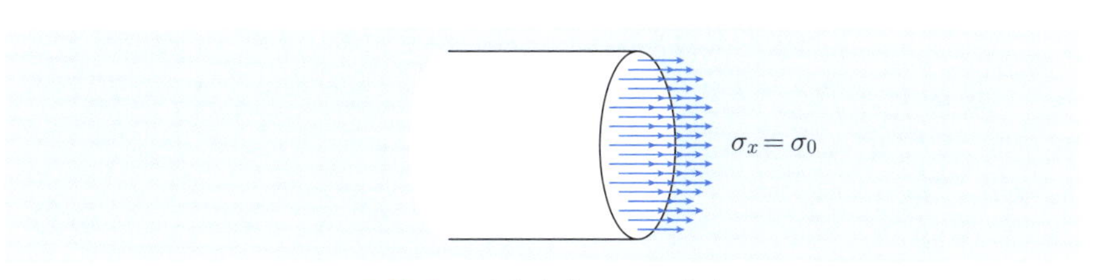

図5.4　垂直応力 $\boldsymbol{\sigma_x}$ の分布

このとき，図5.4に示すように，x 軸を法線とする任意の面Xにおいて，垂直応力 σ_x は一様に分布すると近似できる．すなわち

$$\sigma_x = \sigma_0 \tag{5.3}$$

一方，面Xに生じる軸力 $\overline{N}$ は，垂直応力 σ_x が生じる x 方向の力と等価であり，面Xの面積 A を用いて

$$\overline{N} \equiv \overline{F}_x = \int_A \sigma_x \, dA \tag{5.4}$$

ここで，あらためて垂直応力 σ_x を σ_L と表記し，式(5.3)および式(5.4)から σ_0 を消去すると，引張・圧縮によって部材に生じる垂直応力 σ_L（**軸応力**：axial stress）は，面Xに生じる軸力 $\overline{N}$ と面Xの面積 A を用いて，次式のように与えられることになる．

$$\sigma_L = \frac{\overline{N}}{A} \quad \left(\sigma_x = \frac{\overline{F}_x}{A_x}\right) \quad \cdots \text{引張・圧縮による垂直応力} \tag{5.5}$$

5.1.2 引張・圧縮による変形とひずみ

次に，引張・圧縮によって部材に生じる変形について考察してみよう．図5.3に示すように，部材の形状に沿って直交座標系 x-y-z を定義し，式(5.2)に応力–ひずみ関係式を適用すると，引張・圧縮によって部材中の任意点Pに生じる垂直ひずみ $\varepsilon_x, \varepsilon_y, \varepsilon_z$ とせん断ひずみ $\gamma_{xy} = \gamma_{yx}, \gamma_{yz} = \gamma_{zy}, \gamma_{zx} = \gamma_{xz}$ は

$$\begin{aligned} &\varepsilon_x = \frac{\sigma_L}{E}, \qquad \varepsilon_y = -\nu\frac{\sigma_L}{E}, \qquad \varepsilon_z = -\nu\frac{\sigma_L}{E} \\ &\gamma_{xy} = \gamma_{yx} = 0, \qquad \gamma_{yz} = \gamma_{zy} = 0, \qquad \gamma_{zx} = \gamma_{xz} = 0 \end{aligned} \tag{5.6}$$

したがって，図5.5に示すように，直交座標系 x-y-z に沿って定義した微小六面体は，各辺の長さ l_x, l_y, l_z が変化するのみであり，頂角 $\psi_{xy}, \psi_{yz}, \psi_{zx}$ は変化しない．このとき，部材全体の変形は図5.6のようになり，x 軸を法線とする任意の面Xは変形後も平面を維持し x 軸に直交する．また，x 軸に沿って定義した長さ dx の微小要素の変形は図5.7のようになり，垂直ひずみ ε_x は，x 軸方向の変位 $u_x = u$ を用いて

$$\varepsilon_x = \frac{du_x}{dx} = \frac{du}{dx} \tag{5.7}$$

このとき，変位 u は**伸び**（elongation）あるいは**縮み**（shortening）と呼ばれ，

式 (5.5) および式 (5.6) を式 (5.7) に代入すると

$$\frac{du}{dx} = \frac{\overline{N}}{EA} \quad (= \varepsilon_x) \quad \cdots \text{引張・圧縮による変形} \tag{5.8}$$

さらに，部材に生じる軸力 $\overline{N}$ および部材の断面形状と材質が一様である場合には，伸び u は，部材の長さを l を用いて

$$u \equiv u_x = \int_0^l \frac{\overline{N}}{EA}\, dx = \frac{\overline{N}l}{EA} \tag{5.9}$$

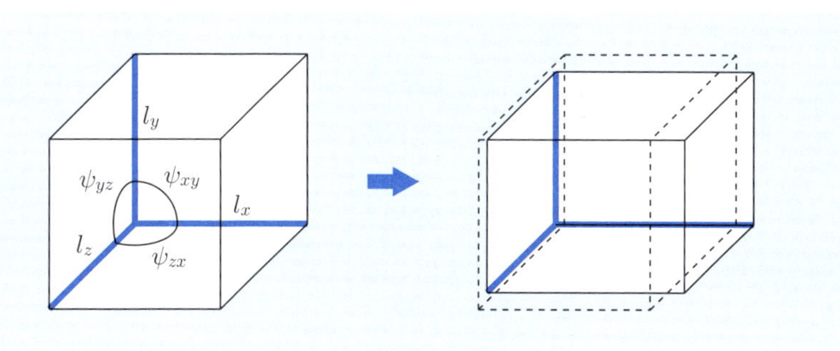

図5.5　微小六面体に生じる変形

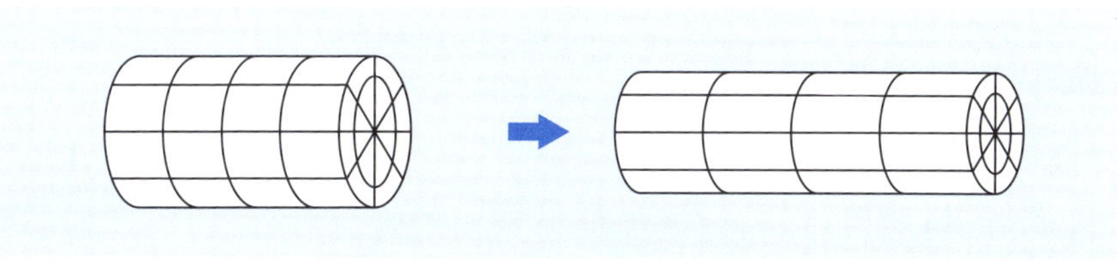

図5.6　引張による棒の変形

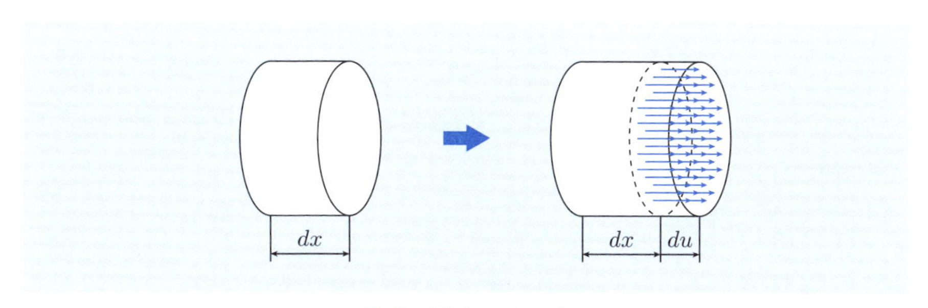

図5.7　微小要素の変形

ここで，EA は引張・圧縮に対する部材の変形抵抗を表しており，**引張剛性**（tensile rigidity）あるいは**圧縮剛性**（compressive rigidity）と呼ばれる．すなわち，EA の値が大きいほど棒は変形しにくく，EA の値が小さいほど棒は変形しやすくなる．また，ε_x は部材の軸線に平行な方向の垂直ひずみを表しており，**縦ひずみ**（longitudinal strain）と呼ばれる．一方，$\varepsilon_y, \varepsilon_z$ は部材の軸線に垂直な方向の垂直ひずみを表しており，**横ひずみ**（lateral strain）と呼ばれる．

例題5.1

図5.8に示すように，段付き丸棒に集中荷重 $P_0 = 20\,\mathrm{kN}$ を与えた．このとき，棒に生じる軸応力 σ_L および点Bに生じる変位 u_B を算出せよ．ただし，棒の半径を $a_1 = 10\,\mathrm{mm}$, $a_2 = 5\,\mathrm{mm}$，長さを $l_1 = 60\,\mathrm{mm}$, $l_2 = 40\,\mathrm{mm}$，ヤング率を $E = 200\,\mathrm{GPa}$ とする．

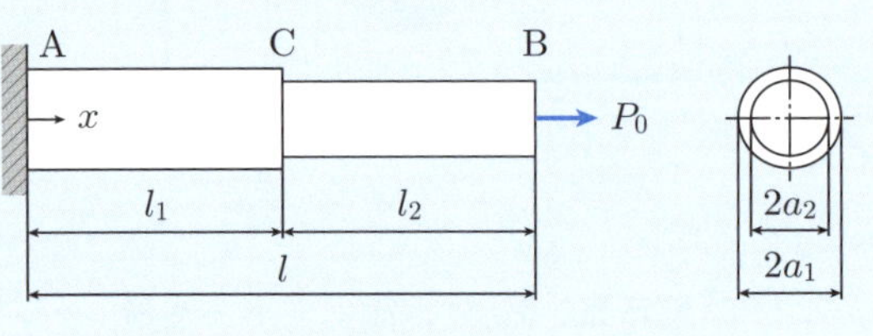

図5.8　集中荷重を受ける段付き丸棒

【解答】　図5.9 (a) に示すように，この棒に働く外力は集中荷重 P_0，点Aに働く反力 R_A であり，棒全体の平衡条件より

$$P_0 - R_\mathrm{A} = 0 \qquad \therefore \quad R_\mathrm{A} = P_0 \tag{a}$$

ここで，図5.9 (b) に示すように，$0 \leqq x \leqq l_1$ で棒を仮想切断し，面 X_1 に生じる軸力を $\overline{N}$ とおくと，面 X_1 の左側部分の平衡条件より

$$\overline{N} - R_\mathrm{A} = 0 \qquad \therefore \quad \overline{N} = R_\mathrm{A} = P_0 \tag{b}$$

したがって，式 (b) を式 (5.5) に代入すると，棒に生じる軸応力 σ_L は，軸力 $\overline{N}$ と断面積 $A_1 = \pi a_1^2$ を用いて

$$\sigma_L = \frac{\overline{N}}{A} = \frac{P_0}{A_1} = 64\ \mathrm{MPa} \quad (0 \leqq x \leqq l_1) \tag{c}$$

同様に，図5.9 (c) に示すように，$l_1 \leqq x \leqq l$ で棒を仮想切断し，面 X_2 に生じる軸力を $\overline{N}$ とおくと，面 X_2 の左側部分の平衡条件より

$$\overline{N} - R_{\mathrm{A}} = 0 \qquad \therefore \quad \overline{N} = R_{\mathrm{A}} = P_0 \tag{d}$$

したがって，式 (d) を式 (5.5) に代入すると，棒に生じる軸応力 σ_L は，軸力 $\overline{N}$ と断面積 $A_2 = \pi a_2^2$ を用いて

$$\sigma_L = \frac{\overline{N}}{A} = \frac{P_0}{A_2} = 250\,\mathrm{MPa} \quad (l_1 \leqq x \leqq l) \tag{e}$$

さらに，式 (b) および式 (d) を式 (5.8) に代入し x で積分すると，点 B に生じる変位 u_{B} は，棒の長さ l_1, l_2 を用いて

$$\begin{aligned} u_{\mathrm{B}} &= \int_0^l \frac{\overline{N}}{EA}\,dx = \int_0^{l_1} \frac{P_0}{EA_1}\,dx + \int_{l_1}^l \frac{P_0}{EA_2}\,dx \\ &= \frac{P_0 l_1}{EA_1} + \frac{P_0 l_2}{EA_2} = 0.070\,\mathrm{mm} \end{aligned} \tag{f}$$

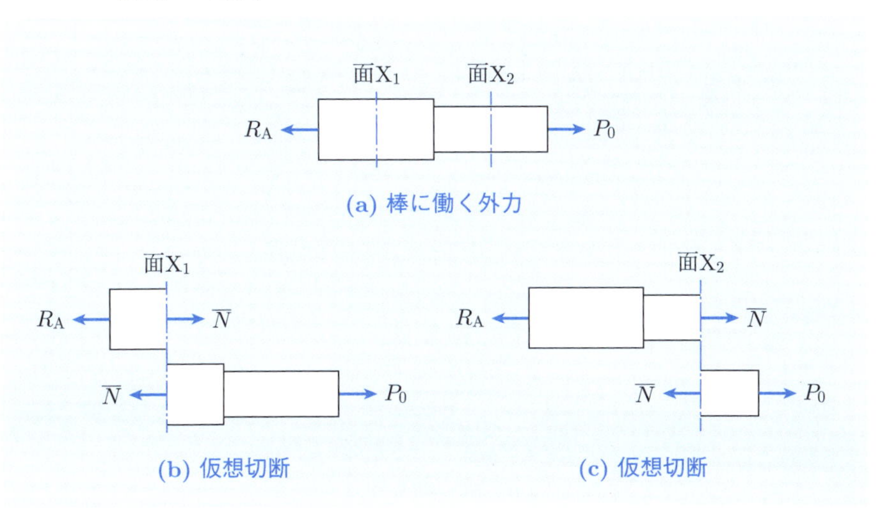

図5.9　外力と内力（FBD）

5.2 引張・圧縮の解析事例

5.2.1 引張・圧縮の静定問題

図5.10に示すように，集中荷重 P_1, P_2 を受ける真直棒に着目し，この棒に生じる軸応力 σ_L と点Bに生じる変位 u_B を算出してみよう．図5.11 (a) に示すように，この棒に働く外力は集中荷重 P_1, P_2，点Aに働く反力 R_A であり，棒全体の平衡条件より

$$P_1 + P_2 - R_A = 0 \qquad \therefore \quad R_A = P_1 + P_2 \tag{5.10}$$

したがって，平衡条件より導出した式 (5.10) のみから未知の外力 R_A を決定す

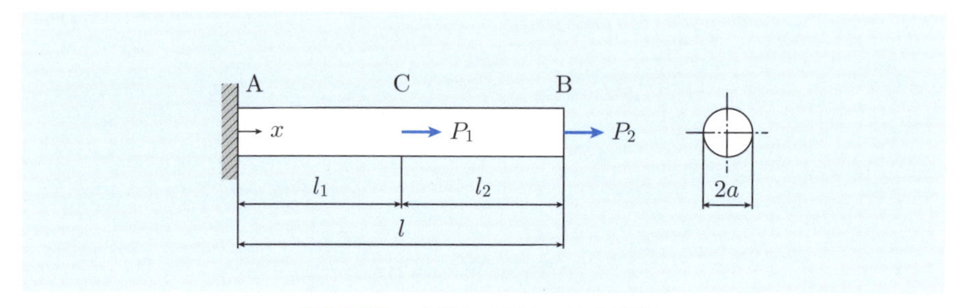

図5.10　引張・圧縮の静定問題

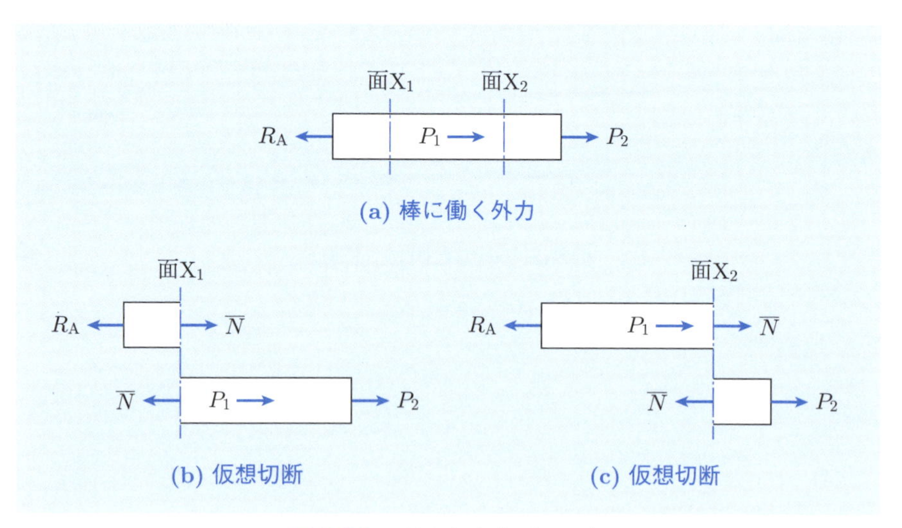

図5.11　外力と内力（FBD）

ることができる．すなわち，この問題は静定である．ここで，図5.11 (b) に示すように，$0 \leqq x \leqq l_1$ で棒を仮想切断し，面 X_1 に生じる軸力を $\overline{N}$ とおくと，面 X_1 の左側部分の平衡条件より

$$\overline{N} - R_A = 0 \qquad \therefore \quad \overline{N} = R_A = P_1 + P_2 \tag{5.11}$$

同様に，図5.11 (c) に示すように，$l_1 \leqq x \leqq l$ で棒を仮想切断し，面 X_2 に生じる軸力を $\overline{N}$ とおくと，面 X_2 の左側部分の平衡条件より

$$\overline{N} + P_1 - R_A = 0 \qquad \therefore \quad \overline{N} = R_A - P_1 = P_2 \tag{5.12}$$

したがって，式 (5.11) および式 (5.12) を式 (5.5) に代入すると，棒に生じる軸応力 σ_L は，軸力 $\overline{N}$ と断面積 A を用いて

$$\begin{aligned} \sigma_L &= \frac{\overline{N}}{A} = \frac{P_1 + P_2}{A} \quad (0 \leqq x \leqq l_1) \\ \sigma_L &= \frac{\overline{N}}{A} = \frac{P_2}{A} \qquad\quad (l_1 \leqq x \leqq l) \end{aligned} \tag{5.13}$$

また，式 (5.11) および式 (5.12) を式 (5.8) に代入し x で積分すると，点 B に生じる変位 u_B は，棒の長さ l_1, l_2 を用いて

$$\begin{aligned} u_B &= \int_0^l \frac{\overline{N}}{EA}\,dx = \int_0^{l_1} \frac{P_1 + P_2}{EA}\,dx + \int_{l_1}^{l} \frac{P_2}{EA}\,dx \\ &= \frac{(P_1 + P_2)\,l_1}{EA} + \frac{P_2 l_2}{EA} = \frac{P_1 l_1 + P_2 l}{EA} \end{aligned} \tag{5.14}$$

以上のように，引張・圧縮の静定問題においては，平衡方程式のみから物体に働くすべての外力を決定することができる．さらに，得られた外力をもとに仮想切断を用いて物体に生じる内力を決定することによって，物体の応力状態や変形状態を容易に解析することができる．

5.2.2 引張・圧縮の不静定問題

図5.12に示すように，集中荷重 P_1 を受ける真直棒に着目し，この棒に生じる軸応力 σ_L と点 C に生じる変位 u_C を算出してみよう．図5.13 (a) に示すように，この棒に働く外力は集中荷重 P_1，点 A に働く反力 R_A，点 B に働く反力 R_B であり，棒全体の平衡条件より

$$P_1 - R_A + R_B = 0 \tag{5.15}$$

したがって，平衡条件より導出した式 (5.15) のみから未知の外力 R_A, R_B を決定

することはできない．すなわち，この問題は不静定である．ここで，図5.13 (b) に示すように，$0 \leqq x \leqq l_1$ で棒を仮想切断し，面 X_1 に生じる軸力を $\overline{N}$ とおくと，面 X_1 の左側部分の平衡条件より

$$\overline{N} - R_A = 0 \qquad \therefore \quad \overline{N} = R_A \tag{5.16}$$

同様に，図5.13 (c) に示すように，$l_1 \leqq x \leqq l$ で棒を仮想切断し，面 X_2 に生じる軸力を $\overline{N}$ とおくと，面 X_2 の左側部分の平衡条件より

$$\overline{N} + P_1 - R_A = 0 \qquad \therefore \quad \overline{N} = R_A - P_1 \tag{5.17}$$

ここで，式 (5.16) および式 (5.17) を式 (5.8) に代入し x で積分すると，点Bに

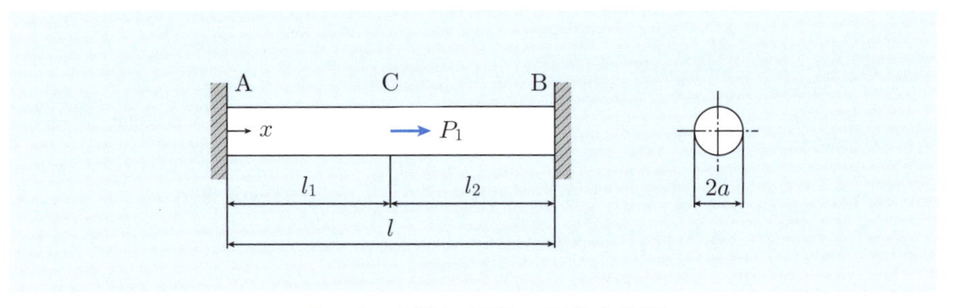

図5.12　引張・圧縮の不静定問題

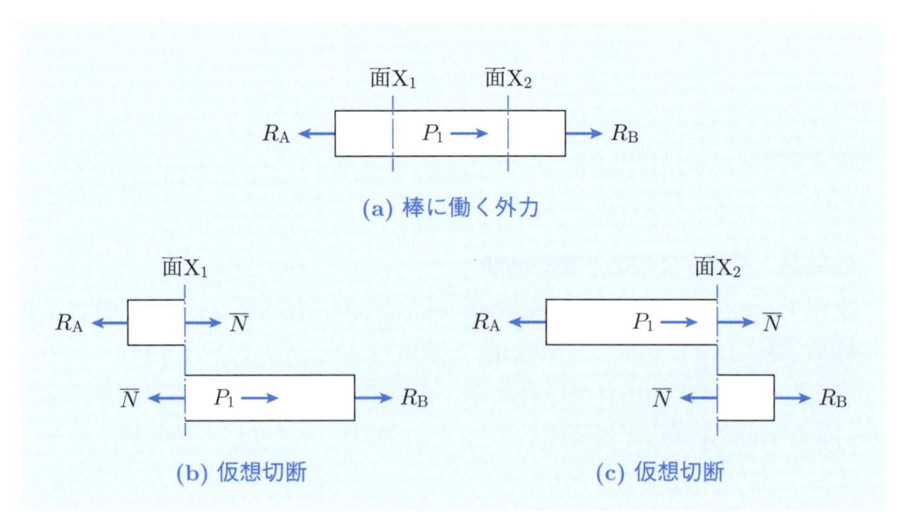

図5.13　外力と内力（FBD）

生じる変位 u_{B} は，棒の長さ l_1, l_2 を用いて

$$\begin{aligned} u_{\mathrm{B}} &= \int_0^l \frac{\overline{N}}{EA}\,dx = \int_0^{l_1} \frac{R_{\mathrm{A}}}{EA}\,dx + \int_{l_1}^{l} \frac{R_{\mathrm{A}} - P_1}{EA}\,dx \\ &= \frac{R_{\mathrm{A}} l_1}{EA} + \frac{(R_{\mathrm{A}} - P_1) l_2}{EA} = \frac{R_{\mathrm{A}} l - P_1 l_2}{EA} \end{aligned} \tag{5.18}$$

ところが，実際には点 B は固定点であり，$u_{\mathrm{B}} = 0$ である．すなわち，次式のように，点 B における変形条件を定式化することができる．

$$u_{\mathrm{B}} = \frac{R_{\mathrm{A}} l - P_1 l_2}{EA} = 0 \qquad \therefore \quad R_{\mathrm{A}} l - P_1 l_2 = 0 \tag{5.19}$$

したがって，式 (5.15) および式 (5.19) より，未知の外力 R_{A}, R_{B} を次式のように決定することができる．

$$R_{\mathrm{A}} = \frac{P_1 l_2}{l}, \quad R_{\mathrm{B}} = -\frac{P_1 l_1}{l} \tag{5.20}$$

さらに，式 (5.20) を式 (5.16) および式 (5.17) に代入すると，棒に生じる軸力 $\overline{N}$ を次式のように決定することができる．

$$\begin{aligned} \overline{N} &= \frac{P_1 l_2}{l} \qquad (0 \leqq x \leqq l_1) \\ \overline{N} &= -\frac{P_1 l_1}{l} \quad (l_1 \leqq x \leqq l) \end{aligned} \tag{5.21}$$

したがって，式 (5.21) を式 (5.5) に代入すると，棒に生じる軸応力 σ_L は，軸力 $\overline{N}$ と断面積 A を用いて

$$\begin{aligned} \sigma_L &= \frac{\overline{N}}{A} = \frac{P_1 l_2}{Al} \qquad (0 \leqq x \leqq l_1) \\ \sigma_L &= \frac{\overline{N}}{A} = -\frac{P_1 l_1}{Al} \quad (l_1 \leqq x \leqq l) \end{aligned} \tag{5.22}$$

また，式 (5.21) を式 (5.8) に代入し x で積分すると，点 C に生じる変位 u_{C} は，棒の長さ l_1 を用いて

$$u_{\mathrm{C}} = \int_0^{l_1} \frac{\overline{N}}{EA}\,dx = \int_0^{l_1} \frac{P_1 l_2}{EAl}\,dx = \frac{P_1 l_1 l_2}{EAl} \tag{5.23}$$

以上のように，引張・圧縮の不静定問題においては，平衡方程式のみから物体に働くすべての外力を決定することはできない．しかし，外力を未知量として含んだ変形条件式を追加し外力や内力を決定することによって，物体の応力状態や変形状態を解析することができるようになる．

例題5.2

図5.14に示すように，全長 l の真直棒の上端を固定し，下端に質量 M の物体を吊り下げた．このとき，棒に生じる軸応力 σ_L が一様になるように棒の断面積 A を決定せよ．ただし，棒の質量密度を ρ，重力加速度を g，点Aにおける棒の断面積を A_0 とする．

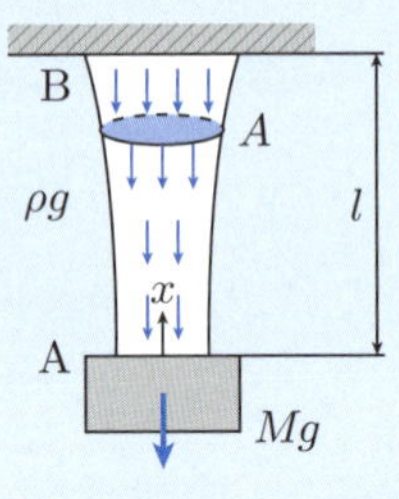

図5.14　重力を受ける棒

【解答】　図5.15 (a) に示すように，この棒に働く外力は荷重 Mg，点Bに働く反力 R_{B}，棒全体に働く重力 ρg であり，棒全体の平衡条件より

$$R_{\mathrm{B}} - \int_0^l \rho g A\, dx - Mg = 0 \qquad \therefore \quad R_{\mathrm{B}} = \int_0^l \rho g A\, dx + Mg \tag{a}$$

ここで，図5.15 (b) に示すように，面Xで棒を仮想切断し，面Xに生じる軸力を $\overline{N}$ とおくと，面Xの下側部分の平衡条件より

$$\overline{N} - \int_0^x \rho g A\, dx - Mg = 0 \qquad \therefore \quad \overline{N} = \int_0^x \rho g A\, dx + Mg \tag{b}$$

したがって，式 (a) を式 (5.5) に代入すると，棒に生じる軸応力 σ_L は，軸力 $\overline{N}$ と断面積 A を用いて

$$\sigma_L = \frac{\overline{N}}{A} = \frac{\int_0^x \rho g A\, dx + Mg}{A} \tag{c}$$

一方，点Aにおいて棒に生じる軸応力 σ_L は，点Aにおける軸力 $\overline{N} = Mg$ と点Aにおける断面積 A_0 を用いて

$$\sigma_L = \frac{\overline{N}}{A} = \frac{Mg}{A_0} \tag{d}$$

したがって，棒に生じる軸応力 σ_L が一様になるためには，式 (c) と式 (d) が等しくなる必要がある．すなわち

$$\int_0^x \rho g A\, dx + Mg = \frac{Mg}{A_0} A \tag{e}$$

ここで，断面積 A が x の関数であることを考慮し式 (e) の両辺を x で微分すると，次式のような変数分離型の微分方程式を得ることができる．

$$\rho g A = \frac{Mg}{A_0}\frac{dA}{dx} \qquad \therefore \quad \frac{1}{A}\,dA = \frac{\rho A_0}{M}\,dx \tag{f}$$

さらに，式 (f) の両辺を積分し積分定数を C_1, C_2 とおくと，任意点における断面積 A は，点 A における断面積 A_0 を用いて

$$\ln A = \frac{\rho A_0}{M}x + C_1 \qquad \therefore \quad A = C_2 \exp\left(\frac{\rho A_0}{M}x\right) \tag{g}$$

したがって，点 A における断面積が A_0 であることを考慮すると $C_2 = A_0$ となり，任意点における断面積 A は次式のように与えられることになる．

$$A = A_0 \exp\left(\frac{\rho A_0}{M}x\right) \tag{h}$$

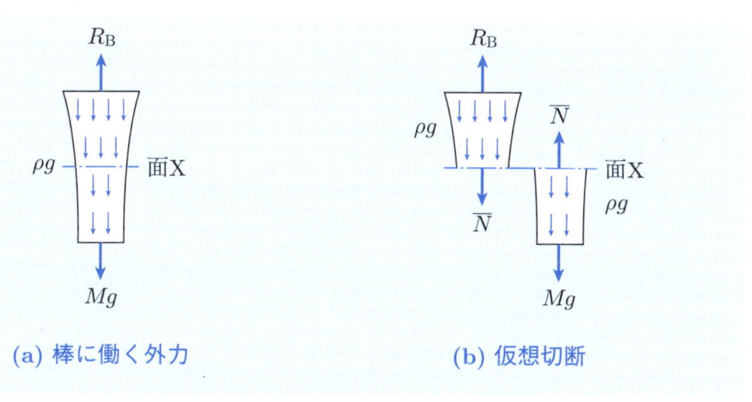

図5.15　外力と内力（FBD）

補足5.1 引張・圧縮の応力状態

5.1節で学習したように，引張・圧縮を受ける真直棒の応力状態は，部材の形状に沿って定義した直交座標系 x-y-z に対して，次式のように与えられる．

$$\begin{aligned}
&\sigma_x = \sigma_L, \quad \tau_{xy} = 0, \quad \tau_{xz} = 0 \quad (x\text{ 面に生じる応力})\\
&\tau_{yx} = 0, \quad \sigma_y = 0, \quad \tau_{yz} = 0 \quad (y\text{ 面に生じる応力})\\
&\tau_{zx} = 0, \quad \tau_{zy} = 0, \quad \sigma_z = 0 \quad (z\text{ 面に生じる応力})
\end{aligned} \tag{5.24}$$

したがって，図5.16 (a) に示すように，モールの応力円は原点を通る2つの円と原点上の1つの点となる．また，図5.16 (b) に示すように，第1主軸，第2主軸，第3主軸はそれぞれ x 軸，y 軸，z 軸と一致する．すなわち，主応力 $\sigma_1, \sigma_2, \sigma_3$ は次式のように与えられ単軸応力状態となる（**単純引張**）．

$$\sigma_1 = \sigma_L, \quad \sigma_2 = 0, \quad \sigma_3 = 0 \tag{5.25}$$

このとき，主せん断応力 τ_1, τ_2, τ_3 は次式のように与えられ，第2主面（y 面）内および第3主面（z 面）内で最大値 $\tau_2 = \tau_3 = \sigma_L/2$ をとる．

$$\tau_1 = 0, \quad \tau_2 = \frac{\sigma_L}{2}, \quad \tau_3 = \frac{\sigma_L}{2} \tag{5.26}$$

このように，単純引張の状態にある物体には，軸応力 σ_L に等しい垂直応力 σ_1 のほかに，軸応力 σ_L の1/2に等しいせん断応力 τ_2, τ_3 が生じる．

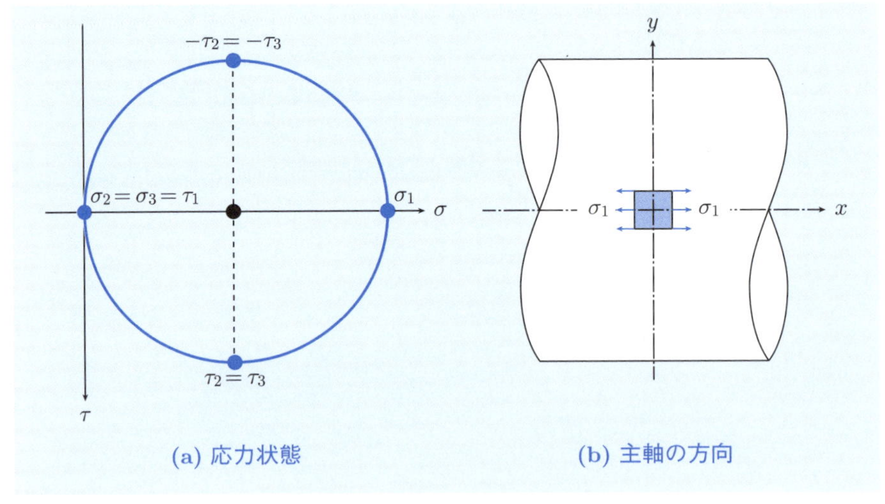

図5.16 引張・圧縮の応力状態

補足 5.2　熱応力と熱ひずみ

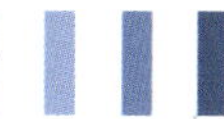

一般に，加熱または冷却することによって物体は伸張または収縮する．このとき，単位長さあたりの伸縮長を**熱ひずみ**と呼ぶ．また，熱ひずみ ε_T は概ね温度変化 ΔT に比例することが知られており，材料固有の比例定数を**線膨張係数**と呼ぶ．すなわち，熱ひずみ ε_T は線膨張係数 α を用いて次式のように与えられる．

$$\varepsilon_T = \alpha \Delta T \tag{5.27}$$

例えば，図5.17 (a) に示すように，剛体で結合された 2 本の真直棒に温度変化 ΔT を与えた場合，それぞれの棒には熱ひずみ ε_{T1}, ε_{T2} が生じるとともに，図5.17 (b) に示すように，剛体からの反力 R によって軸ひずみ ε_{L1}, ε_{L2} が生じる．したがって，それぞれの棒に生じる垂直ひずみの合計 ε_{x1}, ε_{x2} は

$$\varepsilon_{x1} = \varepsilon_{L1} + \varepsilon_{T1} = \frac{-R}{E_1 A_1} + \alpha_1 \Delta T \tag{5.28}$$

$$\varepsilon_{x2} = \varepsilon_{L2} + \varepsilon_{T2} = \frac{R}{E_2 A_2} + \alpha_2 \Delta T \tag{5.29}$$

ここで，それぞれの棒の伸び u_1, u_2 が等しいことを考慮し，式 (5.28) と式 (5.29) を等置すると，棒に働く反力 R は

$$R = \frac{E_1 E_2 A_1 A_2 (\alpha_1 - \alpha_2)}{E_1 A_1 + E_2 A_2} \Delta T \tag{5.30}$$

このとき，それぞれの棒には次式のような軸応力 σ_{L1}, σ_{L2} が生じる．このように，温度変化に起因して物体に生じる応力を**熱応力**と呼ぶ．

$$\sigma_{L1} = \frac{E_1 E_2 A_2 (\alpha_2 - \alpha_1)}{E_1 A_1 + E_2 A_2} \Delta T \tag{5.31}$$

$$\sigma_{L2} = \frac{E_1 E_2 A_1 (\alpha_1 - \alpha_2)}{E_1 A_1 + E_2 A_2} \Delta T \tag{5.32}$$

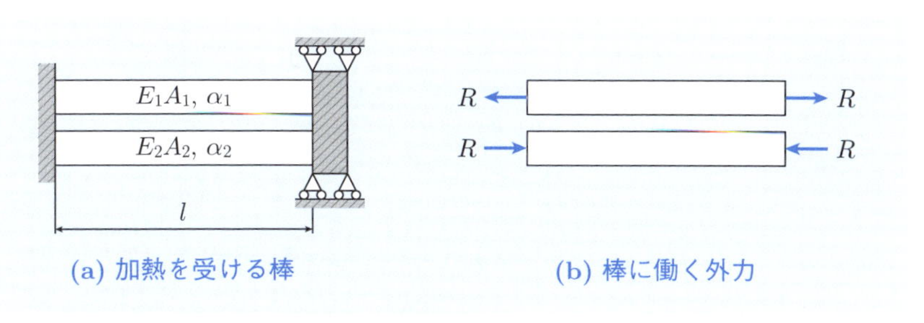

(a) 加熱を受ける棒　(b) 棒に働く外力

図5.17　熱応力と熱ひずみ

5章の問題

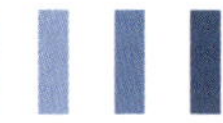

□**5.1**　**図1**に示すように，段付き丸棒に集中荷重 P_1, P_2 を与えた．このとき，点Bに生じる変位 u_B を算出せよ．ただし，引張剛性を E_1A_1, E_2A_2 とする．

□**5.2**　**図2**に示すように，テーパー丸棒に集中荷重 P_0 を与えた．このとき，点Bに生じる変位 u_B を算出せよ．ただし，ヤング率を E とする．

□**5.3**　**図3**に示すように，段付き丸棒に集中荷重 P_0 を与えた．このとき，点Cに生じる変位 u_C を算出せよ．ただし，引張剛性を E_1A_1, E_2A_2 とする．

□**5.4**　**図4**に示すように，二重丸棒（外側円筒，内側円柱）に集中荷重 P_0 を与えた．このとき，点Bに生じる変位 u_B を算出せよ．

□**5.5**　**図5**に示すように，段付き丸棒に温度変化 ΔT を与えた．このとき，棒に生じる軸力 $\overline{N}$ を算出せよ．ただし，線膨張係数を α_1, α_2 とする．

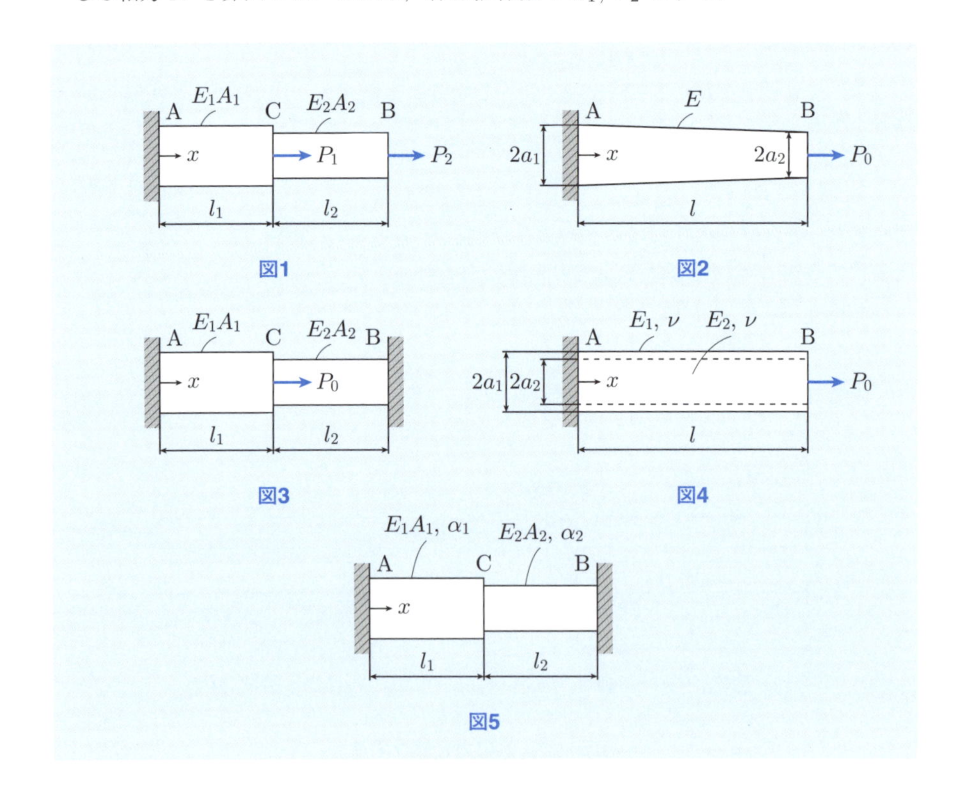

第6章

ねじりによる応力と変形

この章では，真直な棒状の部材に対して，考慮すべき内力が主として部材の軸線と一致する軸まわりのモーメント，すなわち，**ねじりモーメント**のみとなるような場合について，部材に生じる内力や変形の解析方法を学習する．このような状態を**ねじり**，ねじりを受ける部材を**軸**と呼ぶ．

6.1　ねじりを受ける丸軸

6.1.1　ねじりによる内力と応力

図6.1に示すように，モーメント T_0 を受ける棒状の部材に着目し，この部材に生じる内力について考察してみよう．ただし，変形前，変形後ともに部材の軸線は真直かつ部材の断面は軸対称形であり，変形前に軸線と垂直をなす面は変形後も軸線と垂直を保つものと仮定する．最初に，部材の軸線に沿って x 軸を定義し，x 軸を法線とする面Xでこの部材を仮想切断すると，面Xに生じる内力 $\overline{F}_x, \overline{F}_y, \overline{F}_z$ と内力モーメント $\overline{M}_x, \overline{M}_y, \overline{M}_z$ は

$$
\begin{aligned}
&\overline{F}_x = 0, && \overline{F}_y = 0, && \overline{F}_z = 0 \\
&\overline{M}_x \equiv \overline{T} = T_0, && \overline{M}_y = 0, && \overline{M}_z = 0
\end{aligned}
\tag{6.1}
$$

このように，外力を受ける棒状の部材に対して，考慮すべき内力が主として x 軸まわりの内力モーメント $\overline{M}_x$ のみとなるような場合，これを**ねじり**（torsion）と呼び，ねじりを受ける棒状の部材を**軸**（shaft）と呼ぶ．また，ねじりの問題において x 軸まわりの内力モーメント $\overline{M}_x$ を**ねじりモーメント**（torsional moment）と呼び，本書では変数 $\overline{T}$ を用いて略記する．なお，ねじりモーメント $\overline{T}$ の正負

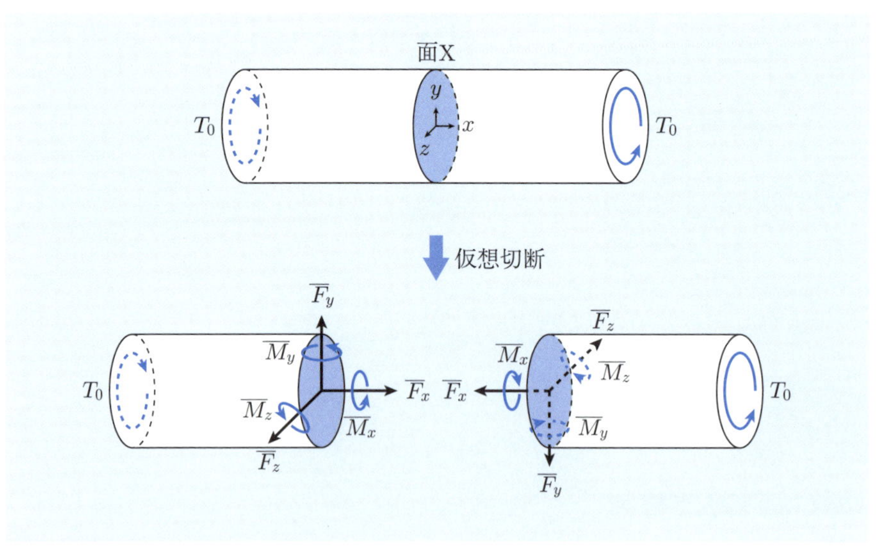

図6.1　ねじりを受ける丸棒

については，図6.2に示すとおりである．

図6.3に示すように，部材の形状に沿って円筒座標系 r-θ-x を定義すると，ねじりによって部材中の任意点Pに生じる垂直応力 σ_r, σ_θ, σ_x とせん断応力 $\tau_{r\theta}=\tau_{\theta r}$, $\tau_{\theta x}=\tau_{x\theta}$, $\tau_{xr}=\tau_{rx}$ は，外力の作用点から十分に離れた位置では，次式のように近似できる．

$$\begin{aligned} &\sigma_r = 0, \qquad &\sigma_\theta = 0, \qquad &\sigma_x = 0 \\ &\tau_{r\theta} = \tau_{\theta r} = 0, \qquad &\tau_{\theta x} = \tau_{x\theta} \equiv \tau_T, \qquad &\tau_{xr} = \tau_{rx} = 0 \end{aligned} \tag{6.2}$$

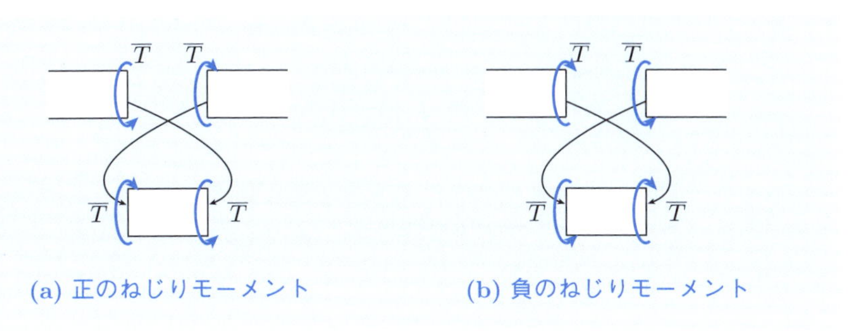

図6.2　ねじりモーメントの正負

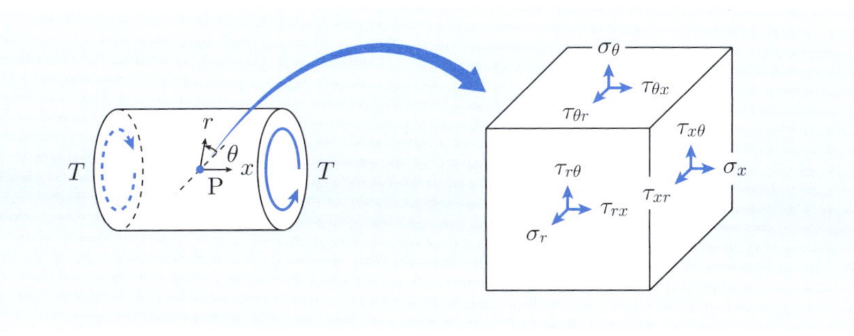

図6.3　微小六面体に生じる応力

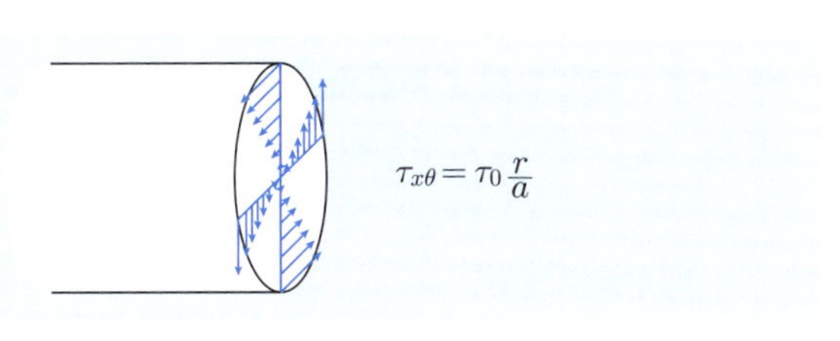

図6.4　せん断応力 $\boldsymbol{\tau_{x\theta}}$ の分布

このとき，図6.4に示すように，x 軸を法線とする任意の面 X において，せん断応力 $\tau_{x\theta}$ は r に対して線形に分布すると近似できる．すなわち

$$\tau_{x\theta} = \tau_0 \frac{r}{a} \tag{6.3}$$

一方，面 X に生じるねじりモーメント $\overline{T}$ は，せん断応力 $\tau_{x\theta}$ が生じる x 軸まわりのモーメントと等価であり，面 X の面積 A を用いて

$$\overline{T} \equiv \overline{M}_x = \int_A \tau_{x\theta} r \, dA \tag{6.4}$$

ただし，a は部材の半径であり，τ_0 は部材の表面におけるせん断応力 $\tau_{x\theta}$ の値である．式 (6.3) を式 (6.4) に代入し整理すると

$$\overline{T} \equiv \overline{M}_x = \int_A \frac{\tau_0}{a} r^2 \, dA = \frac{\tau_0}{a} \int_A r^2 \, dA = \frac{\tau_0}{a} J \tag{6.5}$$

ただし，J は**断面二次極モーメント**（polar moment of inertia）と呼ばれる物理量であり，次式のように面 X の形状のみによって決まる．

$$J \equiv J_x = \int_A r^2 \, dA \tag{6.6}$$

ここで，あらためてせん断応力 $\tau_{\theta x}$ を τ_T と表記し，式 (6.3) および式 (6.5) から τ_0 を消去すると，ねじりによって部材に生じるせん断応力 τ_T（**ねじり応力**：torsional stress）は，面 X に生じるねじりモーメント $\overline{T}$ と面 X の断面極二次モーメント J を用いて，次式のように与えられることになる．

$$\tau_T = \frac{\overline{T}}{J} r \quad \left(\tau_{\theta x} = \frac{\overline{M}_x}{J_x} r \right) \quad \cdots \text{ねじりによるせん断応力} \tag{6.7}$$

なお，断面形状が半径 a の円形の場合には，断面二次極モーメント J は次式のように与えられる（章末問題 6.5）．

$$J = \frac{\pi a^4}{2} \tag{6.8}$$

6.1.2　ねじりによる変形とひずみ

次に，ねじりによって部材に生じる変形について考察してみよう．図6.3に示すように，部材の形状に沿って円筒座標系 r-θ-x を定義し，式 (6.2) に応力–ひずみ関係式を適用すると，ねじりによって部材中の任意点 P に生じる垂直ひずみ $\varepsilon_r, \varepsilon_\theta, \varepsilon_x$ とせん断ひずみ $\gamma_{r\theta} = \gamma_{\theta r}$, $\gamma_{\theta x} = \gamma_{x\theta}$, $\gamma_{xr} = \gamma_{rx}$ は

$$
\begin{aligned}
&\varepsilon_r = 0, \qquad &&\varepsilon_\theta = 0, \qquad &&\varepsilon_x = 0 \\
&\gamma_{r\theta} = \gamma_{\theta r} = 0, \qquad &&\gamma_{\theta x} = \gamma_{x\theta} = \frac{\tau_T}{G}, \qquad &&\gamma_{xr} = \gamma_{rx} = 0
\end{aligned}
\tag{6.9}
$$

したがって，図6.5に示すように，円筒座標系 r-θ-x に沿って定義した微小六面体は，頂角 $\psi_{\theta x}$ が変化するのみであり，各辺の長さ l_r, l_θ, l_x や他の頂角 $\psi_{r\theta}$, ψ_{xr} は変化しない．このとき，部材全体の変形は図6.6のようになり，x 軸を法線とする任意の面 X は変形後も平面を維持し x 軸に直交する．また，x 軸に沿って定義した長さ dx の微小要素の変形は図6.7のようになり，せん断ひずみ $\gamma_{x\theta}$ は x 軸まわりの角度 $\phi_x = \phi$ を用いて

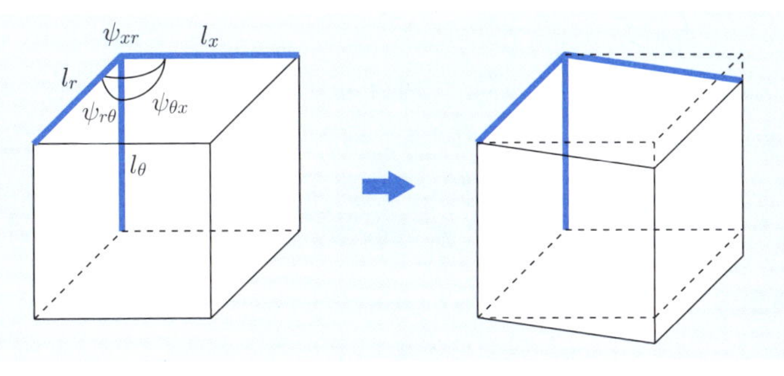

図6.5　微小六面体に生じる変形

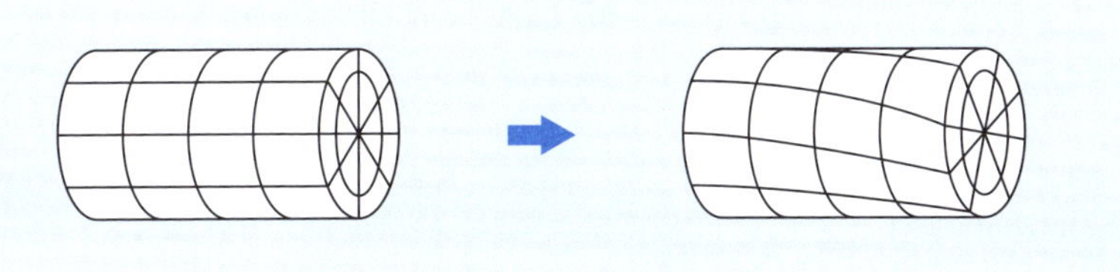

図6.6　ねじりによる軸の変形

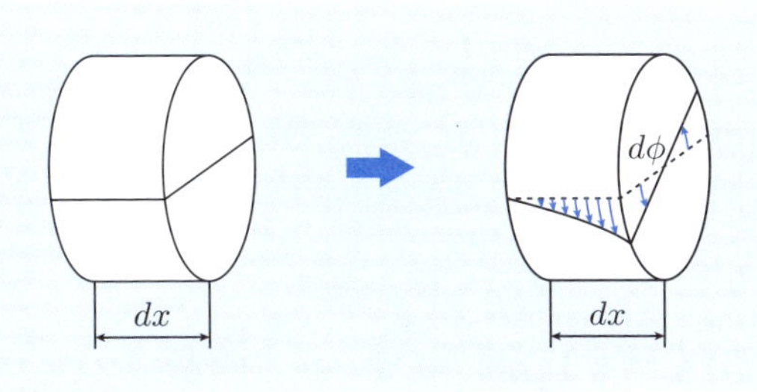

図6.7　微小要素の変形

$$\gamma_{x\theta} = \frac{r d\phi_x}{dx} = \frac{r d\phi}{dx} \tag{6.10}$$

このとき，回転角 ϕ は**ねじれ角**（angle of torsion）と呼ばれ，式 (6.7) および式 (6.9) を式 (6.10) に代入すると

$$\frac{d\phi}{dx} = \frac{\overline{T}}{GJ} \quad (= \varphi) \quad \cdots \text{ねじりによる変形} \tag{6.11}$$

さらに，部材に生じるねじりモーメント $\overline{T}$ および部材の断面形状と材質が一様である場合には，ねじれ角 ϕ は，部材の長さ l を用いて

$$\phi \equiv \phi_x = \int_0^l \frac{\overline{T}}{GJ} dx = \frac{\overline{T} l}{GJ} \tag{6.12}$$

ここで，GJ はねじりに対する部材の変形抵抗を表しており，**ねじり剛性**（torsional rigidity）と呼ばれる．すなわち，GJ の値が大きいほど軸は変形しにくく，GJ の値が小さいほど軸は変形しやすくなる．また，φ は単位長さあたりのねじれ角を表しており，**比ねじれ角**（specific angle of torsion）と呼ばれる．

例題6.1

図6.8に示すように，段付き丸軸にモーメント $T_0 = 10\,\mathrm{N \cdot m}$ を与えた．このとき，軸の表面に生じるねじり応力 τ_T および点Bに生じるねじれ角 ϕ_{B} を算出せよ．ただし，軸の半径を $a_1 = 10\,\mathrm{mm}$, $a_2 = 5\,\mathrm{mm}$，長さを $l_1 = 60\,\mathrm{mm}$, $l_2 = 40\,\mathrm{mm}$，せん断弾性係数を $G = 80\,\mathrm{GPa}$ とする．

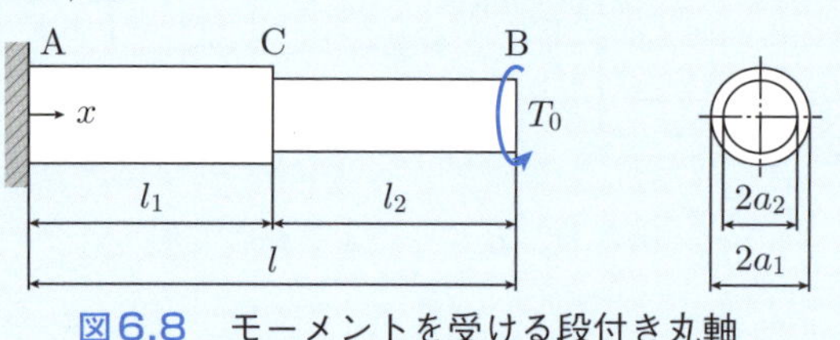

図6.8　モーメントを受ける段付き丸軸

【解答】　図6.9 (a) に示すように，この軸に働く外力はモーメント T_0，点Aに働く反力モーメント M_{A} であり，軸全体の平衡条件より

$$T_0 - M_{\mathrm{A}} = 0 \qquad \therefore \quad M_{\mathrm{A}} = T_0 \tag{a}$$

ここで，図6.9 (b) に示すように，$0 \leqq x \leqq l_1$ で軸を仮想切断し，面 X_1 に生じるねじりモーメントを $\overline{T}$ とおくと，面 X_1 の左側部分の平衡条件より

$$\overline{T} - M_{\mathrm{A}} = 0 \qquad \therefore \quad \overline{T} = M_{\mathrm{A}} = T_0 \tag{b}$$

したがって，式 (b) を式 (6.7) に代入すると，軸の表面に生じるねじり応力 τ_T は，ねじりモーメント $\overline{T}$ と断面二次極モーメント J_1 を用いて

$$\tau_T = \frac{\overline{T}}{J} r = \frac{T_0 a_1}{J_1} = 13\,\mathrm{MPa} \quad (0 \leqq x \leqq l_1) \tag{c}$$

同様に，図6.9 (c) に示すように，$l_1 \leqq x \leqq l$ で軸を仮想切断し，面 X_2 に生じるねじりモーメントを $\overline{T}$ とおくと，面 X_2 の左側部分の平衡条件より

$$\overline{T} - M_{\mathrm{A}} = 0 \qquad \therefore \quad \overline{T} = M_{\mathrm{A}} = T_0 \tag{d}$$

したがって，式 (d) を式 (6.7) に代入すると，軸の表面に生じるねじり応力 τ_T は，ねじりモーメント $\overline{T}$ と断面二次極モーメント J_2 を用いて

$$\tau_T = \frac{\overline{T}}{J} r = \frac{T_0 a_2}{J_2} = 100\ \mathrm{MPa} \quad (l_1 \leqq x \leqq l) \tag{e}$$

さらに，式 (b) および式 (d) を式 (6.11) に代入し x で積分すると，点 B に生じるねじれ角 ϕ_{B} は軸の長さ l_1, l_2 を用いて

$$\begin{aligned}\phi_{\mathrm{B}} &= \int_0^l \frac{\overline{T}}{GJ}\,dx = \int_0^{l_1} \frac{T_0}{GJ_1}\,dx + \int_{l_1}^{l} \frac{T_0}{GJ_2}\,dx \\ &= \frac{T_0 l_1}{GJ_1} + \frac{T_0 l_2}{GJ_2} = 0.011\,\mathrm{rad}\end{aligned} \tag{f}$$

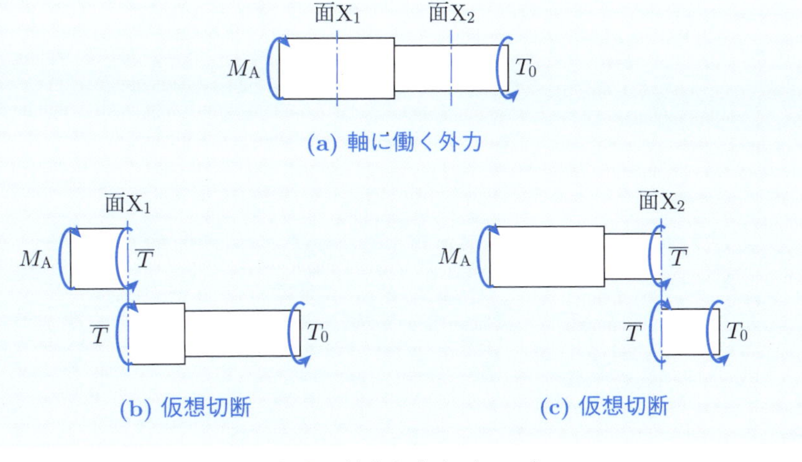

図6.9　外力と内力（FBD）

6.2　ねじりの解析事例

6.2.1　ねじりの静定問題

図6.10に示すように，モーメント T_1, T_2 を受ける丸軸に着目し，この軸に生じるねじり応力 τ_T と点Bに生じるねじれ角 ϕ_B を算出してみよう．図6.11 (a)に示すように，この軸に働く外力はモーメント T_1, T_2，点Aに働く反力モーメント M_A であり，軸全体の平衡条件より

$$T_1 + T_2 - M_A = 0 \qquad \therefore \quad M_A = T_1 + T_2 \tag{6.13}$$

したがって，平衡条件より導出した式(6.13)のみから未知の外力 M_A を決定す

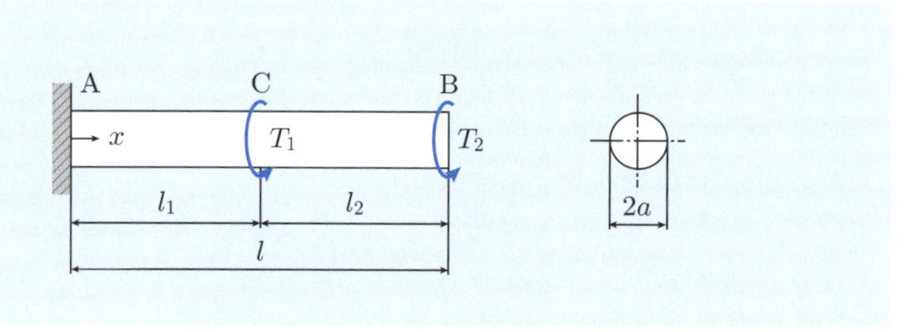

図6.10　ねじりの静定問題

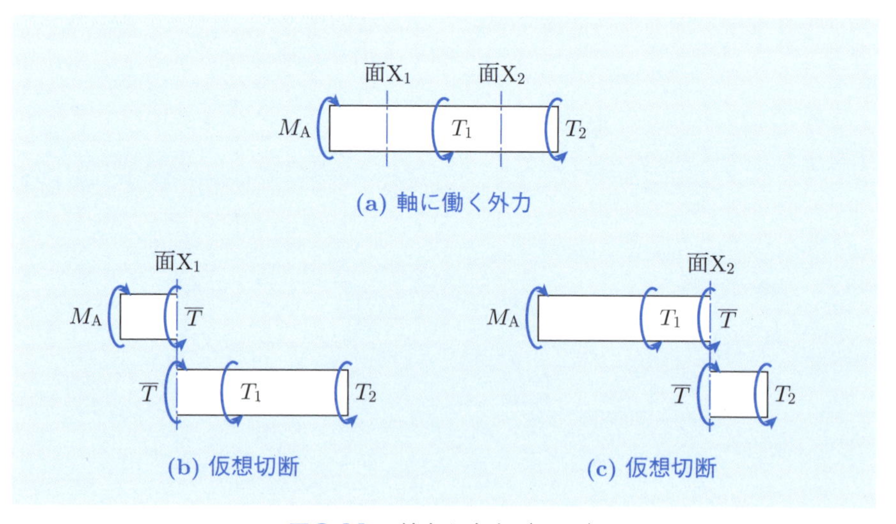

図6.11　外力と内力（FBD）

ることができる．すなわち，この問題は静定である．ここで，図6.11 (b) に示すように，$0 \leqq x \leqq l_1$ で軸を仮想切断し，面 X_1 に生じるねじりモーメントを $\overline{T}$ とおくと，面 X_1 の左側部分の平衡条件より

$$\overline{T} - M_A = 0 \qquad \therefore \quad \overline{T} = M_A = T_1 + T_2 \tag{6.14}$$

同様に，図6.11 (c) に示すように，$l_1 \leqq x \leqq l$ で軸を仮想切断し，面 X_2 に生じるねじりモーメントを $\overline{T}$ とおくと，面 X_2 の左側部分の平衡条件より

$$\overline{T} + T_1 - M_A = 0 \qquad \therefore \quad \overline{T} = M_A - T_1 = T_2 \tag{6.15}$$

したがって，式 (6.14) および式 (6.15) を式 (6.7) に代入すると，軸に生じるねじり応力 τ_T は，ねじりモーメント $\overline{T}$ と断面極二次モーメント J を用いて

$$\begin{aligned} \tau_T &= \frac{\overline{T}}{J} r = \frac{T_1 + T_2}{J} r \quad (0 \leqq x \leqq l_1) \\ \tau_T &= \frac{\overline{T}}{J} r = \frac{T_2}{J} r \qquad\quad (l_1 \leqq x \leqq l) \end{aligned} \tag{6.16}$$

また，式 (6.14) および式 (6.15) を式 (6.11) に代入し x で積分すると，点 B に生じるねじれ角 ϕ_B は，軸の長さ l_1, l_2 を用いて，

$$\begin{aligned} \phi_B &= \int_0^l \frac{\overline{T}}{GJ} dx = \int_0^{l_1} \frac{T_1 + T_2}{GJ} dx + \int_{l_1}^l \frac{T_2}{GJ} dx \\ &= \frac{(T_1 + T_2) l_1}{GJ} + \frac{T_2 l_2}{GJ} = \frac{T_1 l_1 + T_2 l}{GJ} \end{aligned} \tag{6.17}$$

以上のように，ねじりの静定問題においては，平衡方程式のみから物体に働くすべての外力を決定することができる．さらに，得られた外力をもとに仮想切断を用いて物体に生じる内力を決定することによって，物体の応力状態や変形状態を容易に解析することができる．

6.2.2　ねじりの不静定問題

図6.12に示すように，モーメント T_1 を受ける丸軸に着目し，この軸に生じるねじり応力 τ_T と点 C に生じるねじれ角 ϕ_C を算出してみよう．図6.13 (a) に示すように，この軸に働く外力はモーメント T_1，点 A に働く反力モーメント M_A，点 B に働く反力モーメント M_B であり，軸全体の平衡条件より

$$T_1 - M_A + M_B = 0 \tag{6.18}$$

したがって，平衡条件より導出した式 (6.18) のみから未知の外力 M_A, M_B を決定

することはできない．すなわち，この問題は不静定である．ここで，図6.13 (b) に示すように，$0 \leqq x \leqq l_1$ で軸を仮想切断し，面 X_1 に生じるねじりモーメントを $\overline{T}$ とおくと，面 X_1 の左側部分の平衡条件より

$$\overline{T} - M_A = 0 \qquad \therefore \quad \overline{T} = M_A \tag{6.19}$$

同様に，図6.13 (c) に示すように，$l_1 \leqq x \leqq l$ で軸を仮想切断し，面 X_2 に生じるねじりモーメントを $\overline{T}$ とおくと，面 X_2 の左側部分の平衡条件より

$$\overline{T} + T_1 - M_A = 0 \qquad \therefore \quad \overline{T} = M_A - T_1 \tag{6.20}$$

ここで，式 (6.19) および式 (6.20) を式 (6.11) に代入し x で積分すると，点 B

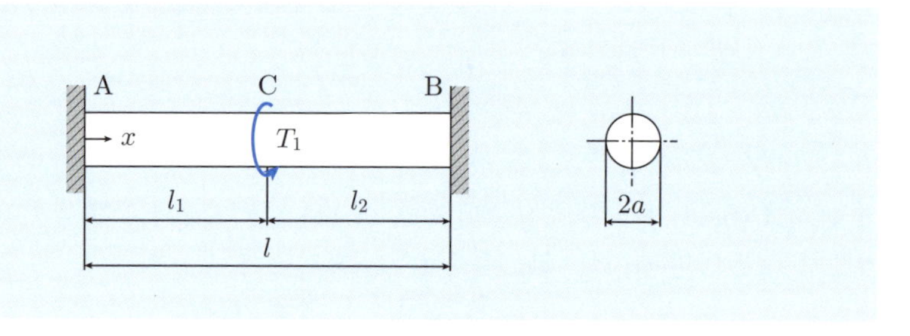

図6.12　ねじりの不静定問題

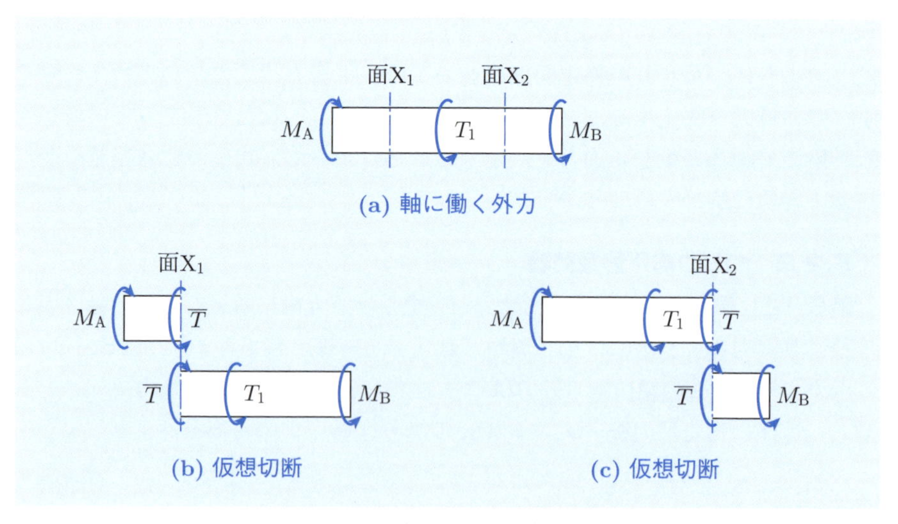

図6.13　外力と内力（FBD）

に生じるねじれ角 ϕ_{B} は，軸の長さ l_1, l_2 を用いて

$$\begin{aligned}\phi_{\mathrm{B}} &= \int_0^l \frac{\overline{T}}{GJ}\,dx = \int_0^{l_1} \frac{M_{\mathrm{A}}}{GJ}\,dx + \int_{l_1}^{l} \frac{M_{\mathrm{A}} - T_1}{GJ}\,dx \\ &= \frac{M_{\mathrm{A}} l_1}{GJ} + \frac{(M_{\mathrm{A}} - T_1) l_2}{GJ} = \frac{M_{\mathrm{A}} l - T_1 l_2}{GJ}\end{aligned} \tag{6.21}$$

ところが，実際には点 B は固定点であり，$\phi_{\mathrm{B}} = 0$ である．すなわち，次式のように点 B における変形条件を定式化することができる．

$$\phi_{\mathrm{B}} = \frac{M_{\mathrm{A}} l - T_1 l_2}{GJ} = 0 \qquad \therefore \quad M_{\mathrm{A}} l - T_1 l_2 = 0 \tag{6.22}$$

したがって，式 (6.18) および式 (6.22) より，未知の外力 $M_{\mathrm{A}}, M_{\mathrm{B}}$ を次式のように決定することができる．

$$M_{\mathrm{A}} = \frac{T_1 l_2}{l}, \quad M_{\mathrm{B}} = -\frac{T_1 l_1}{l} \tag{6.23}$$

さらに，式 (6.23) を式 (6.19) および式 (6.20) に代入すると，軸に生じるねじりモーメント $\overline{T}$ を次式のように決定することができる．

$$\left.\begin{aligned}\overline{T} &= \frac{T_1 l_2}{l} \qquad (0 \leqq x \leqq l_1) \\ \overline{T} &= -\frac{T_1 l_1}{l} \quad (l_1 \leqq x \leqq l)\end{aligned}\right. \tag{6.24}$$

したがって，式 (6.24) を式 (6.7) に代入すると，軸に生じるねじり応力 τ_T は，ねじりモーメント $\overline{T}$ と断面二次極モーメント J を用いて

$$\left.\begin{aligned}\tau_T &= \frac{\overline{T}}{J} r = \frac{T_1 l_2}{Jl} r \qquad (0 \leqq x \leqq l_1) \\ \tau_T &= \frac{\overline{T}}{J} r = -\frac{T_1 l_1}{Jl} r \quad (l_1 \leqq x \leqq l)\end{aligned}\right. \tag{6.25}$$

また，式 (6.24) を式 (6.11) に代入し x で積分すると，点 C に生じるねじれ角 ϕ_{C} は，軸の長さ l_1 を用いて

$$\phi_{\mathrm{C}} = \int_0^{l_1} \frac{\overline{T}}{GJ}\,dx = \int_0^{l_1} \frac{T_1 l_2}{GJl}\,dx = \frac{T_1 l_1 l_2}{GJl} \tag{6.26}$$

以上のように，ねじりの不静定問題においては，平衡方程式のみから物体に働くすべての外力を決定することはできない．しかし，外力を未知量として含んだ変形条件式を追加し外力や内力を決定することによって，物体の応力状態や変形状態を解析することができるようになる．

例題6.2

図6.14に示すように，直径 d の丸軸を使って，回転速度 $N = 2000\,\mathrm{rpm}$ で仕事率 $W = 100\,\mathrm{kW}$ の動力を伝達したい．このとき，軸に生じるねじりモーメント $\overline{T}$ を算出せよ．また，軸に生じるねじり応力 τ_T が $200\,\mathrm{MPa}$ 以下になるように軸の直径 d を決定せよ．

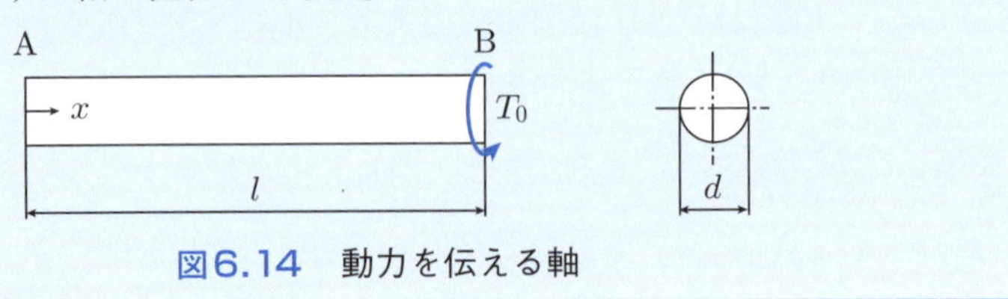

図6.14　動力を伝える軸

【解答】　図6.15 (a) に示すように，この軸に働く外力は点 A に働く反力モーメント M_A，点 B に働くモーメント T_0 であり，軸全体の平衡条件より

$$M_\mathrm{A} - T_0 = 0 \qquad \therefore \quad M_\mathrm{A} = T_0 \tag{a}$$

ここで，図6.15 (b) に示すように，面 X で軸を仮想切断し，面 X に生じるねじりモーメントを $\overline{T}$ とおくと，面 X の左側部分の平衡条件より

$$\overline{T} - M_\mathrm{A} = 0 \qquad \therefore \quad \overline{T} = M_\mathrm{A} = T_0 \tag{b}$$

一方，仕事率 W が単位時間あたりにモーメント T_0 がなす仕事と等価であることと，軸の角速度が $\omega = 2\pi N/60$ であることを考慮すると

$$W = T_0 \frac{2\pi N}{60} \qquad \therefore \quad T_0 = \frac{60W}{2\pi N} \tag{c}$$

ここで，式 (c) を式 (b) に代入すると，軸に生じるねじりモーメント $\overline{T}$ は，仕事率 W と回転速度 N を用いて

$$\overline{T} = T_0 = \frac{60W}{2\pi N} = 480\,\mathrm{N \cdot m} \tag{d}$$

したがって，式 (d) を式 (6.7) に代入すると，軸に生じるねじり応力 τ_T は，ねじりモーメント $\overline{T}$ と断面二次極モーメント J を用いて

$$\tau_T = \frac{\overline{T}}{J} r = \frac{60W}{2\pi N J} r \tag{e}$$

一方，ねじり応力 τ_T が軸の表面（$r = d/2$）で最大となることと，断面二次極モーメントが $J = \pi d^4/16$ であることを考慮すると

$$\tau_T = \frac{480W}{\pi^2 N d^3} \qquad \therefore \quad d = \sqrt[3]{\frac{480W}{\pi^2 N \tau_T}} = 23\,\mathrm{mm} \tag{f}$$

このように，軸のねじりの問題は，回転機械の動力伝達の問題と関連が深く，軸の回転によって伝達されるモーメント T_0 を**トルク**（torque）と呼ぶ．

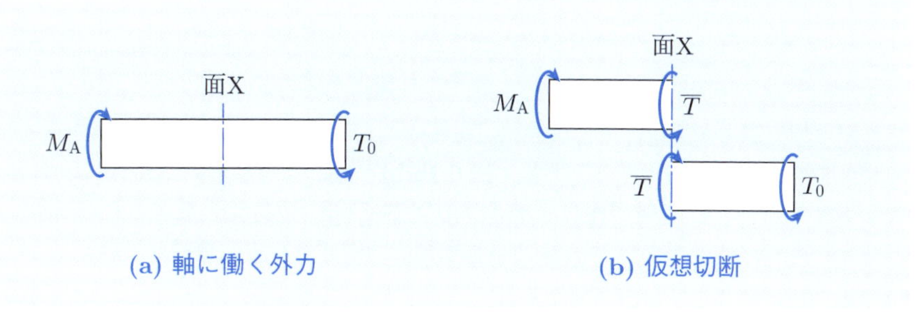

図6.15　外力と内力（FBD）

● 工学ひずみとテンソルひずみ ●

第 2 章および第 3 章では，応力やひずみが直交変換によってある座標系から別の座標系への座標変換が可能な物理量（テンソル）であることを学習した．ただし，このような座標変換が許容されるのは，せん断ひずみの半分 $\gamma/2$ を非対角項とした場合に限られる．式 (3.2) で定義されるような基準線素間の角度変化 θ をせん断ひずみと定義した場合，これを**工学ひずみ**と呼ぶ．一方，基準線素間の角度変化の半分をせん断ひずみと定義した場合，これを**テンソルひずみ**と呼ぶ．すなわち，テンソルひずみは工学ひずみを用いて次式のように与えられる（垂直ひずみについては，工学ひずみとテンソルひずみは等価である）．

$$\underset{\text{（テンソルひずみ）}}{\begin{bmatrix} \varepsilon_{xx} & \varepsilon_{xy} & \varepsilon_{xz} \\ \varepsilon_{yx} & \varepsilon_{yy} & \varepsilon_{yz} \\ \varepsilon_{zx} & \varepsilon_{zy} & \varepsilon_{zz} \end{bmatrix}} = \underset{\text{（工学ひずみ）}}{\begin{bmatrix} \varepsilon_x & \frac{\gamma_{xy}}{2} & \frac{\gamma_{xz}}{2} \\ \frac{\gamma_{yx}}{2} & \varepsilon_y & \frac{\gamma_{yz}}{2} \\ \frac{\gamma_{zx}}{2} & \frac{\gamma_{zy}}{2} & \varepsilon_z \end{bmatrix}}$$

補足6.1 ねじりの応力状態

6.1 節で学習したように，ねじりを受ける丸軸の応力状態は，部材の形状に沿って定義した円筒座標系 r-θ-x に対して，次式のように与えられる．

$$
\begin{aligned}
&\sigma_r = 0, \quad \tau_{r\theta} = 0, \quad \tau_{rx} = 0 \quad &(r\ \text{面に生じる応力})\\
&\tau_{\theta r} = 0, \quad \sigma_\theta = 0, \quad \tau_{\theta x} = \tau_T \quad &(\theta\ \text{面に生じる応力})\\
&\tau_{xr} = 0, \quad \tau_{x\theta} = \tau_T, \quad \sigma_x = 0 \quad &(x\ \text{面に生じる応力})
\end{aligned}
\tag{6.27}
$$

したがって，図 6.16(a) に示すように，モールの応力円は原点を中心とする 1 つの円と原点を通る 2 つの円となる．また，図 6.16(b) に示すように，第 3 主軸は r 軸と一致し第 1 主軸および第 2 主軸は x 軸および θ 軸と 45° の角度をなす．すなわち，主応力 $\sigma_1, \sigma_2, \sigma_3$ は次式のように与えられ平面応力状態となる（**単純せん断**）．

$$
\sigma_1 = \tau_T, \quad \sigma_2 = -\tau_T, \quad \sigma_3 = 0 \tag{6.28}
$$

このとき，主せん断応力 τ_1, τ_2, τ_3 は次式のように与えられ，第 3 主面（r 面）内で最大値 $\tau_3 = \tau_T$ をとる．

$$
\tau_1 = \frac{\tau_T}{2}, \quad \tau_2 = \frac{\tau_T}{2}, \quad \tau_3 = \tau_T \tag{6.29}
$$

このように，単純せん断の状態にある物体には，ねじり応力 τ_T に等しいせん断応力 τ_1, τ_2 のほかに，ねじり応力 τ_T に等しい引張応力 σ_1 と圧縮応力 σ_2 が生じる．

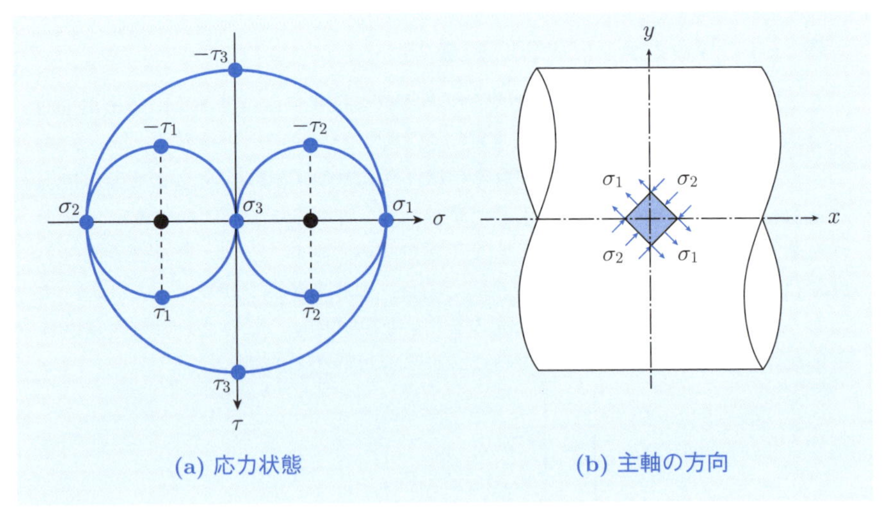

図6.16 ねじりの応力状態

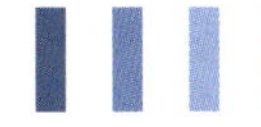

補足 6.2　非軸対称断面軸のねじり

6.1 節および 6.2 節では，円形断面を有する軸のねじりについて学習した．任意の断面形状を有する軸のねじりについては，材料力学の範囲を超え弾性力学の範囲に属するが，ここでは，参考までに楕円形断面および長方形断面を有する軸のねじりについて，解析結果のみごく簡単に紹介する．

楕円形断面軸では，せん断応力 $\tau_{x\theta}$ は図 6.17(a) のように分布し，ねじりモーメント $\overline{T}$ に対して，短軸側の表面で最大値 $\tau_{\max}$ をとる．すなわち

$$\tau_{\max} = \frac{2\overline{T}}{\pi a b^2} \tag{6.30}$$

したがって，同一断面積を有する楕円形断面軸を比較すると，$a = b$ すなわち円形断面の場合に強度面で最も有利になることが分かる．一方，長方形断面軸では，せん断応力 $\tau_{x\theta}$ は図 6.17(b) のように分布し，ねじりモーメント $\overline{T}$ に対して，短辺側の中央で最大値 $\tau_{\max}$ をとる．すなわち

$$\tau_{\max} = \frac{\overline{T}}{\kappa c d^2} \tag{6.31}$$

ただし，κ は長辺と短辺との比 c/d に依存する定数であり，$c/d = 1, 2, 5, 10, \infty$ に対して $\kappa = 0.208, 0.246, 0.290, 0.313, 0.333$ となる．したがって，同一断面積を有する長方形断面軸を比較すると，$c = d$ すなわち正方形断面の場合に強度面で最も有利となることが分かる．さらに，同一断面積の円形断面軸と正方形断面軸を比較すると，最大せん断応力 $\tau_{\max}$ は次式のようになり，正方形断面軸より円形断面軸の方が強度面で有利であることが分かる．

$$\frac{\tau_{\max,\ 正方形}}{\tau_{\max,\ 円形}} = 1.356 \tag{6.32}$$

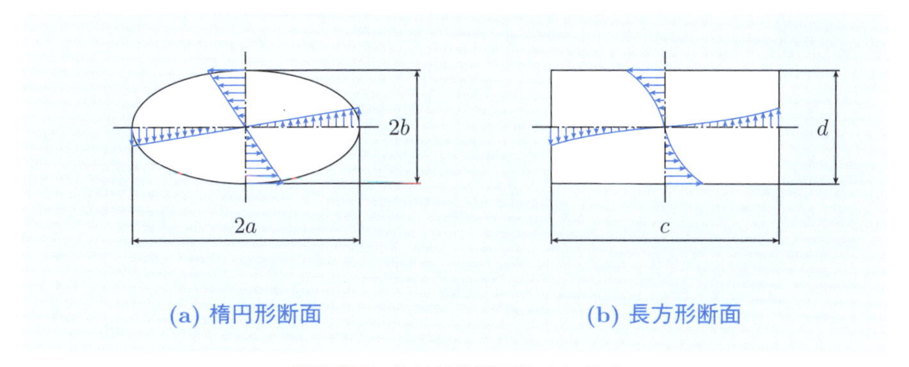

図 6.17　非軸対称断面軸のねじり

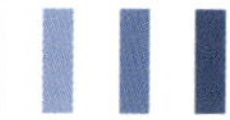

6章の問題

□**6.1** 図1に示すように，段付き丸軸にモーメント T_1, T_2 を与えた．このとき，点Bに生じるねじれ角 ϕ_B を算出せよ．ただし，ねじり剛性を G_1J_1, G_2J_2 とする．

□**6.2** 図2に示すように，テーパー丸軸にモーメント T_0 を与えた．このとき，点Bに生じるねじれ角 ϕ_B を算出せよ．ただし，せん断弾性係数を G とする．

□**6.3** 図3に示すように，段付き丸軸にモーメント T_0 を与えた．このとき，点Cに生じるねじれ角 ϕ_C を算出せよ．ただし，ねじり剛性を G_1J_1, G_2J_2 とする．

□**6.4** 図4に示すように，二重丸軸（外側円筒，内側円柱）にモーメント T_0 を与えた．このとき，点Bに生じるねじれ角 ϕ_B を算出せよ．

□**6.5** 図5に示すように，円形断面の軸がある．このとき，点Oまわりの断面二次極モーメント J を算出せよ．

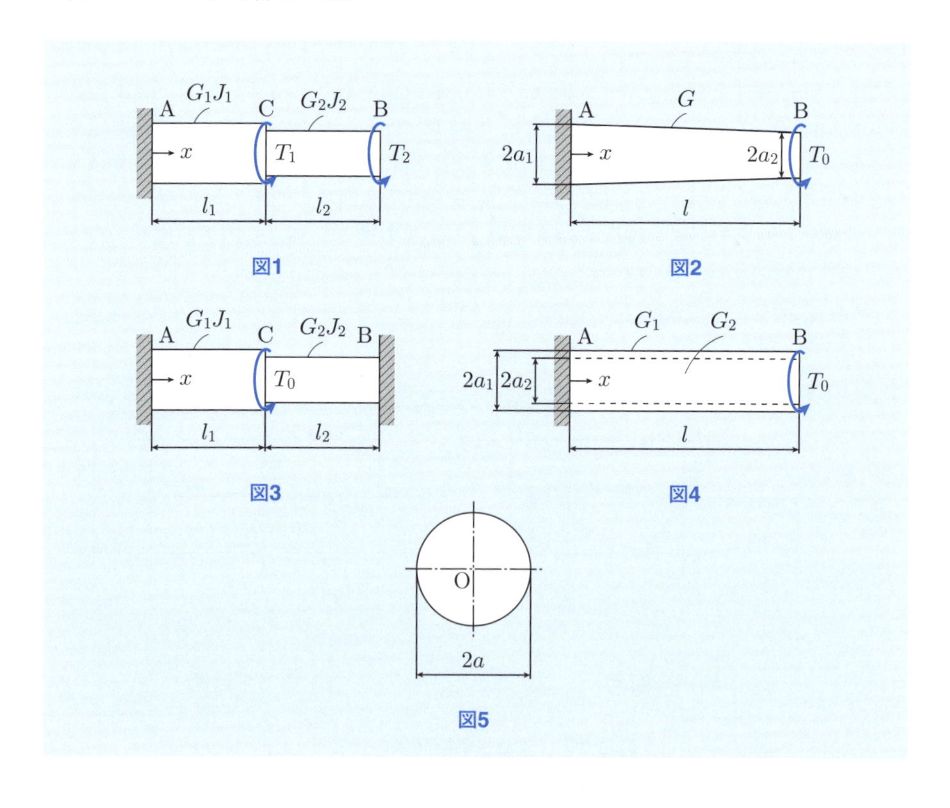

第7章

曲げによる内力

この章では，真直な棒状の部材に対して，考慮すべき内力が主として部材の軸線に直交する軸まわりのモーメント，すなわち，**曲げモーメント**のみとなるような場合について，部材に生じる内力や変形の解析方法を学習する．このような状態を**曲げ**，曲げを受ける部材を**はり**と呼ぶ．

7.1　曲げを受ける真直はり

7.1.1　曲げを受ける真直はり

図7.1に示すように，集中荷重 P_0 を受ける棒状の部材に着目し，この部材に生じる内力について考察してみよう．ただし，変形前の部材の軸線は真直かつ部材の断面は対称形であり，変形前に軸線と垂直をなす面は変形後も軸線と垂直を保つものと仮定する．最初に，部材の軸線に沿って x 軸，集中荷重 P_0 と平行に y 軸を定義し，x 軸を法線とする面Xでこの部材を仮想切断すると，面Xに生じる内力 $\overline{F}_x, \overline{F}_y, \overline{F}_z$ と内力モーメント $\overline{M}_x, \overline{M}_y, \overline{M}_z$ は

$$\begin{aligned} &\overline{F}_x = 0, \quad \overline{F}_y \equiv \overline{F} = -P_0, \quad \overline{F}_z = 0 \\ &\overline{M}_x = 0, \quad \overline{M}_y = 0, \quad \overline{M}_z \equiv -\overline{M} = P_0 x \end{aligned} \tag{7.1}$$

したがって，部材に生じる内力は $\overline{F}_y$ と $\overline{M}_z$ のみとなるが，部材の断面に対して部材の全長が十分に大きい場合には，変形や破損に対する内力 $\overline{F}_y$ の影響を無視することができ，内力モーメント $\overline{M}_z$ の影響のみを考慮すればよい．このように，外力を受ける棒状の部材に対して，考慮すべき内力が主として z 軸ま

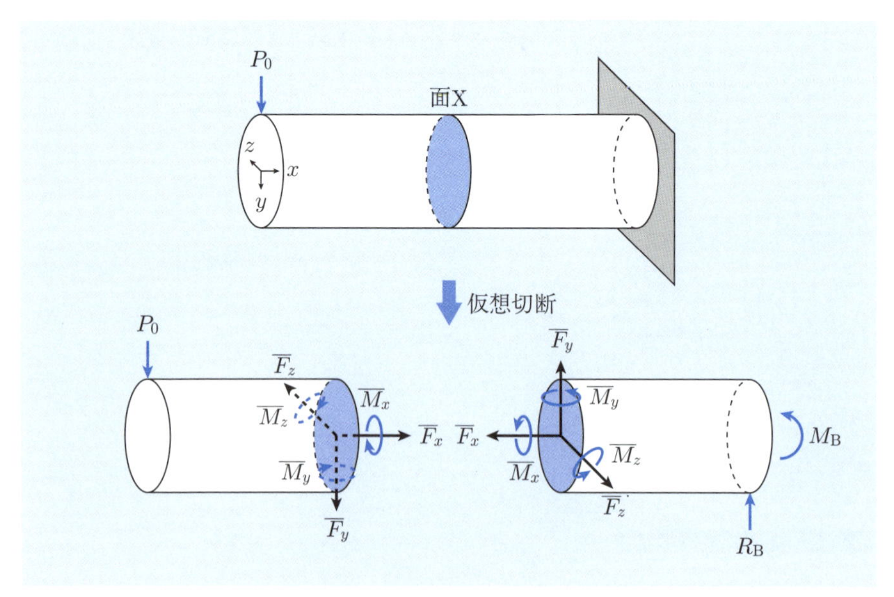

図7.1　集中荷重を受けるはり

わりの内力モーメント $\overline{M}_z$ のみとなるような場合，これを**曲げ**（bending）と呼び，曲げを受ける棒状の部材を**はり**（beam）と呼ぶ．また，曲げの問題において，y 軸方向の内力 $\overline{F}_y$ を**せん断力**（shearing force），z 軸まわりの内力モーメント $\overline{M}_z$ を**曲げモーメント**（bending moment）と呼び，本書では，それぞれ変数 $\overline{F}$ および $\overline{M}$ を用いて略記する．なお，せん断力 $\overline{F}$ と曲げモーメント $\overline{M}$ の正負については，図7.2および図7.3に示すとおりである．

次に，曲げによって部材に生じる変形について考察してみよう．変形が微小である場合，部材に生じる変位 u_x, u_y, u_z および回転 ϕ_x, ϕ_y, ϕ_z は

$$
\begin{aligned}
&u_x = 0, \qquad u_y \equiv v, \qquad u_z = 0 \\
&\phi_x = 0, \qquad \phi_y = 0, \qquad \phi_z \equiv i
\end{aligned}
\tag{7.2}
$$

すなわち，曲げによって部材に生じる変形は主として u_y と ϕ_z のみとなる．このとき，部材に生じる z 軸まわりの回転 ϕ_z を**たわみ角**（deflection angle），y 軸方向の変位 u_y を**たわみ**（deflection）と呼び，本書では，それぞれ変数 i および変数 v を用いて略記する．

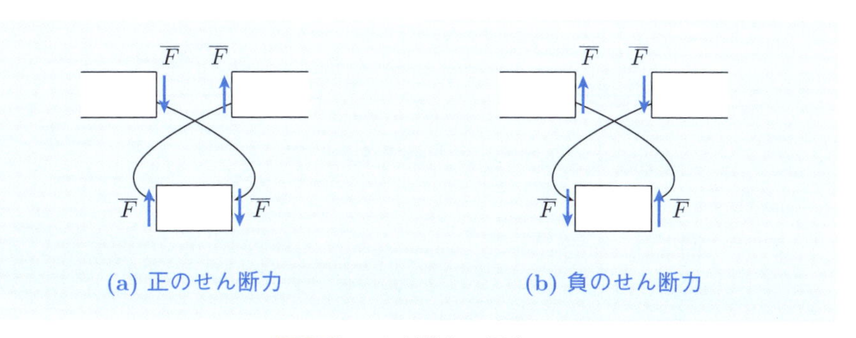

図7.2　せん断力の正負

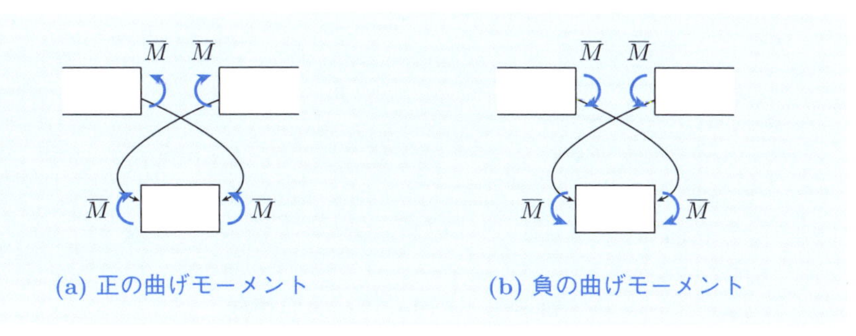

図7.3　曲げモーメントの正負

7.1.2　静定はりと不静定はり

上述のように，はりに生じる変形はたわみ角 i とたわみ v によって記述することができる．したがって，はりに対する変位拘束は，図7.4に示すような4種類を定義することができる．**(a)** はたわみ v，たわみ角 i ともに拘束された状態（**固定端**：fixed end）であり，拘束された箇所は y 軸方向に変位することも z 軸まわりに回転することもできない．**(b)** はたわみ v のみが拘束された状態（**支持端**：supported end）であり，拘束された箇所は z 軸まわりに回転することはできるが，y 軸方向に変位することはできない．**(c)** はたわみ角 i のみが拘束された状態（**摺動端**：sliding end）であり，拘束された箇所は y 軸方向に変位することはできるが，z 軸まわりに回転することはできない．**(d)** はたわみ v，たわみ角 i ともに拘束されない状態（**自由端**：free end）である．また，はりが外力を受けた場合には，それぞれの変位拘束に対して反力が働くことになる．す

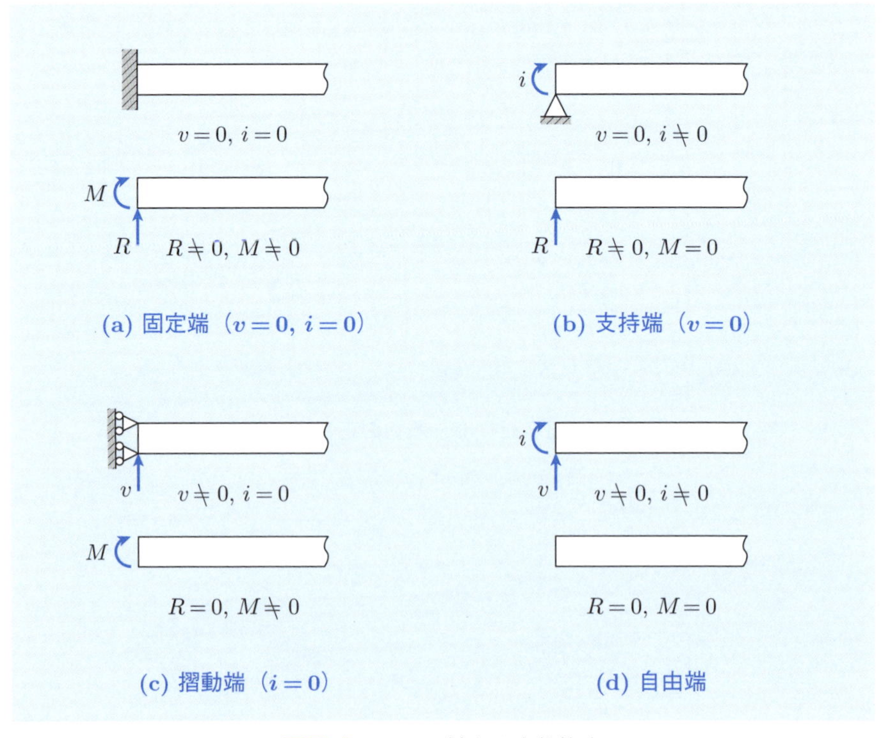

図7.4　はりに対する変位拘束

なわち，固定端に対しては変位 v を拘束するための反力 R と回転 i を拘束するための反力モーメント M，支持端に対しては変位 v を拘束するための反力 R，摺動端に対しては回転 i を拘束するための反力モーメント M が働く．

これら 4 種類の変位拘束をはりの両端に適用した場合，図7.5に示すような 10 通りの拘束状態が考えられる．このとき，例えば，図7.5 (e) のはりでは，図7.6 (a) のような集中荷重 P_0 に対して，反力と反力モーメントは図7.6 (b) のようになる．したがって，はり全体の平衡条件より

$$P_0 - R_A - R_B = 0 \quad (y\text{ 軸方向の力の平衡}) \tag{7.3}$$

$$P_0 l - 2R_A l = 0 \quad (\text{点 B まわりのモーメントの平衡}) \tag{7.4}$$

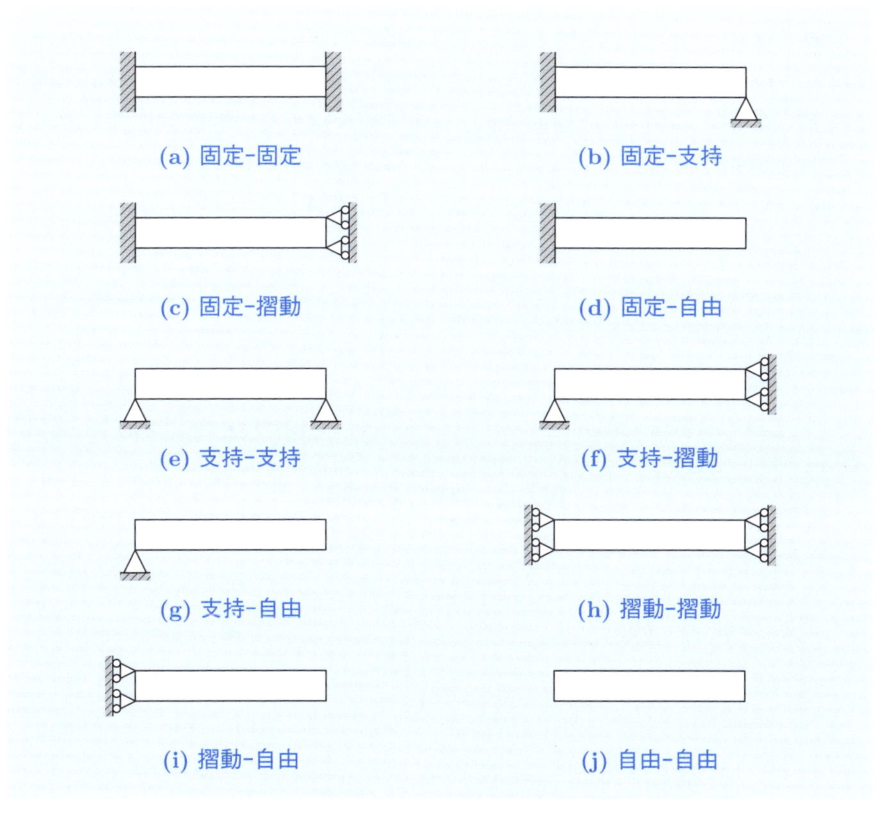

図7.5　はりの拘束状態

となり，これら2つの平衡方程式のみから2つの未知量 R_A, R_B を決定することができる．すなわち，この問題は静定である．一方，例えば，図7.5 (b) のはりでは，図7.7 (a) のような集中荷重 P_0 に対して，反力と反力モーメントは図7.7 (b) のようになる．したがって，はり全体の平衡条件より

$$P_0 - R_A - R_B = 0 \quad （y\text{ 軸方向の力の平衡}） \tag{7.5}$$

$$P_0 l - 2R_A l - M_A = 0 \quad （\text{点 B まわりのモーメントの平衡}） \tag{7.6}$$

となり，これら2つの平衡方程式のみから3つの未知量 R_A, R_B, M_A を決定することはできない．すなわち，この問題は不静定である．

一般に，図7.5 (d), (e), (f) のはりのように，反力と反力モーメントの未知量の総数が平衡方程式の総数と等しい場合には系は静定となり，このようなはりを**静定はり**（statically determinate beam）と呼ぶ．一方，図7.5 (a), (b), (c) のはりのように，反力と反力モーメントの未知量の総数が平衡方程式の総数より多い場合には系は不静定となり，このようなはりを**不静定はり**（statically indeterminate beam）と呼ぶ．なお，図7.5 (g), (h), (i), (j) のはりについて

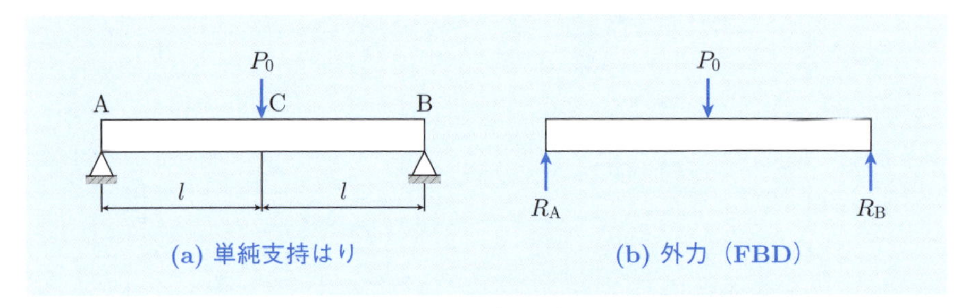

図7.6 曲げの静定問題

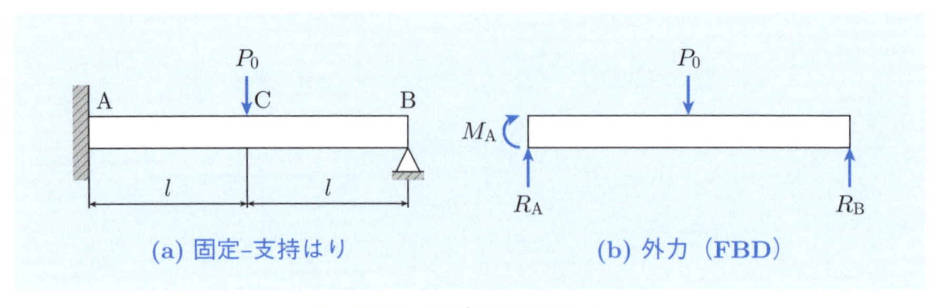

図7.7 曲げの不静定問題

は，外力に対して平衡状態を保つことができず系は不定となる．材料力学では，図7.5 (d) のようなはりを**片持ちはり**（cantilever beam），図7.5 (e) のようなはりを**単純支持はり**（simply supported beam）と呼ぶ．また，はりの支点間の部分またはその長さを**スパン**（span）と呼ぶ．

例題7.1

図7.8に示すように，単純支持はりに集中荷重 P_1, P_2 を与えた．このとき，点 A および点 B に働く反力と反力モーメントを算出せよ．

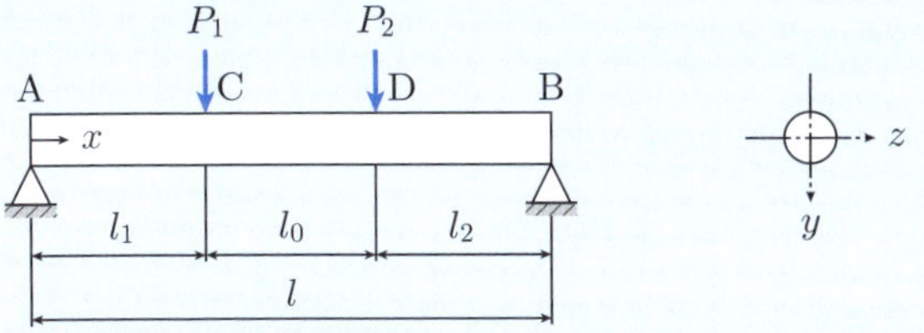

図7.8　集中荷重を受ける単純支持はり

【解答】　図7.9に示すように，このはりに働く外力は集中荷重 P_1, P_2，支持点 A に働く反力 R_A，支持点 B に働く反力 R_B であり，はり全体の平衡条件より

$$P_1 + P_2 - R_A - R_B = 0 \quad （y \text{ 軸方向の力の平衡}） \tag{a}$$

$$P_1(l_0 + l_2) + P_2 l_2 - R_A l = 0 \quad （点 \text{B} まわりのモーメントの平衡） \tag{b}$$

したがって，支持点 A に働く反力 R_A および支持点 B に働く反力 R_B は，式 (a) および式 (b) より

$$R_A = \frac{P_1(l_0 + l_2) + P_2 l_2}{l}, \quad R_B = \frac{P_1 l_1 + P_2(l_0 + l_1)}{l} \tag{c}$$

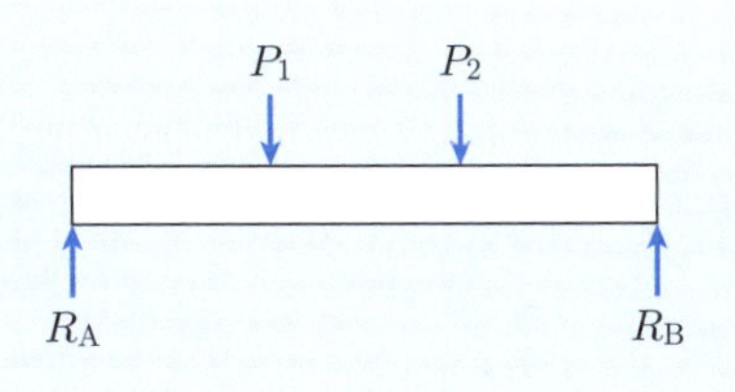

図7.9　はりに働く外力（FBD）

7.2　曲げによる内力

7.2.1　片持ちはりに生じる内力

図7.10に示すように，集中荷重 P_0 を受ける片持ちはりに着目し，はりに生じる内力，すなわち，せん断力 $\overline{F}$ と曲げモーメント $\overline{M}$ について考察してみよう．最初に，点Aを原点として部材の軸線に沿って x 軸，集中荷重 P_0 と平行に y 軸を定義すると，図7.11 (a) に示すように，このはりに働く外力は集中荷重 P_0，固定点Bに働く反力 R_B，固定点Bに働く反力モーメント M_B であり，はり全体の平衡条件より

$$P_0 - R_\mathrm{B} = 0 \quad (y\text{ 軸方向の力の平衡}) \tag{7.7}$$

$$P_0 l + M_\mathrm{B} = 0 \quad (\text{点 B まわりのモーメントの平衡}) \tag{7.8}$$

したがって，固定点Bに働く反力 R_B および固定点Bに働く反力モーメント M_B は，式 (7.7) および式 (7.8) より

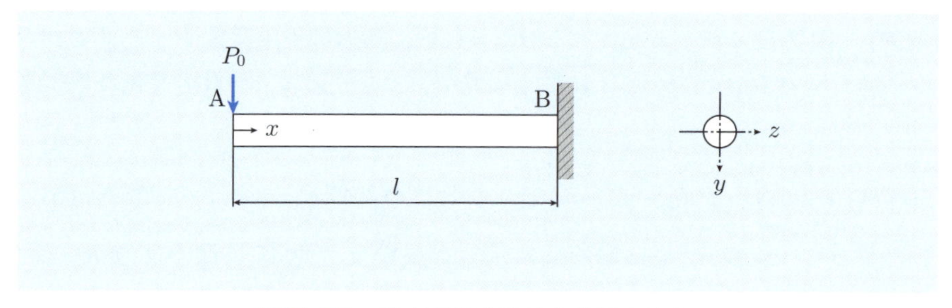

図7.10　集中荷重を受ける片持ちはり

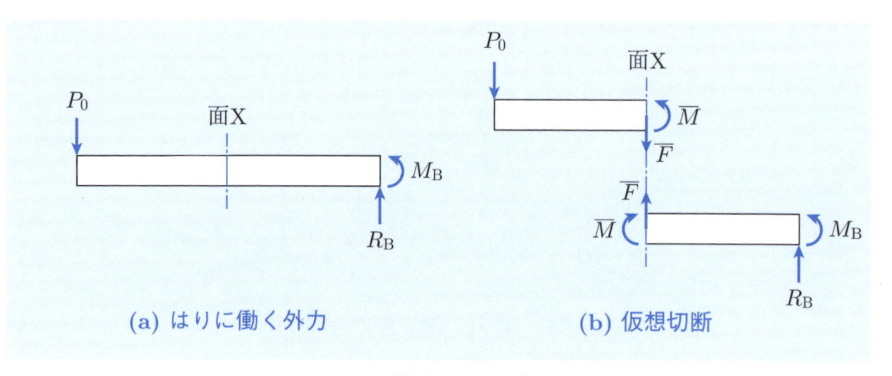

図7.11　外力と内力（FBD）

$$R_{\mathrm{B}} = P_0, \quad M_{\mathrm{B}} = -P_0 l \tag{7.9}$$

ここで，図7.11 (b) に示すように，面 X ではりを仮想切断し，せん断力を $\overline{F}$，曲げモーメントを $\overline{M}$ とおくと，面 X の左側部分の平衡条件より

$$\overline{F} + P_0 = 0 \quad （y \text{ 軸方向の力の平衡}） \tag{7.10}$$

$$\overline{M} + P_0 x = 0 \quad （\text{点 X まわりのモーメントの平衡}） \tag{7.11}$$

したがって，はりに生じるせん断力 $\overline{F}$ と曲げモーメント $\overline{M}$ は，式 (7.9)，式 (7.10)，式 (7.11) より

$$\overline{F} = -P_0 \tag{7.12}$$

$$\overline{M} = -P_0 x \tag{7.13}$$

以上のように，仮想切断を用いることによって，片持ちはりに生じるせん断力 $\overline{F}$ と曲げモーメント $\overline{M}$ を算出することができる．このとき，せん断力 $\overline{F}$ は図7.12 (a) のように図化され，これを**せん断力図**（shearing force diagram：SFD）と呼ぶ．一方，曲げモーメント $\overline{M}$ は図7.12 (b) のように図化され，これを**曲げモーメント図**（bending moment diagram：BMD）と呼ぶ．SFD と BMD ははりに生じる内力を把握する上できわめて有用である．

7.2.2　単純支持はりに生じる内力

図7.13に示すように，集中荷重 P_0 を受ける単純支持はりに着目し，はりに生じる内力，すなわち，せん断力 $\overline{F}$ と曲げモーメント $\overline{M}$ について考察してみよう．最初に，点 A を原点として部材の軸線に沿って x 軸，集中荷重 P_0 と平行に y 軸を定義すると，図7.14 (a) に示すように，このはりに働く外力は集中

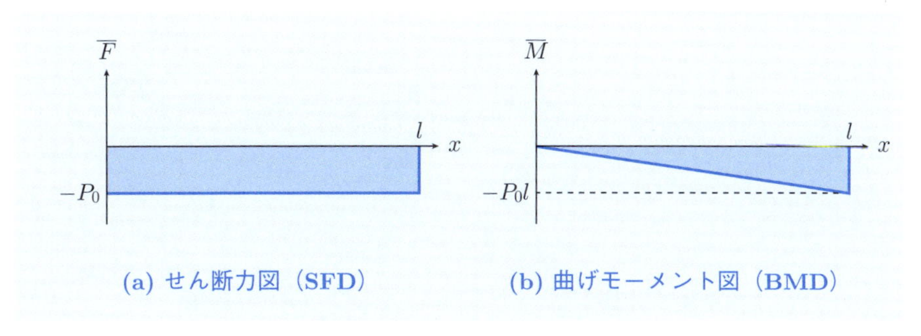

図7.12　はりに生じる内力

荷重 P_0，支持点Aに働く反力 R_A，支持点Bに働く反力 R_B であり，はり全体の平衡条件より

$$P_0 - R_A - R_B = 0 \quad (y\text{ 軸方向の力の平衡}) \tag{7.14}$$

$$P_0 l_2 - R_A l = 0 \quad (\text{点 B まわりのモーメントの平衡}) \tag{7.15}$$

したがって，式(7.14)および式(7.15)より，支持点Aに働く反力 R_A および支持点Bに働く反力 R_B は

$$R_A = \frac{P_0 l_2}{l}, \quad R_B = \frac{P_0 l_1}{l} \tag{7.16}$$

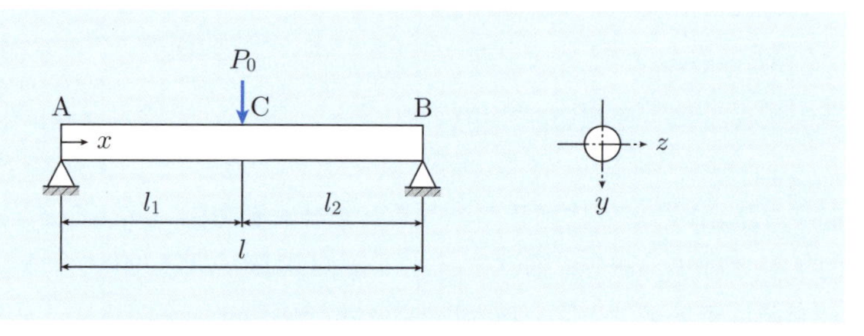

図7.13　集中荷重を受ける単純支持はり

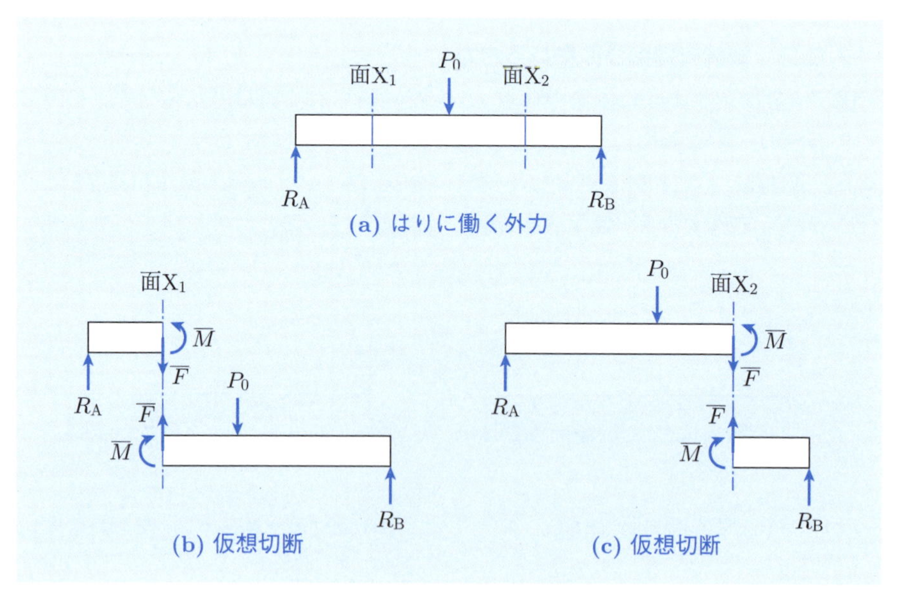

図7.14　外力と内力（FBD）

ここで，図7.14 (b) に示すように，$0 \leqq x \leqq l_1$ ではりを仮想切断し，せん断力を $\overline{F}$，曲げモーメントを $\overline{M}$ とおくと，面 X_1 の左側部分の平衡条件より

$$\overline{F} - R_A = 0 \quad （y 軸方向の力の平衡） \tag{7.17}$$

$$\overline{M} - R_A x = 0 \quad （点 X_1 まわりのモーメントの平衡） \tag{7.18}$$

同様に，図7.14 (c) に示すように，$l_1 \leqq x \leqq l$ ではりを仮想切断し，せん断力を $\overline{F}$，曲げモーメントを $\overline{M}$ とおくと，面 X_2 の左側部分の平衡条件より

$$\overline{F} - R_A + P_0 = 0 \quad （y 軸方向の力の平衡） \tag{7.19}$$

$$\overline{M} - R_A x + P_0(x - l_1) = 0 \quad （点 X_2 まわりのモーメントの平衡） \tag{7.20}$$

したがって，このはりに生じるせん断力 $\overline{F}$ と曲げモーメント $\overline{M}$ は，式 (7.16)，式 (7.17)，式 (7.18)，式 (7.19)，式 (7.20) より

$$\left.\begin{aligned} \overline{F} &= \frac{P_0 l_2}{l} \quad (0 \leqq x \leqq l_1) \\ \overline{F} &= -\frac{P_0 l_1}{l} \quad (l_1 \leqq x \leqq l) \end{aligned}\right\} \tag{7.21}$$

$$\left.\begin{aligned} \overline{M} &= \frac{P_0 l_2}{l} x \quad (0 \leqq x \leqq l_1) \\ \overline{M} &= \frac{P_0 l_1}{l}(l - x) \quad (l_1 \leqq x \leqq l) \end{aligned}\right\} \tag{7.22}$$

以上のように，仮想切断を用いることによって，単純支持はりに生じるせん断力 $\overline{F}$ と曲げモーメント $\overline{M}$ を算出することができる．このとき，せん断力 $\overline{F}$ は図7.15 (a) のように図化され，曲げモーメント $\overline{M}$ は図7.15 (b) のように図化される．

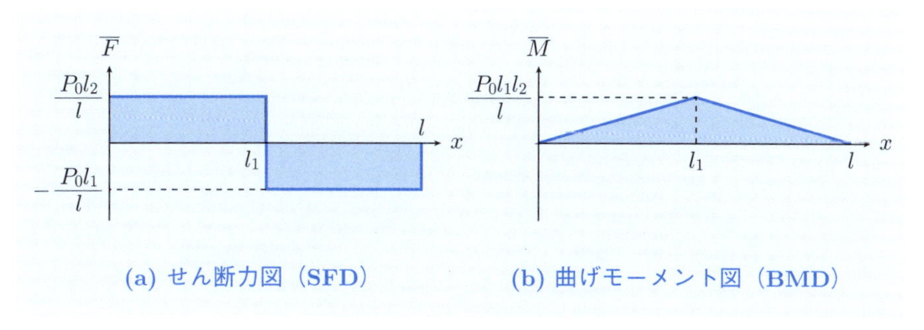

(a) せん断力図（SFD）　(b) 曲げモーメント図（BMD）

図7.15　はりに生じる内力

■ 例題7.2 ■

図7.16に示すように，片持ちはりに単位長さあたり w_0 の分布荷重を与えた．はりに生じるせん断力 $\overline{F}$ と曲げモーメント $\overline{M}$ を算出せよ．

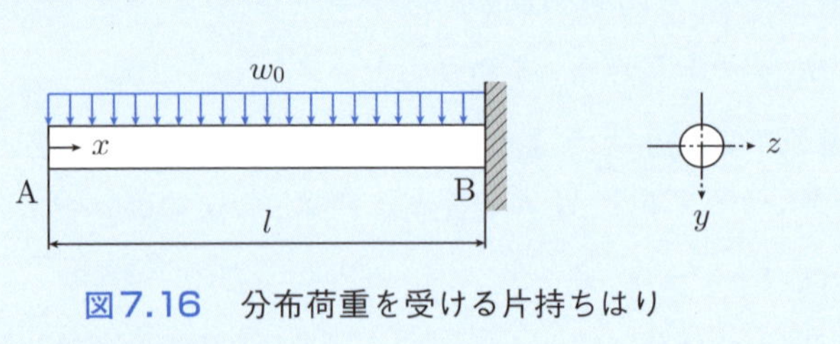

図7.16　分布荷重を受ける片持ちはり

【解答】　図7.17 (a) に示すように，分布荷重 w_0 によって点Aから距離 x にある長さ dx の微小要素に働く力 dF は

$$dF = w_0 dx \tag{a}$$

また，分布荷重 w_0 によって点Aから距離 x にある長さ dx の微小要素に働く点Aまわりのモーメント dM は

$$dM = w_0 x dx \tag{b}$$

一方，このはりに働く外力は分布荷重 w_0，固定点Bに働く反力 R_{B}，固定点Bに働く反力モーメント M_{B} であり，はり全体の平衡条件より

$$\int_0^l dF - R_{\mathrm{B}} = 0 \qquad (y\text{ 軸方向の力の平衡}) \tag{c}$$

$$\int_0^l dM - R_{\mathrm{B}} l - M_{\mathrm{B}} = 0 \quad (\text{点 A まわりのモーメントの平衡}) \tag{d}$$

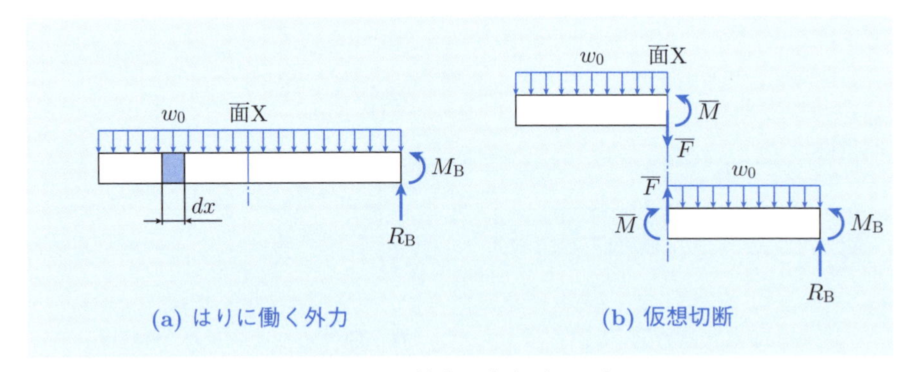

図7.17　外力と内力（FBD）

したがって，固定点 B に働く反力 R_{B} および固定点 B に働く反力モーメント M_{B} は，式 (a) および式 (c)，式 (b) および式 (d) より

$$R_{\mathrm{B}} = w_0 l, \quad M_{\mathrm{B}} = -\frac{w_0 l^2}{2} \tag{e}$$

ここで，図7.17 (b) に示すように，面 X ではりを仮想切断し，せん断力を $\overline{F}$，曲げモーメントを $\overline{M}$ とおくと，面 X の左側部分の平衡条件より

$$\overline{F} + \int_0^x dF = 0 \qquad (y \text{ 軸方向の力の平衡}) \tag{f}$$

$$\overline{M} - \int_0^x dM - \overline{F}x = 0 \qquad (\text{点 A まわりのモーメントの平衡}) \tag{g}$$

したがって，このはりに生じるせん断力 $\overline{F}$ と曲げモーメント $\overline{M}$ は，式 (a) および式 (f)，式 (b) および式 (g) より

$$\overline{F} = -w_0 x \tag{h}$$

$$\overline{M} = -\frac{w_0}{2}x^2 \tag{i}$$

このとき，せん断力 $\overline{F}$ は図7.18 (a) のように図化され，曲げモーメント $\overline{M}$ は図7.18 (b) のように図化される．

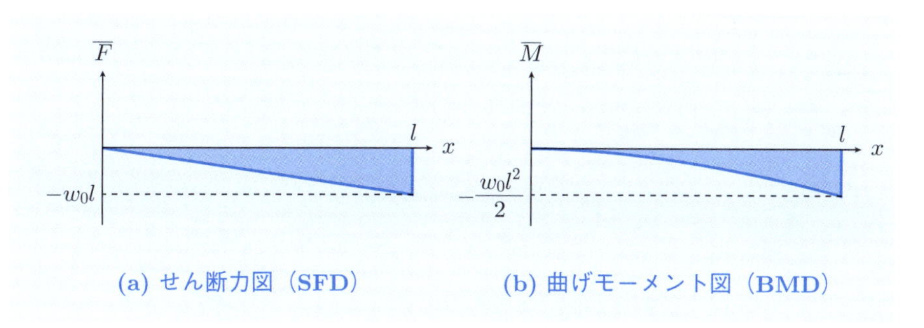

図7.18　はりに生じる内力

補足 7.1　せん断力と曲げモーメント

図7.19 (a) に示すように，単位長さあたり w の分布荷重を受けるはりに微小要素 ΔV を定義し，その平衡状態について考察してみよう．せん断力と曲げモーメントが位置 x の関数であることから，面 X_1 に生じるせん断力を $\overline{F}$，曲げモーメントを $\overline{M}$，面 X_2 に生じるせん断力を $\overline{F}+d\overline{F}$，曲げモーメントを $\overline{M}+d\overline{M}$ とおくと，微小要素 ΔV に働く外力と内力は図7.19 (b) のように与えられることになる．したがって，微小長さ dx の高次項を無視すると，微小要素 ΔV の平衡条件より

$$\overline{F}+d\overline{F}-\overline{F}+w dx=0 \quad (y\text{ 軸方向の力の平衡})$$

$$\therefore \quad \frac{d\overline{F}}{dx}=-w \tag{7.23}$$

$$\overline{M}+d\overline{M}-\overline{M}-\overline{F}dx+w\frac{dx^2}{2}=0 \quad (\text{点 } X_2 \text{ まわりのモーメントの平衡})$$

$$\therefore \quad \frac{d\overline{M}}{dx}=\overline{F} \tag{7.24}$$

すなわち，せん断力 $\overline{F}$ の変化率は分布荷重 w に，曲げモーメント $\overline{M}$ の変化率はせん断力 $\overline{F}$ に等しいことが分かる．したがって，式 (7.23) および式 (7.24) の両辺を x で積分し，積分定数を $\overline{F}_0$, $\overline{M}_0$ とおくと，分布力 w とせん断力 $\overline{F}$，せん断力 $\overline{F}$ と曲げモーメント $\overline{M}$ との間に次式のような関係が成立することになる．

$$\overline{F}=-\int_0^x w\,dx+\overline{F}_0 \tag{7.25}$$

$$\overline{M}=\int_0^x \overline{F}\,dx+\overline{M}_0 \tag{7.26}$$

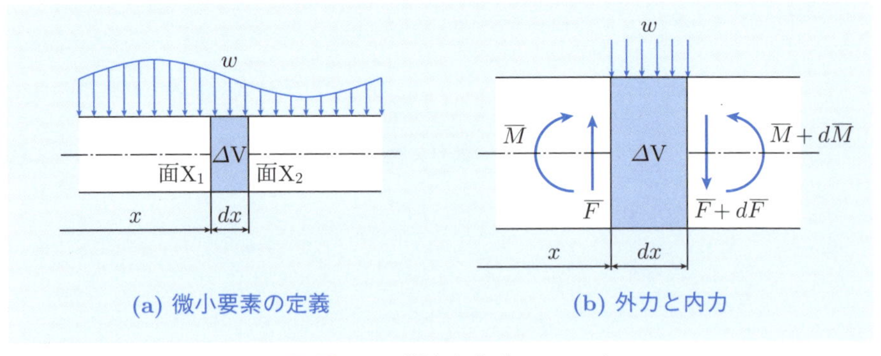

図7.19　せん断力と曲げモーメント

補足 7.2　重ね合わせの原理

図7.20 (a) に示すように，集中荷重 P_1, P_2 を受ける片持ちはりに着目し，重ね合わせの原理を用いて，このはりに生じるせん断力 $\overline{F}$ と曲げモーメント $\overline{M}$ を算出してみよう．図7.20 (b) に示すように，集中荷重 P_1 によってはりに生じるせん断力 $\overline{F}$ と曲げモーメント $\overline{M}$ について考えると，平衡条件より

$$\overline{F} = -P_1, \quad \overline{M} = -P_1 x \quad (0 \leqq x \leqq l) \tag{7.27}$$

一方，集中荷重 P_2 によってはりに生じるせん断力 $\overline{F}$ と曲げモーメント $\overline{M}$ について考えると，平衡条件より

$$\overline{F} = -P_2, \quad \overline{M} = -P_2(x - l_1) \quad (l_1 \leqq x \leqq l) \tag{7.28}$$

したがって，重ね合わせの原理を用いると，集中荷重 P_1, P_2 によって生じるせん断力 $\overline{F}$ は，式 (7.27) および式 (7.28) より

$$\begin{aligned} &\overline{F} = -P_1 && (0 \leqq x \leqq l_1) \\ &\overline{F} = -P_1 - P_2 && (l_1 \leqq x \leqq l) \end{aligned} \tag{7.29}$$

同様に，重ね合わせの原理を用いると，集中荷重 P_1, P_2 によって生じる曲げモーメント $\overline{M}$ は，式 (7.27) および式 (7.28) より

$$\begin{aligned} &\overline{M} = -P_1 x && (0 \leqq x \leqq l_1) \\ &\overline{M} = -P_1 x - P_2(x - l_1) && (l_1 \leqq x \leqq l) \end{aligned} \tag{7.30}$$

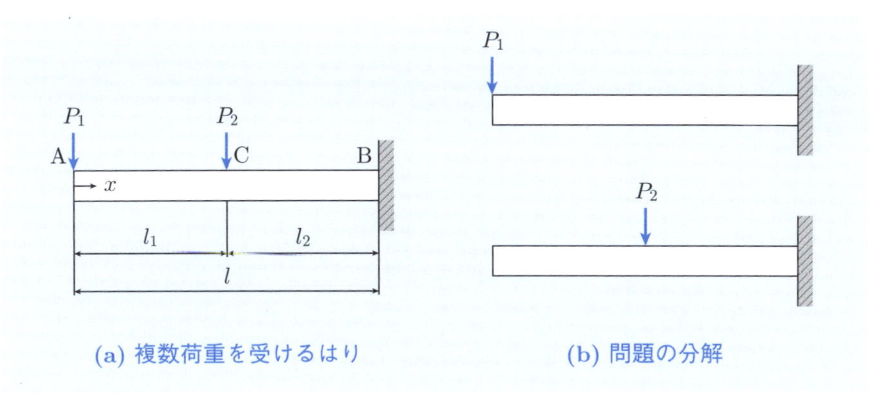

(a) 複数荷重を受けるはり　(b) 問題の分解

図7.20　重ね合わせの原理

7章の問題

□**7.1**　図１に示すように，真直はりに集中荷重 P_0 を与えた．このとき，点Ａおよび点Ｂに働く反力と反力モーメントを算出せよ．

□**7.2**　図２に示すように，片持ちはりに分布荷重 w を与えた．このとき，点Ａおよび点Ｂに働く反力と反力モーメントを算出せよ．

□**7.3**　図３に示すように，単純支持はりに分布荷重 w_0 を与えた．このとき，はりに生じるせん断力 $\overline{F}$ と曲げモーメント $\overline{M}$ を算出せよ．

□**7.4**　図４に示すように，片持ちはりにモーメント M_0 を与えた．このとき，はりに生じるせん断力 $\overline{F}$ と曲げモーメント $\overline{M}$ を算出せよ．

□**7.5**　図５に示すように，単純支持はりに集中荷重 P_1, P_2 を与えた．このとき，はりに生じるせん断力 $\overline{F}$ と曲げモーメント $\overline{M}$ を算出せよ．

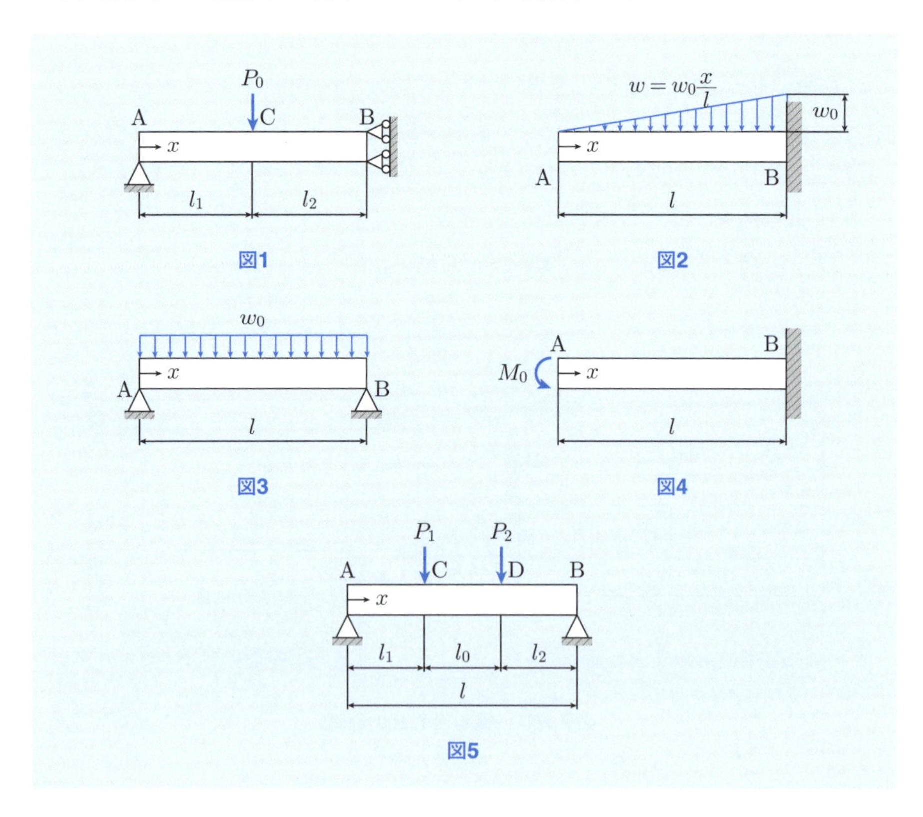

第8章

曲げによる応力と変形

第7章では，曲げによって部材に生じる内力の解析方法について学習した．この章では，さらに部材に生じる内力と応力との関係，および部材に生じる内力と変形との関係について学習する．

8.1　曲げによる応力

8.1.1　曲げによる応力

第7章で学習したように，はりにはせん断力 $\overline{F}$ と曲げモーメント $\overline{M}$ という2種類の内力が生じる．このとき，はりのスパンがはりの高さに比べて十分に大きい場合には，せん断力 $\overline{F}$ によって生じる応力を無視することができる．このことを踏まえて，ここでは，曲げモーメント $\overline{M}$ のみに着目し，はりに生じる応力について考察してみよう．最初に，図8.1に示すように，部材の形状に沿って直交座標系 x-y-z を定義すると，曲げによって部材中の任意点Pに生じる垂直応力 $\sigma_x, \sigma_y, \sigma_z$ とせん断応力 $\tau_{xy} = \tau_{yx}, \tau_{yz} = \tau_{zy}, \tau_{zx} = \tau_{xz}$ は，外力の作用点から十分に離れた位置では，次式のように近似できる．

$$\begin{aligned} &\sigma_x \equiv \sigma_B, && \sigma_y = 0, && \sigma_z = 0 \\ &\tau_{xy} = \tau_{yx} = 0, && \tau_{yz} = \tau_{zy} = 0, && \tau_{zx} = \tau_{xz} = 0 \end{aligned} \tag{8.1}$$

このとき，図8.2に示すように，x 軸を法線とする任意の面Xにおいて，垂直応力 σ_x は y に対して線形に分布すると近似でき，はりの上面と下面とで垂直

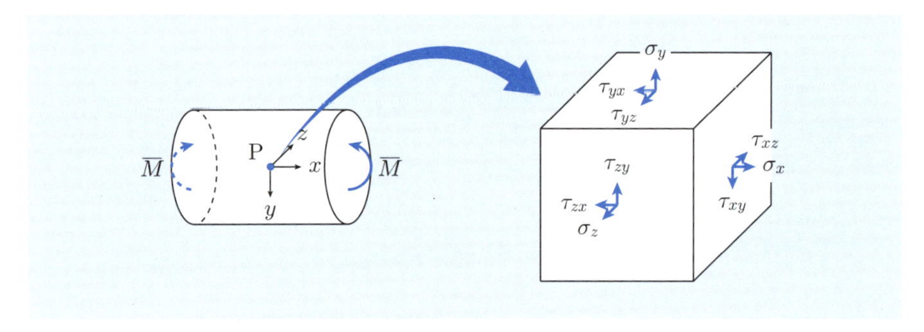

図8.1　微小六面体に生じる応力

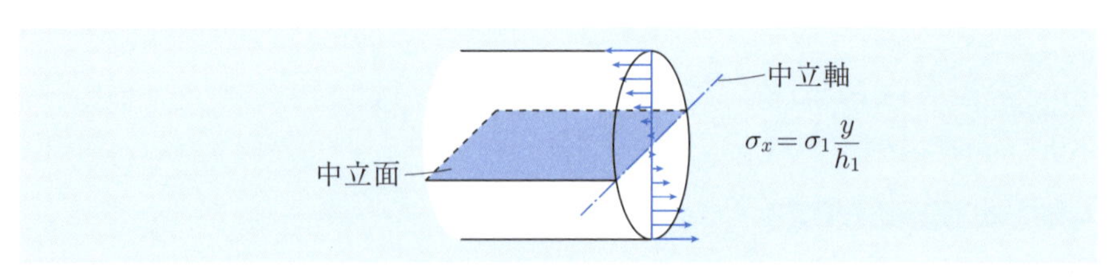

図8.2　垂直応力 $\boldsymbol{\sigma_x}$ の分布

応力 σ_x の正負が反転する．すなわち，y 軸を法線とし $\sigma_x = 0$ となる面が存在することになる．このような面を**中立面**（neutral plane），中立面と面 X との交線を**中立軸**（neutral axis）と呼ぶ．ここで，y 軸の原点を中立面上にとると，面 X に生じる垂直応力 σ_x は

$$\sigma_x = \sigma_1 \frac{y}{h_1} \tag{8.2}$$

一方，面 X に生じる曲げモーメント $\overline{M}$ は，垂直応力 σ_x が生じる中立軸まわりのモーメントと等価であり，面 X の面積 A を用いて

$$\overline{M} \equiv \overline{M}_z = \int_A \sigma_x y \, dA \tag{8.3}$$

ただし，h_1 は中立面からはりの下面までの距離であり，σ_1 ははりの下面における垂直応力 σ_x の値である．式 (8.2) を式 (8.3) に代入し整理すると

$$\overline{M} \equiv \overline{M}_z = \int_A \frac{\sigma_1}{h_1} y^2 \, dA = \frac{\sigma_1}{h_1} \int_A y^2 \, dA = \frac{\sigma_1}{h_1} I \tag{8.4}$$

ただし，I は**断面二次モーメント**（second moment of area）と呼ばれる物理量であり，次式のように面 X の形状のみによって決まる．

$$I \equiv I_z = \int_A y^2 \, dA \tag{8.5}$$

ここで，あらためて垂直応力 σ_x を σ_B と表記し，式 (8.2) および式 (8.4) から σ_1 を消去すると，曲げによってはりに生じる垂直応力 σ_B（**曲げ応力**：bending stress）は，面 X に生じる曲げモーメント $\overline{M}$ と面 X の断面二次モーメント I を用いて，次式のように与えられることになる．

$$\sigma_B = \frac{\overline{M}}{I} y \quad \left(\sigma_x = \frac{\overline{M}_z}{I_z} y \right) \quad \cdots \text{曲げによる垂直応力} \tag{8.6}$$

このとき，曲げ応力 σ_B の最大値 $\sigma_{\max}$ および最小値 $\sigma_{\min}$ は，はりの下面（$y = h_1$）または上面（$y = -h_2$）で生じることになり

$$\sigma_{\max} = \frac{\overline{M}}{I} h_1 = \frac{\overline{M}}{Z_1}, \quad \sigma_{\min} = -\frac{\overline{M}}{I} h_2 = -\frac{\overline{M}}{Z_2} \tag{8.7}$$

ただし，Z_1 および Z_2 は**断面係数**（modulus of section）と呼ばれる物理量であり，次式のように面 X の形状のみによって決まる．

$$Z_1 = \frac{I}{h_1}, \quad Z_2 = \frac{I}{h_2} \tag{8.8}$$

なお，断面形状が幅 b，高さ h の矩形の場合，半径 a の円形の場合には，断面二次モーメント I および断面係数 Z は次式のように与えられる．

$$I = \frac{bh^3}{12}, \quad Z = \frac{bh^2}{6} \quad \text{（矩形断面）} \tag{8.9}$$

$$I = \frac{\pi a^4}{4}, \quad Z = \frac{\pi a^3}{4} \quad \text{（円形断面）} \tag{8.10}$$

8.1.2　断面二次モーメント

上述のように，はりに生じる曲げ応力 σ_B は，仮想断面に生じる曲げモーメント $\overline{M}$ と仮想断面の断面二次モーメント I によって決定される．したがって，曲げを受ける構造を設計する上で，部材の断面形状を適切に設計することはきわめて重要である．ここでは，はりの断面形状について考察してみよう．最初に，図8.3に示すように，部材の軸線を法線とする面Xではりを仮想切断し，面Xの中立軸 z_0 に沿って z 軸，面Xの対称軸 y_0 に沿って y 軸，部材の軸線と平行に x 軸を定義すると，面Xに生じる軸力 $\overline{N}$ は，垂直応力 σ_x が生じる x 軸方向の力と等価であり，面Xの面積Aを用いて

$$\overline{N} \equiv \overline{F}_x = \int_A \sigma_x \, dA \tag{8.11}$$

一方，曲げモーメント $\overline{M}$ によって面Xに生じる垂直応力 σ_x は，式 (8.2) のように分布すると近似できることから

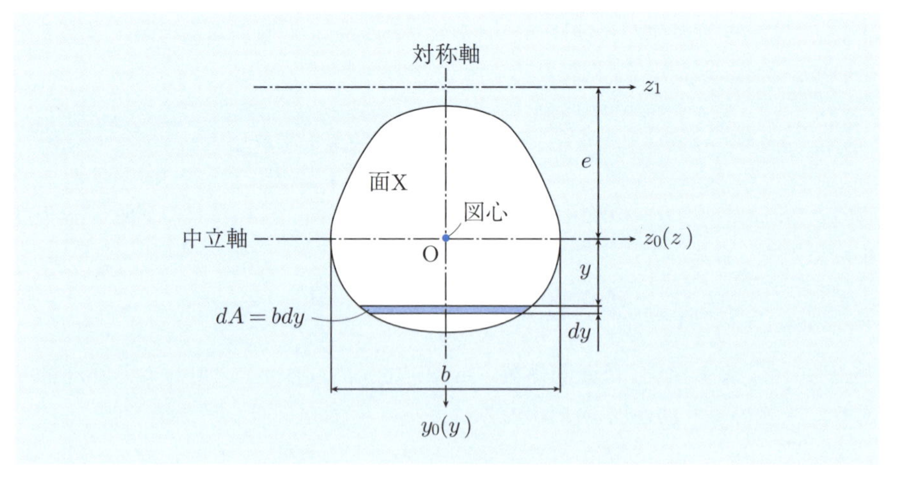

図8.3　はりの断面形状と中立軸

$$\overline{N} \equiv \overline{F}_x = \int_A \frac{\sigma_1}{h_1} y\, dA = \frac{\sigma_1}{h_1} \int_A y\, dA = \frac{\sigma_1}{h_1} S \tag{8.12}$$

ただし，S は**断面一次モーメント**（first moment of area）と呼ばれる物理量であり，次式のように面 X の形状のみによって決まる．

$$S \equiv S_z = \int_A y\, dA \tag{8.13}$$

ここで，はりに生じる内力はせん断力 $\overline{F}$ と曲げモーメント $\overline{M}$ のみであり，軸力 $\overline{N} = 0$ であることを考慮すると，式 (8.12) より $S = 0$ となる．したがって，中立軸とは，断面一次モーメントを 0 にする軸，すなわち，断面の図心（平面図形の重心）を通る軸であることが分かる．ここで，中立軸 z_0 まわりの断面一次モーメントをあらためて S_0 とおき，中立軸 z_0 と距離 e だけ離れた任意軸 z_1 まわりの断面一次モーメントを S_1 とおくと

$$S_0 = \int_A y\, dA = 0 \tag{8.14}$$

$$S_1 = \int_A (y + e)\, dA = \int_A y\, dA + e \int_A dA \tag{8.15}$$

このとき，任意軸 z_1 まわりの断面一次モーメント S_1 は，中立軸 z_0 まわりの断面一次モーメント S_0 を用いて

$$S_1 = S_0 + eA = eA \tag{8.16}$$

したがって，任意軸 z_1 から中立軸 z_0 までの距離 e は，基準軸 z_1 まわりの断面一次モーメント S_1 と面積 A を用いて

$$e = \frac{S_1}{A} \tag{8.17}$$

同様に，中立軸 z_0 まわりの断面二次モーメントを I_0 とおき，中立軸 z_0 と距離 e だけ離れた任意軸 z_1 まわりの断面二次モーメントを I_1 とおくと

$$I_0 = \int_A y^2\, dA \tag{8.18}$$

$$I_1 = \int_A (y + e)^2\, dA = \int_A y^2\, dA + 2e \int_A y\, dA + e^2 \int_A dA \tag{8.19}$$

したがって，任意軸 z_1 まわりの断面二次モーメント I_1 は，中立軸 z_0 まわりの断面二次モーメント I_0 を用いて，次式のように与えられることになる．

$$I_1 = I_0 + e^2 A \quad \cdots \text{平行軸の定理} \tag{8.20}$$

これを**平行軸の定理**（parallel axis theorem）と呼ぶ．上式から明らかなように，断面二次モーメント I は基準軸が中立軸と一致するときに最小となる．

例題8.1

図8.4に示すように，T 型断面のはりがある．このとき，中立軸 z_0 の位置 e_1 および中立軸 z_0 まわりの断面二次モーメント I_0 を算出せよ．

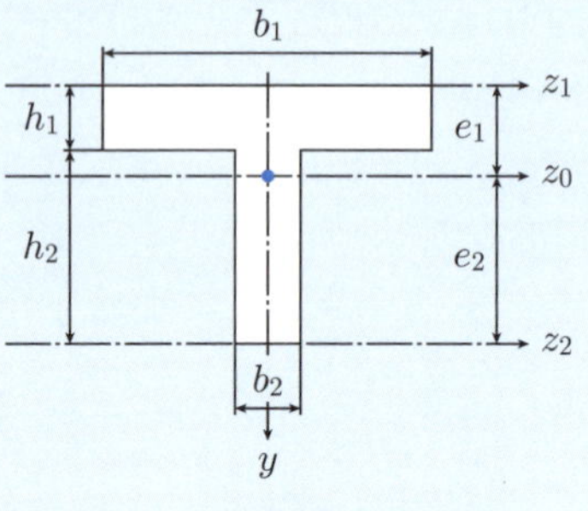

図8.4　T 型断面と中立軸

【解答】　T 型断面の上端に沿って z_1 軸を定義すると，z_1 軸まわりの断面一次モーメント S_1 および T 型断面の面積 A は

$$S_1 = \int_A y\,dA = \int_0^{h_1} b_1 y\,dy + \int_{h_1}^{h_1+h_2} b_2 y\,dy = \frac{b_1h_1^2 + 2b_2h_1h_2 + b_2h_2^2}{2} \tag{a}$$

$$A = \int_A dA = \int_0^{h_1} b_1\,dy + \int_{h_1}^{h_1+h_2} b_2\,dy = b_1h_1 + b_2h_2 \tag{b}$$

したがって，式 (a) および式 (b) を式 (8.17) に代入すると，z_1 軸から z_0 軸までの距離 e_1 は

$$e_1 = \frac{S_1}{A} = \frac{b_1h_1^2 + 2b_2h_1h_2 + b_2h_2^2}{2(b_1h_1 + b_2h_2)} \tag{c}$$

このとき，T 型断面の下端に沿って z_2 軸を定義すると，z_2 軸から z_0 軸までの距離 e_2 は

$$e_2 = h_1 + h_2 - e_1 = \frac{b_1h_1^2 + 2b_1h_1h_2 + b_2h_2^2}{2(b_1h_1 + b_2h_2)} \tag{d}$$

ここで，図8.5に示すように，T 型断面を図形 X_A と図形 X_B に分割すると，それぞれの図形の z_0 軸まわりの断面二次モーメント I_A, I_B は

$$I_A = I_{A0} + e_A^2 A_A, \quad I_B = I_{B0} + e_B^2 A_B \tag{e}$$

ただし，I_{A0} および A_A は図形 X_A 単体に着目した場合の中立軸 z_A まわりの断面二次モーメントおよび面積，I_{B0} および A_B は図形 X_B 単体に着目した場合の中立軸 z_B まわりの断面二次モーメントおよび面積であり，各部の寸法を考慮し式 (8.9) を用いると

$$I_{A0} = \frac{b_1 h_1^3}{12}, \quad A_A = b_1 h_1, \quad I_{B0} = \frac{b_2 h_2^3}{12}, \quad A_B = b_2 h_2 \tag{f}$$

また，z_A 軸と z_0 軸との距離を e_A，z_B 軸と z_0 軸との距離を e_B とおくと，式 (c) および式 (d) より

$$e_A = e_1 - \frac{h_1}{2} = \frac{b_2 h_2 (h_1 + h_2)}{2(b_1 h_1 + b_2 h_2)} \tag{g}$$

$$e_B = e_2 - \frac{h_2}{2} = \frac{b_1 h_1 (h_1 + h_2)}{2(b_1 h_1 + b_2 h_2)} \tag{h}$$

ここで，T 型断面全体に対する z_0 軸まわりの断面二次モーメント I_0 が，図形 X_A に対する z_0 軸まわりの断面二次モーメント I_A と図形 X_B に対する z_0 軸まわりの断面二次モーメント I_B との和となることを考慮し，式 (f)，式 (g)，式 (h) を式 (e) に代入し整理すると

$$I_0 = I_A + I_B = \frac{b_1 h_1^3 + b_2 h_2^3}{12} + \frac{b_1 h_1 b_2 h_2 (h_1 + h_2)^2}{4(b_1 h_1 + b_2 h_2)} \tag{i}$$

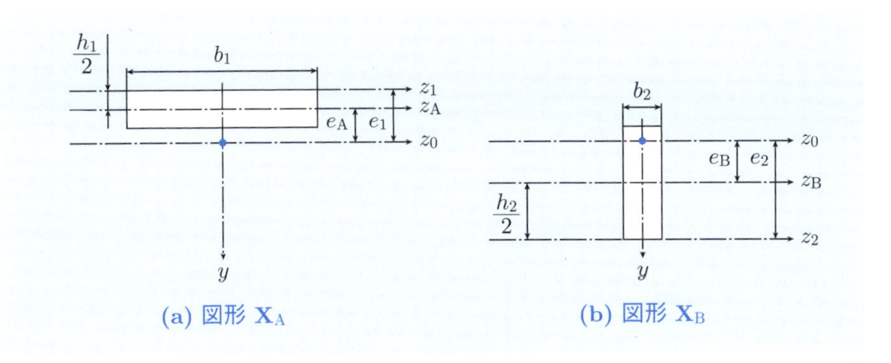

図8.5　T 型断面の分割

8.2 曲げによる変形

8.2.1 曲げによる変形

第7章で学習したように，はりにはせん断力 $\overline{F}$ と曲げモーメント $\overline{M}$ という2種類の内力が生じる．このとき，はりのスパンがはりの高さに比べて十分に大きい場合には，せん断力 $\overline{F}$ によって生じる変形を無視することができる．このことを踏まえて，ここでは，曲げモーメント $\overline{M}$ のみに着目し，はりに生じる変形について考察してみよう．最初に，図8.1に示すように，部材の形状に沿って直交座標系 x-y-z を定義し，式(8.1)に応力–ひずみ関係式を適用すると，曲げによって部材中の任意点Pに生じる垂直ひずみ ε_x, ε_y, ε_z とせん断ひずみ $\gamma_{xy}=\gamma_{yx}$, $\gamma_{yz}=\gamma_{zy}$, $\gamma_{zx}=\gamma_{xz}$ は

$$\begin{aligned}&\varepsilon_x=\frac{\sigma_B}{E}, \qquad \varepsilon_y=-\nu\frac{\sigma_B}{E}, \qquad \varepsilon_z=-\nu\frac{\sigma_B}{E}\\&\gamma_{xy}=\gamma_{yx}=0, \quad \gamma_{yz}=\gamma_{zy}=0, \quad \gamma_{zx}=\gamma_{xz}=0\end{aligned} \tag{8.21}$$

ここで，y 軸の原点を中立面上にとり，式(8.6)を式(8.21)に代入すると，はりに生じる垂直ひずみ ε_x は

$$\varepsilon_x=\frac{\overline{M}}{EI}y \tag{8.22}$$

このとき，部材全体の変形は図8.6のようになり，x 軸を法線とする任意の面Xは変形後も平面を維持し x 軸に直交する．また，x 軸に沿って定義した長さ dx の微小要素の変形は図8.7のようになり，中立面上で $\varepsilon_x=0$ であることを考慮すると，垂直ひずみ ε_x は中立面の曲率半径 ρ を用いて

$$\varepsilon_x=\frac{(dx+du)-dx}{dx}=\frac{(\rho+y)d\theta-\rho d\theta}{\rho d\theta}=\frac{y}{\rho} \tag{8.23}$$

一方，はりに生じる変形を中立面のたわみ v で代表させると，はりに生じる変形は $y=v(x)$ という曲線で表現できることになり，これを**たわみ曲線**（deflection

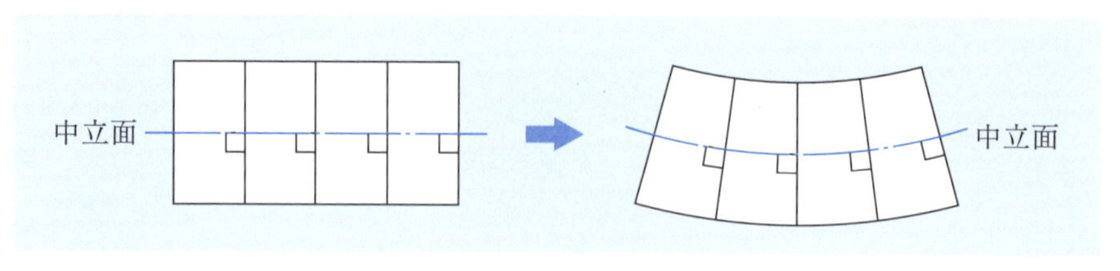

図8.6 曲げによるはりの変形

curve）と呼ぶ．このとき，図8.8に示すように，関数 v の一次導関数 dv/dx は曲線 $y=v(x)$ の勾配 α を表し，はりの曲げ変形におけるたわみ角 i と等価である．また，曲線の勾配 α が十分に小さい場合には，関数 v の二次導関数 d^2v/dx^2 は曲線 $y=v(x)$ の曲率 κ を表し，はりの曲げ変形における曲率半径 ρ の逆数と等価である．ここで，導関数 d^2v/dx^2 の数学的な正負と曲率 κ あるいは曲率半径 ρ の材料力学的な正負が逆であることに留意すると

$$\frac{dv}{dx}=i \tag{8.24}$$

$$\frac{d^2v}{dx^2}=-\kappa=-\frac{1}{\rho} \tag{8.25}$$

したがって，式 (8.22) および式 (8.23) を式 (8.25) に代入し整理すると，たわみ v が満たすべき微分方程式は次式のように与えられることになる．

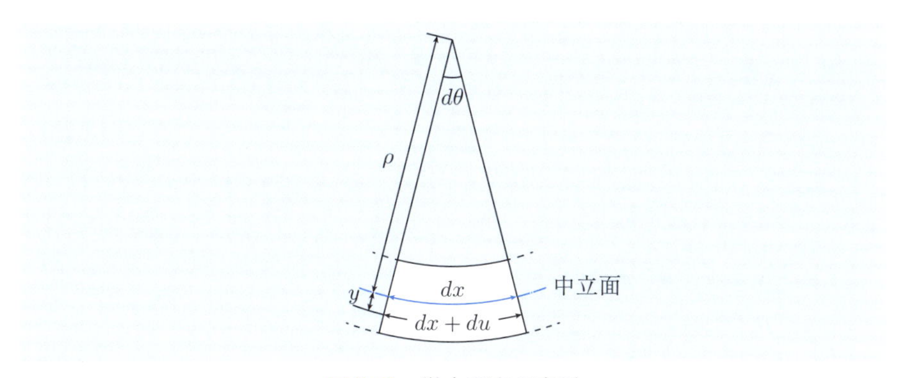

図8.7　微小要素の変形

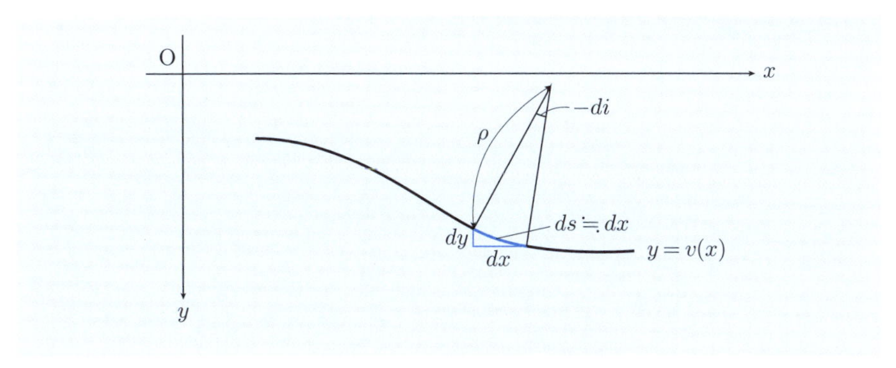

図8.8　はりのたわみ曲線

$$\frac{d^2v}{dx^2} = -\frac{\overline{M}}{EI} \quad \cdots \text{たわみ曲線の微分方程式} \tag{8.26}$$

ここで，EI は曲げに対する部材の変形抵抗を表しており，**曲げ剛性**（flexural rigidity）と呼ばれる．

8.2.2 静定はりの変形

図8.9に示すように，集中荷重 P_0 を受ける片持ちはりに着目し，このはりに生じるたわみ角 i とたわみ v を算出してみよう．最初に，点Aを原点として部材の軸線に沿って x 軸，集中荷重 P_0 と平行に y 軸を定義すると，このはりに生じる曲げモーメント $\overline{M}$ は，7.2.1項の結果より

$$\overline{M} = -P_0 x \tag{8.27}$$

したがって，式(8.27)を式(8.26)に代入すると，次式のようなたわみ曲線の微分方程式を得ることができる．

$$\frac{d^2v}{dx^2} = -\frac{\overline{M}}{EI} = \frac{P_0}{EI}x \tag{8.28}$$

ここで，式(8.28)の両辺を x で積分し，積分定数を C_1, C_2 とおくと，はりに生じるたわみ角 i とたわみ v は

$$i = \frac{dv}{dx} - \frac{P_0}{2EI}x^2 + C_1 \tag{8.29}$$

$$v = \frac{P_0}{6EI}x^3 + C_1 x + C_2 \tag{8.30}$$

一方，点B（$x = l$）は固定点（$i = 0, v = 0$）であることから，点Bに生じるたわみ角を i_{B}，点Bに生じるたわみを v_{B} とおくと

$$i_{\mathrm{B}} = \frac{P_0}{2EI}l^2 + C_1 = 0 \tag{8.31}$$

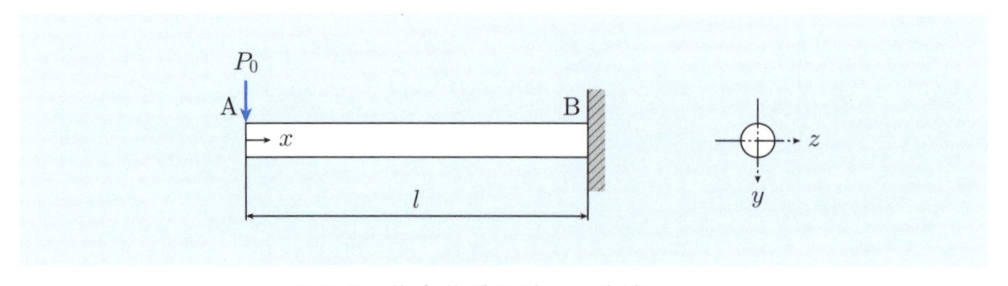

図8.9 集中荷重を受ける片持ちはり

$$v_{\mathrm{B}} = \frac{P_0}{6EI}l^3 + C_1 l + C_2 = 0 \tag{8.32}$$

したがって，これらの式より積分定数 C_1, C_2 を決定し，式 (8.29) および式 (8.30) に代入すると，はりに生じるたわみ角 i とたわみ v は

$$i = \frac{P_0}{2EI}x^2 - \frac{P_0 l^2}{2EI} \tag{8.33}$$

$$v = \frac{P_0}{6EI}x^3 - \frac{P_0 l^2}{2EI}x + \frac{P_0 l^3}{3EI} \tag{8.34}$$

このとき，たわみ v は点 A（$x = 0$）において最大値 $v_{\max}$ をとることになり，式 (8.34) において $x = 0$ とおくと

$$v_{\max} = \frac{P_0 l^3}{3EI} \tag{8.35}$$

図8.10に示すように，集中荷重 P_0 を受ける単純支持はりに着目し，このはりに生じるたわみ角 i とたわみ v を算出してみよう．最初に，点 A を原点として部材の軸線に沿って x 軸，集中荷重 P_0 と平行に y 軸を定義すると，このはりに生じる曲げモーメント $\overline{M}$ は，7.2.2 項の結果より

$$\begin{aligned} \overline{M} &= \frac{P_0 l_2}{l}x \qquad (0 \leqq x \leqq l_1) \\ \overline{M} &= \frac{P_0 l_1}{l}(l - x) \qquad (l_1 \leqq x \leqq l) \end{aligned} \tag{8.36}$$

したがって，式 (8.36) を式 (8.26) に代入すると，次式のようなたわみ曲線の微分方程式を得ることができる．

$$\begin{aligned} \frac{d^2 v}{dx^2} &= -\frac{\overline{M}}{EI} = -\frac{P_0 l_2}{EIl}x \qquad (0 \leqq x \leqq l_1) \\ \frac{d^2 v}{dx^2} &= -\frac{\overline{M}}{EI} = -\frac{P_0 l_1}{EIl}(l - x) \qquad (l_1 \leqq x \leqq l) \end{aligned} \tag{8.37}$$

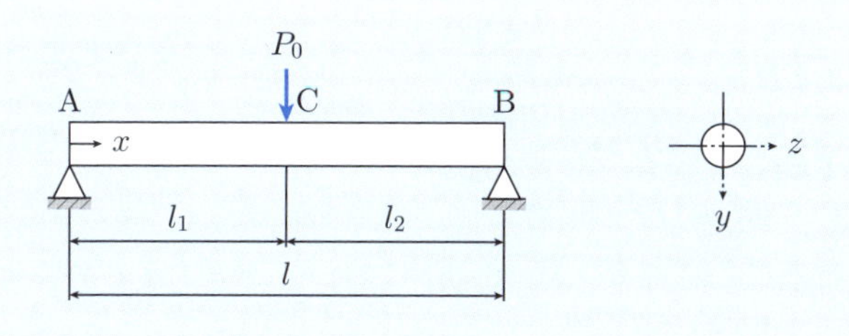

図8.10 集中荷重を受ける単純支持はり

ここで，式 (8.37) の両辺を x で積分し，積分定数を C_1, C_2, C_3, C_4 とおくと，はりに生じるたわみ角 i とたわみ v は

$$\begin{aligned} i &= \frac{dv}{dx} = -\frac{P_0 l_2}{2EIl}x^2 + C_1 \qquad (0 \leqq x \leqq l_1) \\ i &= \frac{dv}{dx} = \frac{P_0 l_1}{2EIl}(l-x)^2 + C_2 \qquad (l_1 \leqq x \leqq l) \end{aligned} \tag{8.38}$$

$$\begin{aligned} v &= -\frac{P_0 l_2}{6EIl}x^3 + C_1 x + C_3 \qquad (0 \leqq x \leqq l_1) \\ v &= -\frac{P_0 l_1}{6EIl}(l-x)^3 - C_2(l-x) + C_4 \qquad (l_1 \leqq x \leqq l) \end{aligned} \tag{8.39}$$

一方，点A（$x=0$）および点B（$x=l$）は支持点（$v=0$）であることから，点Aに生じるたわみを v_{A}，点Bに生じるたわみを v_{B} とおくと

$$v_{\mathrm{A}} = -\frac{P_0 l_2}{6EIl}\cdot 0^3 + C_1\cdot 0 + C_3 = 0 \qquad \therefore \quad C_3 = 0 \tag{8.40}$$

$$v_{\mathrm{B}} = -\frac{P_0 l_1}{6EIl}\cdot 0^3 - C_2\cdot 0 + C_4 = 0 \qquad \therefore \quad C_4 = 0 \tag{8.41}$$

また，点C（$x=l_1$）においてたわみ角 i およびたわみ角 v が連続であることから，点Cに生じるたわみ角を i_{C}，点Cに生じるたわみを v_{C} とおくと

$$i_{\mathrm{C}} = -\frac{P_0 l_2}{2EIl}l_1^2 + C_1 = \frac{P_0 l_1}{2EIl}l_2^2 + C_2 \tag{8.42}$$

$$v_{\mathrm{C}} = -\frac{P_0 l_2}{6EIl}l_1^3 + C_1 l_1 = -\frac{P_0 l_1}{6EIl}l_2^3 - C_2 l_2 \tag{8.43}$$

したがって，これらの式より積分定数 C_1, C_2, C_3, C_4 を決定し，式 (8.38) および式 (8.39) に代入すると，はりに生じるたわみ角 i とたわみ v は，

$$\begin{aligned} i &= -\frac{P_0 l_2}{2EIl}x^2 + \frac{P_0 l_1 l_2 (l+l_2)}{6EIl} \qquad (0 \leqq x \leqq l_1) \\ i &= \frac{P_0 l_1}{2EIl}(l-x)^2 - \frac{P_0 l_1 l_2 (l+l_1)}{6EIl} \qquad (l_1 \leqq x \leqq l) \end{aligned} \tag{8.44}$$

$$\begin{aligned} v &= -\frac{P_0 l_2}{6EIl}x^3 + \frac{P_0 l_1 l_2 (l+l_2)}{6EIl}x \qquad (0 \leqq x \leqq l_1) \\ v &= -\frac{P_0 l_1}{6EIl}(l-x)^3 + \frac{P_0 l_1 l_2 (l+l_1)}{6EIl}(l-x) \qquad (l_1 \leqq x \leqq l) \end{aligned} \tag{8.45}$$

このとき，$l_1 = l_2 = l/2$ の場合には，たわみ v は点C（$x = l/2$）において最大値 $v_{\max}$ をとることになり，式 (8.45) において $x = l/2$ とおくと

$$v_{\max} = \frac{P_0 l^3}{48EI} \tag{8.46}$$

例題8.2

図8.11に示すように，片持ちはりに単位長さあたり w_0 の分布荷重を与えた．はりに生じるたわみ角 i とたわみ v を算出せよ．

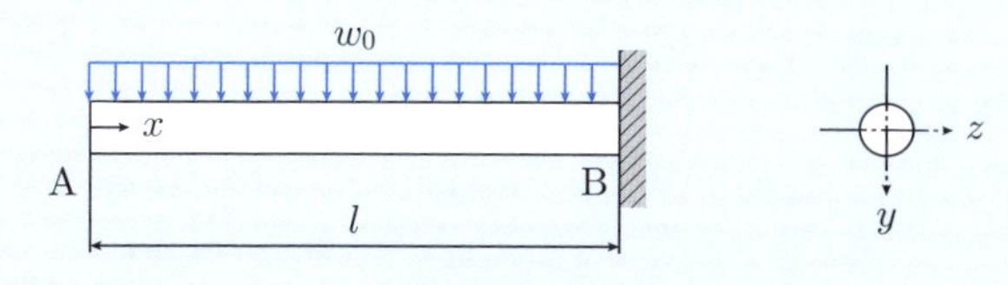

図8.11　分布荷重を受ける片持ちはり

【解答】　点Aを原点として x 軸を定義すると，分布荷重 w_0 によってはりに生じる曲げモーメント $\overline{M}$ は，例題7.2の結果より

$$\overline{M} = -\frac{w_0}{2}x^2 \tag{a}$$

したがって，式(a)を式(8.26)に代入すると，次式のようなたわみ曲線の微分方程式を得ることができる．

$$\frac{d^2v}{dx^2} = -\frac{\overline{M}}{EI} = \frac{w_0}{2EI}x^2 \tag{b}$$

ここで，式(b)の両辺を x で積分し，積分定数を C_1, C_2 とおくと，はりに生じるたわみ角 i とたわみ v は

$$i = \frac{dv}{dx} = \frac{w_0}{6EI}x^3 + C_1 \tag{c}$$

$$v = \frac{w_0}{24EI}x^4 + C_1x + C_2 \tag{d}$$

一方，点B（$x = l$）は固定点（$i = 0, v = 0$）であることから，点Bに生じるたわみ角を i_B，点Bに生じるたわみを v_B とおくと

$$i_\mathrm{B} = \frac{w_0}{6EI}l^3 + C_1 = 0 \tag{e}$$

$$v_\mathrm{B} = \frac{w_0}{24EI}l^4 + C_1l + C_2 = 0 \tag{f}$$

したがって，これらの式より積分定数 C_1, C_2 を決定し，式(c)および式(d)に代入すると，はりに生じるたわみ角 i とたわみ v は

$$i = \frac{w_0}{6EI}x^3 - \frac{w_0l^3}{6EI} \tag{g}$$

$$v = \frac{w_0}{24EI}x^4 - \frac{w_0l^3}{6EI}x + \frac{w_0l^4}{8EI} \tag{h}$$

■

補足8.1　せん断力による応力

8.1節では，曲げモーメント $\overline{M}$ を力学的に等価な垂直応力 σ_x に置換することによって，はりに生じる垂直応力 σ_x を算出した．ここでは，せん断力 $\overline{F}$ を力学的に等価なせん断応力 τ_{xy} に置換することによって，はりに生じるせん断応力 τ_{xy} を算出してみよう．図8.12 (a) に示すように，矩形断面はりに微小要素 $\varDelta$V を定義すると，せん断力 $\overline{F}$ と曲げモーメント $\overline{M}$ が位置 x の関数であることから，微小要素 $\varDelta$V の各面に生じる内力は図中に示すように与えられる．一方，図8.12 (b) に示すように，微小要素 $\varDelta$V の一部にはりの下面を含む微小要素 $\varDelta$v を定義すると，せん断力 $\overline{F}$ はせん断応力 τ_{xy} に，曲げモーメント $\overline{M}$ は垂直応力 σ_x に置換できることから，微小要素 $\varDelta$v の各面に生じる応力の x 方向成分は図中に示すように与えられる．したがって，微小要素 $\varDelta$v の平衡条件より

$$\int_y^{h/2}\left(\sigma_x+\frac{\partial\sigma_x}{\partial x}dx\right)b\,dy-\int_y^{h/2}\sigma_x b\,dy-\tau_{xy}b\,dx=0 \tag{8.47}$$

ここで，式 (8.6) を式 (8.47) に代入すると，矩形断面はりに生じるせん断応力 τ_{xy} は，曲げモーメント $\overline{M}$ と断面二次モーメント I を用いて

$$\tau_{xy}=\int_y^{h/2}\frac{\partial\sigma_x}{\partial x}dy=\int_y^{h/2}\frac{\partial}{\partial x}\left(\frac{\overline{M}}{I}y\right)dy=\frac{1}{I}\int_y^{h/2}\frac{\partial\overline{M}}{\partial x}y\,dy \tag{8.48}$$

したがって，式 (7.24) を式 (8.48) に代入すると，矩形断面はりに生じるせん断応力 τ_{xy} は，せん断力 $\overline{F}$ と断面積 A を用いて，次式のように与えられることになる．

$$\tau_{xy}=\frac{1}{I}\int_y^{h/2}\frac{\partial\overline{M}}{\partial x}y\,dy=\frac{1}{I}\int_y^{h/2}\overline{F}y\,dy=\frac{3\overline{F}}{2A}\left(1-\frac{4y^2}{h^2}\right) \tag{8.49}$$

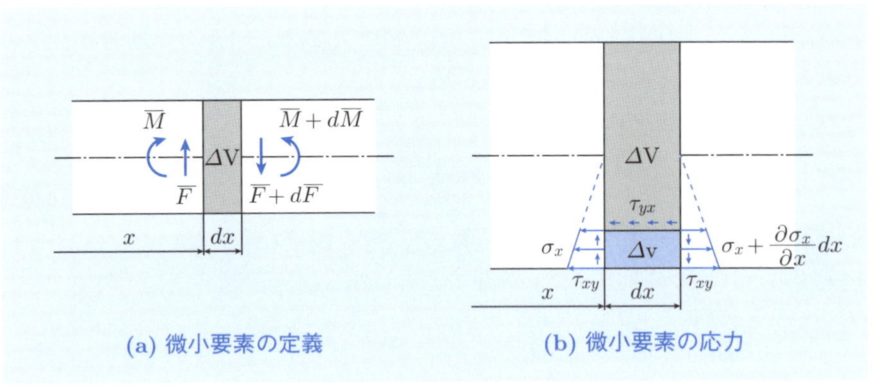

図8.12　せん断力による応力

補足 8.2　せん断力による変形

8.2 節では，曲げモーメント $\overline{M}$ によって生じる曲率 $1/\rho$ に着目することによって，はりに生じるたわみ v を算出した．ここでは，せん断力 $\overline{F}$ によって生じるせん断ひずみ γ_{xy} に着目することによって，はりに生じるたわみ v を算出してみよう．式 (8.49) から分かるように，矩形断面はりに生じるせん断応力 τ_{xy} は，中立面からの距離 y に対して放物線状に分布し，中立面（$y=0$）において最大値 $\tau_{\max}$ をとる．ここで，あらためて中立面に生じるせん断応力を $\tau_{\max}=\tau_S$ とおくと

$$\tau_S = \frac{3\overline{F}}{2A} \tag{8.50}$$

ここで，式 (8.50) に応力–ひずみ関係式を適用すると，中立面に生じるせん断ひずみ γ_S は，せん断弾性係数 G を用いて

$$\gamma_S = \frac{\partial v}{\partial x} + \frac{\partial u}{\partial y} = \frac{3\overline{F}}{2GA} \tag{8.51}$$

さらに，中立面において $\partial u/\partial y = 0$ と近似すると，矩形断面はりに生じるたわみ v が満たすべき微分方程式は

$$\frac{\partial v}{\partial x} = \frac{3\overline{F}}{2GA} \tag{8.52}$$

曲げモーメント $\overline{M}$ によって生じる応力と変形，せん断力 $\overline{F}$ によって生じる応力と変形をまとめると，それぞれ図8.13 (a) および図8.13 (b) のように表される．例えば，自由端に集中荷重を受ける矩形断面の片持ちはりでは，スパン l と高さ h との比 $l/h=10$ に対して，せん断力 $\overline{F}$ によるたわみの最大値 v_S と曲げモーメント $\overline{M}$ によるたわみの最大値 v_B との比は $v_S/v_B = 3Eh^2/8Gl^2 \simeq 0.010$ となり，曲げモーメント $\overline{M}$ の寄与に比べてせん断力 $\overline{F}$ の寄与が著しく小さいことが分かる．

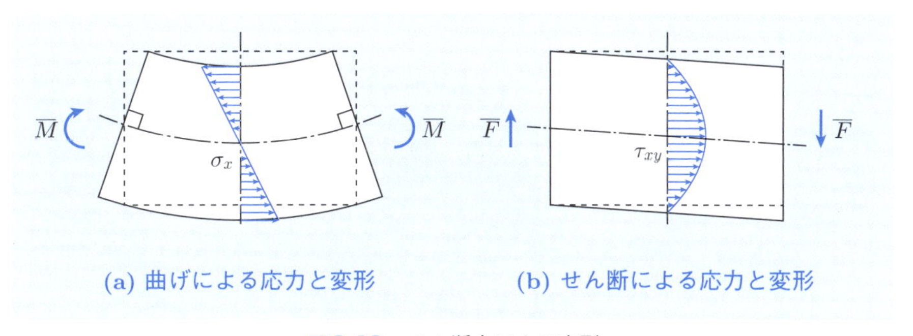

図8.13　せん断力による変形

8章の問題

□**8.1**　図 1 に示すように，半円形断面のはりがある．このとき，中立軸 z_0 の位置 e_0 および中立軸 z_0 まわりの断面二次モーメント I_0 を算出せよ．

□**8.2**　図 2 に示すように，片持ちはりに集中荷重 P_0 を与えた．このとき，はりの上下面に生じる曲げ応力 σ_B が一様となるように高さ h を決定せよ．

□**8.3**　図 3 に示すように，単純支持はりに分布荷重 w_0 を与えた．このとき，はりに生じるたわみ角 i とたわみ v を算出せよ．

□**8.4**　図 4 に示すように，片持ちはりにモーメント M_0 を与えた．このとき，はりに生じるたわみ角 i とたわみ v を算出せよ．

□**8.5**　図 5 に示すように，単純支持はりに集中荷重 P_0 を与えた．このとき，はりに生じるたわみ v の最大値 v_{max} を算出せよ．

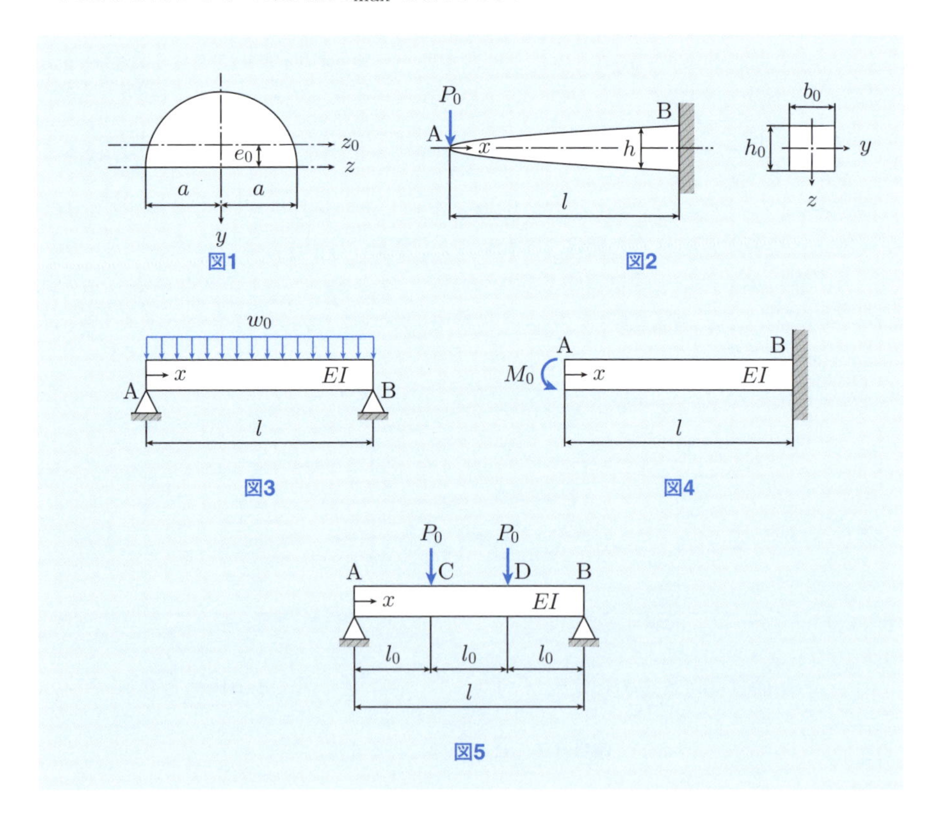

図1　図2　図3　図4　図5

第9章

曲げの不静定問題

第８章では，静定はりを対象として，その解析方法について学習した．この章では，静定はりの解析方法をもとに，対象を不静定はりに拡張して，その解析方法について学習する．

9.1　積分法による解析

9.1.1　積分法の概念

図9.1に示すように，単位長さあたり w_0 の分布荷重を受ける固定–支持はりに着目し，このはりの静止状態，すなわち，平衡状態と変形状態について考察してみよう．最初に，点Aを原点として部材の軸線に沿って x 軸，分布荷重 w_0 と平行に y 軸を定義すると，図9.2 (a) に示すように，このはりに働く外力は分布荷重 w_0，支持点Aに働く反力 R_{A}，固定点Bに働く反力 R_{B}，固定点Bに働く反力モーメント M_{B} であり，はり全体の平衡条件より

$$w_0 l - R_{\mathrm{A}} - R_{\mathrm{B}} = 0 \quad （y\text{ 軸方向の力の平衡}） \tag{9.1}$$

$$\frac{w_0 l^2}{2} - R_{\mathrm{A}} l + M_{\mathrm{B}} = 0 \quad （\text{点 B まわりのモーメントの平衡}） \tag{9.2}$$

したがって，これら2つの平衡方程式のみから3つの未知量 R_{A}, R_{B}, M_{B} を決

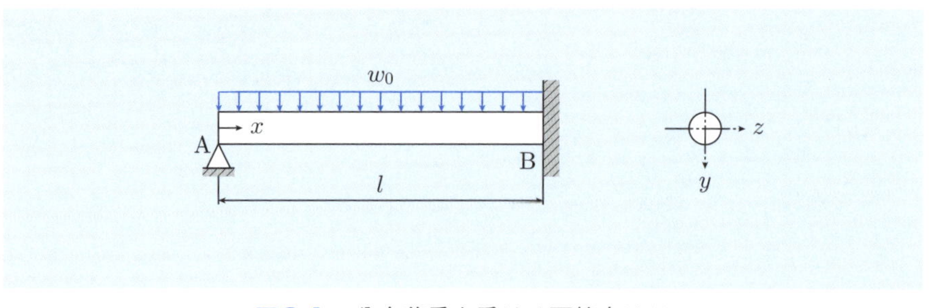

図9.1　分布荷重を受ける不静定はり

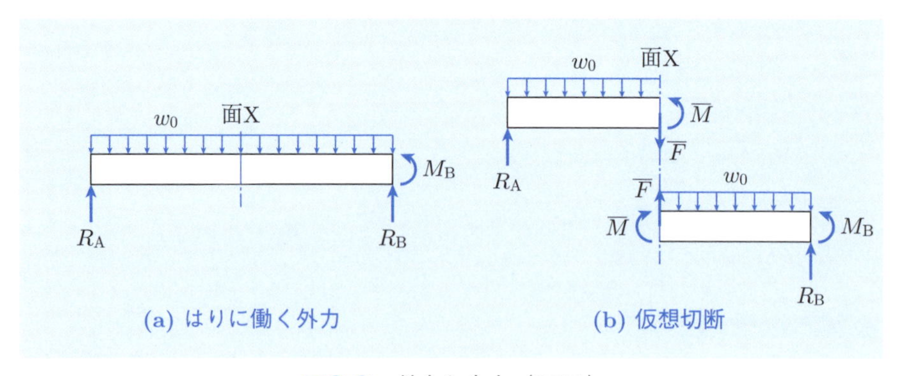

図9.2　外力と内力（FBD）

定することはできない．すなわち，この問題は不静定である．このような不静定問題を解くためには，平衡条件のほかに変形条件を考慮する必要がある．ここでは，未知量 R_{A}, R_{B}, M_{B} を含めたままたわみ曲線の微分方程式を導出し，支持点 A および固定点 B における境界条件を考慮することによって，方程式の不足を補完することを考えてみよう（**積分法**）．

9.1.2　固定–支持はりの解析

図9.2 (b) に示すように，面 X ではりを仮想切断し，せん断力を $\overline{F}$，曲げモーメントを $\overline{M}$ とおくと，面 X の左側部分の平衡条件より

$$\overline{F} + w_0 x - R_{\mathrm{A}} = 0 \qquad (y \text{ 軸方向の力の平衡}) \tag{9.3}$$

$$\overline{M} + \frac{w_0}{2}x^2 - R_{\mathrm{A}}x = 0 \qquad (\text{点 X まわりのモーメントの平衡}) \tag{9.4}$$

したがって，はりに生じるせん断力 $\overline{F}$ と曲げモーメント $\overline{M}$ は，式 (9.3) および式 (9.4) より

$$\overline{F} = -w_0 x + R_{\mathrm{A}} \tag{9.5}$$

$$\overline{M} = -\frac{w_0}{2}x^2 + R_{\mathrm{A}}x \tag{9.6}$$

さらに，式 (9.6) を式 (8.26) に代入すると，次式のようなたわみ曲線の微分方程式を得ることができる．

$$\frac{d^2v}{dx^2} = -\frac{\overline{M}}{EI} = \frac{w_0}{2EI}x^2 - \frac{R_{\mathrm{A}}}{EI}x \tag{9.7}$$

ここで，式 (9.7) の両辺を x で積分し，積分定数を C_1, C_2 とおくと，はりに生じるたわみ角 i とたわみ v は

$$i = \frac{dv}{dx} = \frac{w_0}{6EI}x^3 - \frac{R_{\mathrm{A}}}{2EI}x^2 + C_1 \tag{9.8}$$

$$v = \frac{w_0}{24EI}x^4 - \frac{R_{\mathrm{A}}}{6EI}x^3 + C_1 x + C_2 \tag{9.9}$$

一方，点 A（$x = 0$）は支持点（$v = 0$）であることから，点 A に生じるたわみを v_{A} とおくと

$$v_{\mathrm{A}} = \frac{w_0}{24EI}\cdot 0^4 - \frac{R_{\mathrm{A}}}{6EI}\cdot 0^3 + C_1 \cdot 0 + C_2 = 0 \tag{9.10}$$

また，点 B（$x = l$）は固定点（$i = 0, v = 0$）であることから，点 B に生じるたわみ角を i_{B}，たわみを v_{B} とおくと

$$i_{\mathrm{B}} = \frac{w_0}{6EI}l^3 - \frac{R_{\mathrm{A}}}{2EI}l^2 + C_1 = 0 \tag{9.11}$$

$$v_{\mathrm{B}} = \frac{w_0}{24EI}l^4 - \frac{R_{\mathrm{A}}}{6EI}l^3 + C_1 l + C_2 = 0 \tag{9.12}$$

したがって，5つの未知量 R_{A}，R_{B}，M_{B}，C_1，C_2 は，式 (9.1)，式 (9.2)，式 (9.10)，式 (9.11)，式 (9.12) より，次式のように与えられることになる．

$$R_{\mathrm{A}} = \frac{3w_0 l}{8}, \quad R_{\mathrm{B}} = \frac{5w_0 l}{8}, \quad M_{\mathrm{B}} = -\frac{w_0 l^2}{8} \tag{9.13}$$

$$C_1 = \frac{w_0 l^3}{48EI}, \quad C_2 = 0 \tag{9.14}$$

さらに，式 (9.13) および式 (9.14) を式 (9.8) および式 (9.9) に代入すると，はりに生じるたわみ角 i とたわみ v は

$$i = \frac{w_0}{6EI}x^3 - \frac{3w_0 l}{16EI}x^2 + \frac{w_0 l^3}{48EI} \tag{9.15}$$

$$v = \frac{w_0}{24EI}x^4 - \frac{w_0 l}{16EI}x^3 + \frac{w_0 l^3}{48EI}x \tag{9.16}$$

例題9.1

図9.3に示すように，固定–固定はりに集中荷重 P_0 を与えた．このとき，点Aおよび点Bに働く反力と反力モーメントを算出せよ．

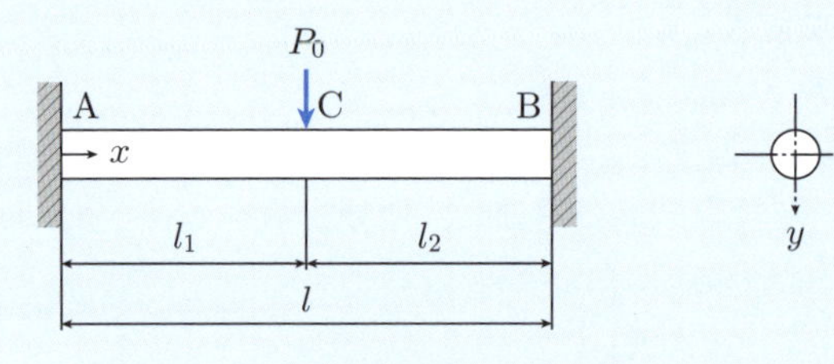

図9.3　集中荷重を受ける不静定はり

【解答】　点Aを原点として x 軸を定義すると，図9.4 (a) に示すように，このはりに働く外力は集中荷重 P_0，固定点Aに働く反力 R_{A}，固定点Aに働く反力モーメント M_{A}，固定点Bに働く反力 R_{B}，固定点Bに働く反力モーメント M_{B} であり，はり全体の平衡条件より

$$P_0 - R_{\mathrm{A}} - R_{\mathrm{B}} = 0 \qquad \text{（}y\text{ 軸方向の力の平衡）} \tag{a}$$

$$P_0 l_2 - R_{\mathrm{A}} l - M_{\mathrm{A}} + M_{\mathrm{B}} = 0 \qquad \text{（点Bまわりのモーメントの平衡）} \tag{b}$$

したがって，これら 2 つの平衡方程式のみから 4 つの未知量 R_{A}，R_{B}，M_{A}，M_{B} を決定することはできない．すなわち，この問題は不静定である．ここで，図 9.4 (b) に示すように，$0 \leqq x \leqq l_1$ ではりを仮想切断し，せん断力を $\overline{F}$，曲げモーメントを $\overline{M}$ とおくと，面 X_1 の左側部分の平衡条件より

$$\overline{F} - R_{\mathrm{A}} = 0 \qquad (y \text{ 軸方向の力の平衡}) \tag{c}$$

$$\overline{M} - R_{\mathrm{A}}x - M_{\mathrm{A}} = 0 \qquad (\text{点 } \mathrm{X}_1 \text{ まわりのモーメントの平衡}) \tag{d}$$

同様に，図 9.4 (c) に示すように，$l_1 \leqq x \leqq l$ ではりを仮想切断し，せん断力を $\overline{F}$，曲げモーメントを $\overline{M}$ とおくと，面 X_2 の左側部分の平衡条件より

$$\overline{F} - R_{\mathrm{A}} + P_0 = 0 \qquad (y \text{ 軸方向の力の平衡}) \tag{e}$$

$$\overline{M} - R_{\mathrm{A}}x + P_0(x - l_1) - M_{\mathrm{A}} = 0 \qquad (\text{点 } \mathrm{X}_2 \text{ まわりのモーメント}) \tag{f}$$

したがって，このはりに生じるせん断力 $\overline{F}$ と曲げモーメント $\overline{M}$ は，式 (c)，式 (d)，式 (e)，式 (f) より

$$\left.\begin{aligned} \overline{F} &= R_{\mathrm{A}} & (0 \leqq x \leqq l_1) \\ \overline{F} &= R_{\mathrm{A}} - P_0 & (l_1 \leqq x \leqq l) \end{aligned}\right\} \tag{g}$$

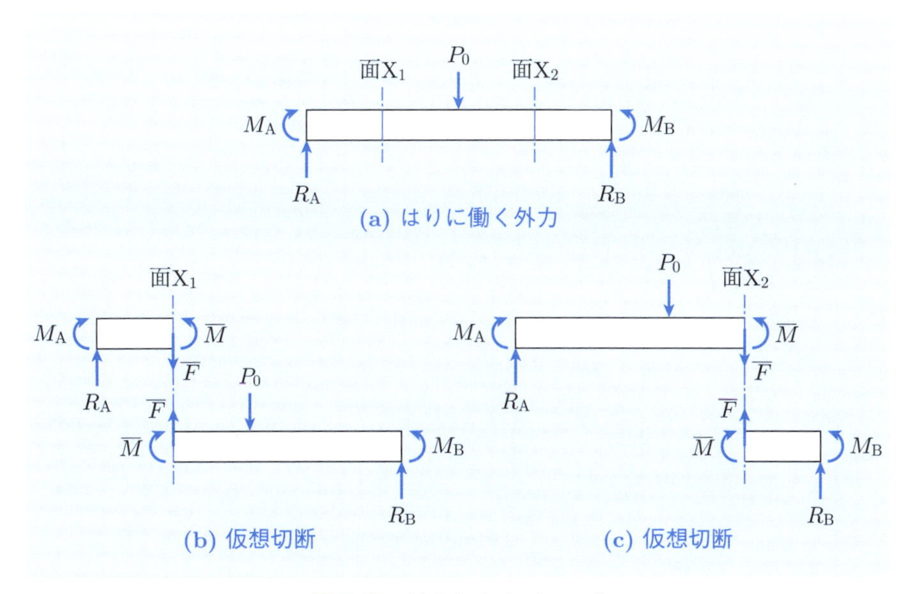

図 9.4　外力と内力（FBD）

$$\overline{M} = R_A x + M_A \qquad (0 \leqq x \leqq l_1)$$
$$\overline{M} = R_A x - P_0(x - l_1) + M_A \qquad (l_1 \leqq x \leqq l) \tag{h}$$

さらに，式 (h) を式 (8.26) に代入すると，次式のようなたわみ曲線の微分方程式を得ることができる．

$$\frac{d^2v}{dx^2} = -\frac{\overline{M}}{EI} = -\frac{R_A}{EI}x - \frac{M_A}{EI} \qquad (0 \leqq x \leqq l_1)$$
$$\frac{d^2v}{dx^2} = -\frac{\overline{M}}{EI} = -\frac{R_A}{EI}x + \frac{P_0}{EI}(x - l_1) - \frac{M_A}{EI} \qquad (l_1 \leqq x \leqq l) \tag{i}$$

ここで，式 (i) の両辺を x で積分し，積分定数を C_1, C_2, C_3, C_4 とおくと，はりに生じるたわみ角 i とたわみ v は

$$i = \frac{dv}{dx} = -\frac{R_A}{2EI}x^2 - \frac{M_A}{EI}x + C_1 \qquad (0 \leqq x \leqq l_1)$$
$$i = \frac{dv}{dx} = -\frac{R_A}{2EI}x^2 + \frac{P_0}{2EI}(x - l_1)^2 - \frac{M_A}{EI}x + C_2 \qquad (l_1 \leqq x \leqq l) \tag{j}$$

$$v = -\frac{R_A}{6EI}x^3 - \frac{M_A}{2EI}x^2 + C_1x + C_3 \qquad (0 \leqq x \leqq l_1)$$
$$v = -\frac{R_A}{6EI}x^3 + \frac{P_0}{6EI}(x - l_1)^3 - \frac{M_A}{2EI}x^2 + C_2x + C_4 \qquad (l_1 \leqq x \leqq l) \tag{k}$$

一方，点 A（$x = 0$）は固定点（$i = 0, v = 0$）であることから，点 A に生じるたわみ角を i_A，たわみを v_A とおくと

$$i_A = -\frac{R_A}{2EI} \cdot 0^2 - \frac{M_A}{EI} \cdot 0 + C_1 = 0 \tag{l}$$

$$v_A = -\frac{R_A}{6EI} \cdot 0^3 - \frac{M_A}{2EI} \cdot 0^2 + C_1 \cdot 0 + C_3 = 0 \tag{m}$$

また，点 B（$x = l$）は固定点（$i = 0, v = 0$）であることから，点 B に生じるたわみ角を i_B，たわみを v_B とおくと

$$i_B = -\frac{R_A}{2EI}l^2 + \frac{P_0}{2EI}l_2^2 - \frac{M_A}{EI}l + C_2 = 0 \tag{n}$$

$$v_B = -\frac{R_A}{6EI}l^3 + \frac{P_0}{6EI}l_2^3 - \frac{M_A}{2EI}l^2 + C_2l + C_4 = 0 \tag{o}$$

さらに，点 C（$x = l_1$）においてたわみ角 i とたわみ v が連続であることから，点 C に生じるたわみ角を i_C，たわみを v_C とおくと

$$i_{\rm C} = -\frac{R_{\rm A}}{2EI}l_1^2 - \frac{M_{\rm A}}{EI}l_1 + C_1$$
$$= -\frac{R_{\rm A}}{2EI}l_1^2 + \frac{P_0}{2EI}0^2 - \frac{M_{\rm A}}{EI}l_1 + C_2 \tag{p}$$
$$v_{\rm C} = -\frac{R_{\rm A}}{6EI}l_1^3 - \frac{M_{\rm A}}{2EI}l_1^2 + C_1 l_1 + C_3$$
$$= -\frac{R_{\rm A}}{6EI}l_1^3 + \frac{P_0}{6EI}0^3 - \frac{M_{\rm A}}{2EI}l_1^2 + C_2 l_1 + C_4 \tag{q}$$

したがって，8つの未知量 $R_{\rm A}$, $R_{\rm B}$, $M_{\rm A}$, $M_{\rm B}$, C_1, C_2, C_3, C_4 は，式 (a)，式 (b)，式 (l)，式 (m)，式 (n)，式 (o)，式 (p)，式 (q) より

$$R_{\rm A} = \frac{P_0 l_2^2(3l_1 + l_2)}{l^3}, \quad R_{\rm B} = \frac{P_0 l_1^2(l_1 + 3l_2)}{l^3} \tag{r}$$
$$M_{\rm A} = -\frac{P_0 l_1 l_2^2}{l^2}, \qquad M_{\rm B} = -\frac{P_0 l_1^2 l_2}{l^2} \tag{s}$$
$$C_1 = 0, \quad C_2 = 0, \quad C_3 = 0, \quad C_4 = 0 \tag{t}$$ ■

● はりに対する変位拘束 ●

第7章で学習したように，本書では，はりに対する変位拘束として，固定（$v = 0$, $i = 0$），支持（$v = 0, i \neq 0$），摺動（$v \neq 0, i = 0$），自由（$v \neq 0, i \neq 0$）の4種類を定義した．しかし，左図のような状態を例にとると，x 軸方向の変位が拘束されることによって，支点に x 軸方向の反力が生じ，結果としてはりに軸力（張力）が働くのではないかという疑問が生じる．ところが，はりの曲げの問題を扱う場合には，はりの変形は中立面の y 軸方向の変位 v のみが解析の対象であり，x 軸方向の変位 u は解析の対象ではない．したがって，左図の状態と右図の状態に力学的な差異はなく，支点に生じる x 軸方向の反力を考慮する必要はない．

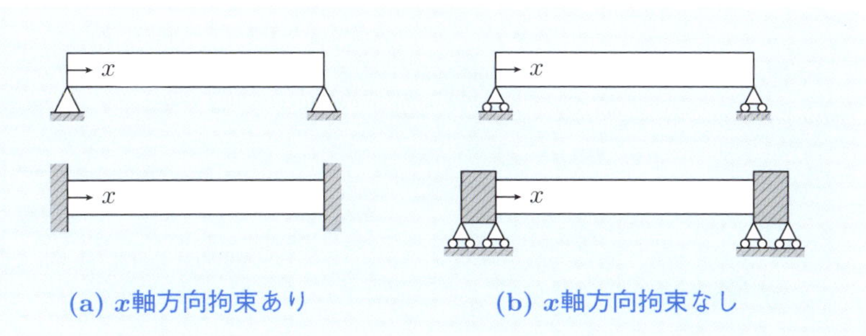

(a) x軸方向拘束あり　　**(b) x軸方向拘束なし**

9.2　重ね合わせ法による解析

9.2.1　重ね合わせ法の概念

図9.5に示すように，単位長さあたり w_0 の分布荷重を受ける固定–支持はりに着目し，このはりの静止状態，すなわち，平衡状態と変形状態について考察してみよう．最初に，点 A を原点として部材の軸線に沿って x 軸，分布荷重 w_0 と平行に y 軸を定義すると，図9.2 (a) に示すように，このはりに働く外力は分布荷重 w_0，支持点 A に働く反力 R_{A}，固定点 B に働く反力 R_{B}，固定点 B に働く反力モーメント M_{B} であり，はり全体の平衡条件より

$$w_0 l - R_{\mathrm{A}} - R_{\mathrm{B}} = 0 \qquad (y \text{ 軸方向の力の平衡}) \tag{9.17}$$

$$\frac{w_0 l^2}{2} - R_{\mathrm{A}} l + M_{\mathrm{B}} = 0 \qquad (\text{点 B まわりのモーメントの平衡}) \tag{9.18}$$

したがって，これら 2 つの平衡方程式のみから 3 つの未知量 R_{A}, R_{B}, M_{B} を決

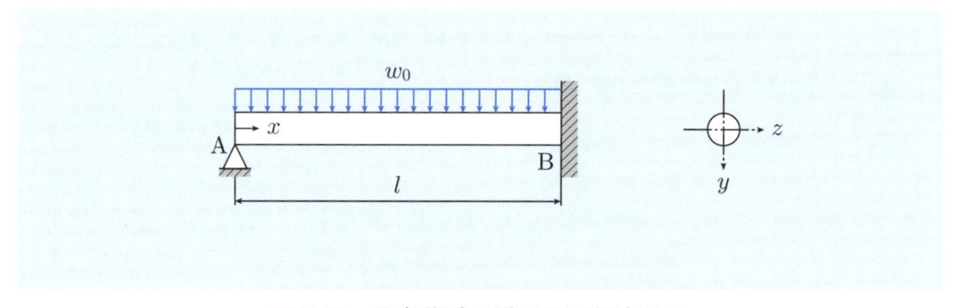

図9.5　分布荷重を受ける不静定はり

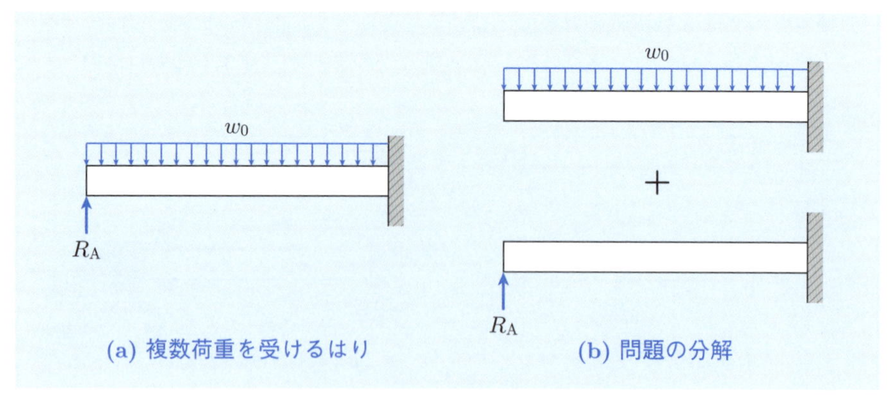

図9.6　静定はりの重ね合わせ

定することはできない．ところが，図9.6 (a) に示すように，点Aにおける境界条件（$v = 0$）を一時的に無視すると，このはりを点Bで固定された片持ちはりとみなすことができる．すなわち，図9.6 (b) に示すように，このはりの力学状態は，分布荷重 w_0 による力学状態と集中荷重 R_A による力学状態との重ね合わせとみなすことができる．ここでは，このような静定問題の重ね合わせを解析した後，あらためて無視した境界条件（$v = 0$）を考慮することによって，方程式の不足を補完することを考えてみよう（**重ね合わせ法**）．

9.2.2 固定–支持はりの解析

最初に，分布荷重 w_0 による変形について考えると，このはりに生じるせん断力 $\overline{F}$ と曲げモーメント $\overline{M}$ は，例題 7.2 の結果より

$$\overline{F} = -w_0 x \tag{9.19}$$

$$\overline{M} = -\frac{w_0}{2}x^2 \tag{9.20}$$

このとき，分布荷重 w_0 によって生じるたわみ角 i_{w_0} とたわみ v_{w_0} は，例題 8.2 の結果より

$$i_{w_0} = \frac{w_0}{6EI}x^3 - \frac{w_0 l^3}{6EI} \tag{9.21}$$

$$v_{w_0} = \frac{w_0}{24EI}x^4 - \frac{w_0 l^3}{6EI}x + \frac{w_0 l^4}{8EI} \tag{9.22}$$

したがって，分布荷重 w_0 によって点A（$x = 0$）に生じるたわみを v_{A,w_0} とおくと，式 (9.20) より

$$v_{\mathrm{A},w_0} = \frac{w_0}{24EI}\cdot 0^4 - \frac{w_0 l^3}{6EI}\cdot 0 + \frac{w_0 l^4}{8EI} = \frac{w_0 l^4}{8EI} \tag{9.23}$$

次に，集中荷重 R_A による変形について考えると，このはりに生じるせん断力 $\overline{F}$ と曲げモーメント $\overline{M}$ は，7.2.1 項の結果より

$$\overline{F} = R_\mathrm{A} \tag{9.24}$$

$$\overline{M} = R_\mathrm{A} x \tag{9.25}$$

このとき，集中荷重 R_A によって生じるたわみ角 i_{R_A} とたわみ v_{R_A} は，8.2.2 項の結果より

$$i_{R_\mathrm{A}} = -\frac{R_\mathrm{A}}{2EI}x^2 + \frac{R_\mathrm{A} l^2}{2EI} \tag{9.26}$$

$$v_{R_\mathrm{A}} = -\frac{R_\mathrm{A}}{6EI}x^3 + \frac{R_\mathrm{A}l^2}{2EI}x - \frac{R_\mathrm{A}l^3}{3EI} \tag{9.27}$$

したがって，集中荷重 R_A によって点A（$x=0$）に生じるたわみを $v_{\mathrm{A},R_\mathrm{A}}$ とおくと，式(9.27)より

$$v_{\mathrm{A},R_\mathrm{A}} = -\frac{R_\mathrm{A}}{6EI}\cdot 0^3 + \frac{R_\mathrm{A}l^2}{2EI}\cdot 0 - \frac{R_\mathrm{A}l^3}{3EI} = -\frac{R_\mathrm{A}l^3}{3EI} \tag{9.28}$$

ここで，あらためて点Aにおける境界条件（$v=0$）を考慮し，点Aに生じるたわみを v_A とおくと，重ね合わせの原理より

$$v_\mathrm{A} = v_{\mathrm{A},w_0} + v_{\mathrm{A},R_\mathrm{A}} = \frac{w_0 l^4}{8EI} - \frac{R_\mathrm{A}l^3}{3EI} = 0 \tag{9.29}$$

したがって，3つの未知量 R_A, R_B, M_B は，式(9.17)，式(9.18)，式(9.29)より，次式のように与えられることになる．

$$R_\mathrm{A} = \frac{3w_0 l}{8}, \quad R_\mathrm{B} = \frac{5w_0 l}{8}, \quad M_\mathrm{B} = -\frac{w_0 l^2}{8} \tag{9.30}$$

例題9.2

図9.7に示すように，固定–固定はりに集中荷重 P_0 を与えた．このとき，点Aおよび点Bに働く反力と反力モーメントを算出せよ．

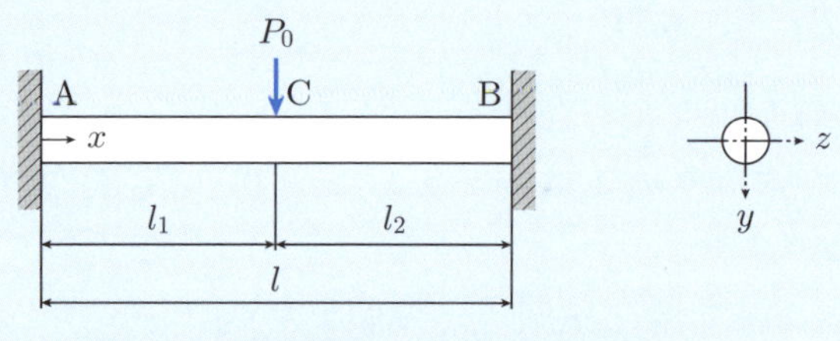

図9.7　集中荷重を受ける不静定はり

【解答】　点Aを原点として x 軸を定義すると，図9.4 (a)に示すように，このはりに働く外力は集中荷重 P_0，固定点Aに働く反力 R_A，固定点Aに働く反力モーメント M_A，固定点Bに働く反力 R_B，固定点Bに働く反力モーメント M_B であり，はり全体の平衡条件より

$$P_0 - R_\mathrm{A} - R_\mathrm{B} = 0 \qquad (y\text{ 軸方向の力の平衡}) \tag{a}$$

$$P_0 l_2 - R_\mathrm{A} l - M_\mathrm{A} + M_\mathrm{B} = 0 \qquad (\text{点 B まわりのモーメントの平衡}) \tag{b}$$

したがって，これら2つの平衡方程式のみから4つの未知量 R_A, R_B, M_A, M_B

を決定することはできない．ところが，図9.8 (a) に示すように，点 A における境界条件（$i=0, v=0$）を一時的に無視すると，このはりは点 B で固定された片持ちはりとみなすことができる．すなわち，図9.8 (b) に示すように，このはりの力学状態は，集中荷重 P_0 による力学状態と集中荷重 R_A による力学状態とモーメント M_A による力学状態との重ね合わせとみなすことができる．

最初に，集中荷重 P_0 による変形について考えると，このはりに生じるせん断力 $\overline{F}$ と曲げモーメント $\overline{M}$ は，7.2.1 項の結果より

$$\begin{aligned} &\overline{F}=0 \qquad (0 \leqq x \leqq l_1) \\ &\overline{F}=-P_0 \quad (l_1 \leqq x \leqq l) \end{aligned} \tag{c}$$

$$\begin{aligned} &\overline{M}=0 \qquad (0 \leqq x \leqq l_1) \\ &\overline{M}=-P_0(x-l_1) \quad (l_1 \leqq x \leqq l) \end{aligned} \tag{d}$$

このとき，集中荷重 P_0 によって生じるたわみ角 i_{P_0} とたわみ v_{P_0} は，8.2.2 項の結果より

$$\begin{aligned} &i_{P_0}=-\frac{P_0 l_2^2}{2EI} \qquad (0 \leqq x \leqq l_1) \\ &i_{P_0}=\frac{P_0}{2EI}(x-l_1)^2-\frac{P_0 l_2^2}{2EI} \quad (l_1 \leqq x \leqq l) \end{aligned} \tag{e}$$

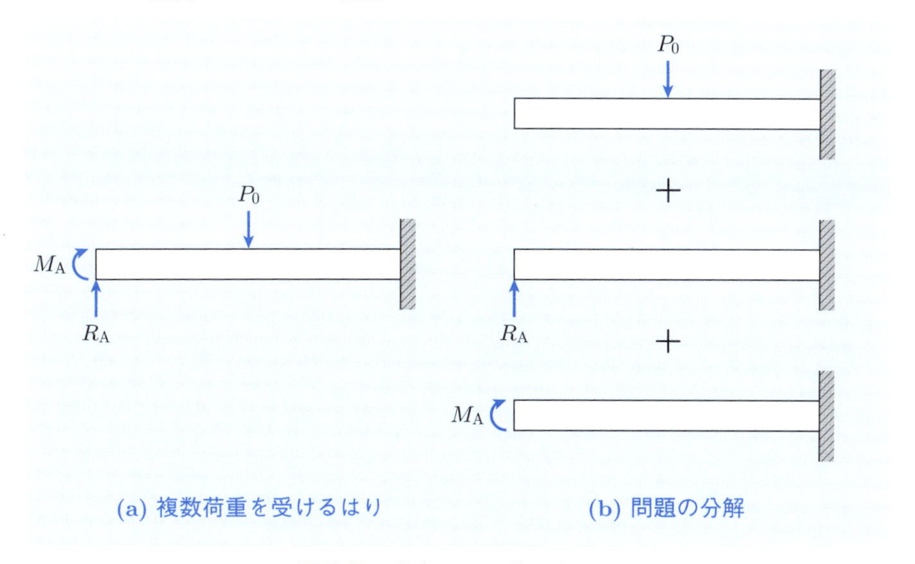

図9.8　静定はりの重ね合わせ

$$
\begin{aligned}
v_{P_0} &= -\frac{P_0 l_2^2}{2EI}(x - l_1) + \frac{P_0 l_2^3}{3EI} && (0 \leqq x \leqq l_1) \\
v_{P_0} &= \frac{P_0}{6EI}(x - l_1)^3 - \frac{P_0 l_2^2}{2EI}(x - l_1) + \frac{P_0 l_2^3}{3EI} && (l_1 \leqq x \leqq l)
\end{aligned}
\tag{f}
$$

したがって，集中荷重 P_0 によって点 A（$x = 0$）に生じるたわみ角を i_{A,P_0}，たわみを v_{A,P_0} とおくと，式 (e) および式 (f) より

$$
i_{\mathrm{A},P_0} = -\frac{P_0 l_2^2}{2EI} \tag{g}
$$

$$
v_{\mathrm{A},P_0} = -\frac{P_0 l_2^2}{2EI}(0 - l_1) + \frac{P_0 l_2^3}{3EI} = \frac{P_0 l_1 l_2^2}{2EI} + \frac{P_0 l_2^3}{3EI} \tag{h}
$$

次に，集中荷重 R_A による変形について考えると，このはりに生じるせん断力 $\overline{F}$ と曲げモーメント $\overline{M}$ は，7.2.1 項の結果より

$$
\overline{F} = R_\mathrm{A} \tag{i}
$$

$$
\overline{M} = R_\mathrm{A} x \tag{j}
$$

このとき，集中荷重 R_A によって生じるたわみ角 i_{R_A} とたわみ v_{R_A} は，8.2.2 項の結果より

$$
i_{R_\mathrm{A}} = -\frac{R_\mathrm{A}}{2EI}x^2 + \frac{R_\mathrm{A} l^2}{2EI} \tag{k}
$$

$$
v_{R_\mathrm{A}} = -\frac{R_\mathrm{A}}{6EI}x^3 + \frac{R_\mathrm{A} l^2}{2EI}x - \frac{R_\mathrm{A} l^3}{3EI} \tag{l}
$$

したがって，集中荷重 R_A によって点 A（$x = 0$）に生じるたわみ角を $i_{\mathrm{A},R_\mathrm{A}}$，たわみを $v_{\mathrm{A},R_\mathrm{A}}$ とおくと，式 (k) および式 (l) より

$$
i_{\mathrm{A},R_\mathrm{A}} = -\frac{R_\mathrm{A}}{2EI} \cdot 0^2 + \frac{R_\mathrm{A} l^2}{2EI} = \frac{R_\mathrm{A} l^2}{2EI} \tag{m}
$$

$$
v_{\mathrm{A},R_\mathrm{A}} = -\frac{R_\mathrm{A}}{6EI} \cdot 0^3 + \frac{R_\mathrm{A} l^2}{2EI} \cdot 0 - \frac{R_\mathrm{A} l^3}{3EI} = -\frac{R_\mathrm{A} l^3}{3EI} \tag{n}
$$

さらに，モーメント M_A による変形について考えると，はりに生じるせん断力 $\overline{F}$ と曲げモーメント $\overline{M}$ は，章末問題 7.4 の結果より

$$
\overline{F} = 0 \tag{o}
$$

$$
\overline{M} = M_\mathrm{A} \tag{p}
$$

このとき，モーメント M_A によって生じるたわみ角 i_{M_A} とたわみ v_{M_A} は，章末問題 8.4 の結果より

$$i_{M_\mathrm{A}} = -\frac{M_\mathrm{A}}{EI}x + \frac{M_\mathrm{A}l}{EI} \tag{q}$$

$$v_{M_\mathrm{A}} = -\frac{M_\mathrm{A}}{2EI}x^2 + \frac{M_\mathrm{A}l}{EI}x - \frac{M_\mathrm{A}l^2}{2EI} \tag{r}$$

したがって，モーメント M_A によって点 A $(x=0)$ に生じるたわみ角を $i_{\mathrm{A},M_\mathrm{A}}$，たわみを $v_{\mathrm{A},M_\mathrm{A}}$ とおくと，式 (q) および式 (r) より

$$i_{\mathrm{A},M_\mathrm{A}} = -\frac{M_\mathrm{A}}{EI}\cdot 0 + \frac{M_\mathrm{A}l}{EI} = \frac{M_\mathrm{A}l}{EI} \tag{s}$$

$$v_{\mathrm{A},M_\mathrm{A}} = -\frac{M_\mathrm{A}}{2EI}\cdot 0^2 + \frac{M_\mathrm{A}l}{EI}\cdot 0 - \frac{M_\mathrm{A}l^2}{2EI} = -\frac{M_\mathrm{A}l^2}{2EI} \tag{t}$$

ここで，あらためて点 A における境界条件 $(i=0,\ v=0)$ を考慮し，点 A に生じるたわみ角を i_A，たわみを v_A とおくと，重ね合わせの原理より

$$\begin{aligned} i_\mathrm{A} &= i_{\mathrm{A},P_0} + i_{\mathrm{A},R_\mathrm{A}} + i_{\mathrm{A},M_\mathrm{A}} \\ &= -\frac{P_0 l_2^2}{2EI} + \frac{R_\mathrm{A}l^2}{2EI} + \frac{M_\mathrm{A}l}{EI} = 0 \end{aligned} \tag{u}$$

$$\begin{aligned} v_\mathrm{A} &= v_{\mathrm{A},P_0} + v_{\mathrm{A},R_\mathrm{A}} + v_{\mathrm{A},M_\mathrm{A}} \\ &= \frac{P_0 l_1 l_2^2}{2EI} + \frac{P_0 l_2^3}{3EI} - \frac{R_\mathrm{A}l^3}{3EI} - \frac{M_\mathrm{A}l^2}{2EI} = 0 \end{aligned} \tag{v}$$

したがって，4 つの未知量 R_A, R_B, M_A, M_B は，式 (a)，式 (b)，式 (u)，式 (v) より，次式のように与えられることになる．

$$R_\mathrm{A} = \frac{P_0 l_2^2(3l_1 + l_2)}{l^3}, \quad R_\mathrm{B} = \frac{P_0 l_1^2(l_1 + 3l_2)}{l^3} \tag{w}$$

$$M_\mathrm{A} = -\frac{P_0 l_1 l_2^2}{l^2}, \qquad M_\mathrm{B} = -\frac{P_0 l_1^2 l_2}{l^2} \tag{x}$$

■

補足 9.1　重ね合わせ法の別解

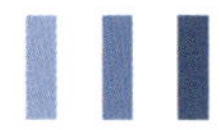

9.2 節では，図9.5に示すような固定–支持はりについて，図9.6に示すように，点 A（$x = 0$）における境界条件（$v = 0$）を一時的に無視することによって，題意の不静定はりを分布荷重 w_0 と集中荷重 R_A を受ける片持ちはりの重ね合わせとみなして，点 A における変形条件を次式のように定式化することができた．

$$v_A = v_{A,w_0} + v_{A,R_A} = \frac{w_0 l^4}{8EI} - \frac{R_A l^3}{3EI} = 0 \tag{9.31}$$

同様に，図9.9 (a) に示すように，点 B（$x = l$）における境界条件（$i = 0$）を一時的に無視することによって，題意の不静定はりを分布荷重 w_0 とモーメント M_B を受ける単純支持はりの重ね合わせとみなして，点 B における変形条件を次式のように定式化することもできる．

$$i_B = i_{B,w_0} + i_{B,M_B} = \frac{-w_0 l^3}{24EI} - \frac{M_B l}{3EI} = 0 \tag{9.32}$$

さらに，図9.9 (b) に示すように，点 B（$x = l$）における境界条件（$v = 0$）を一時的に無視することによって，題意の不静定はりを分布荷重 w_0 と集中荷重 R_B を受ける支持–摺動はりの重ね合わせとみなして，点 B における変形条件を次式のように定式化することもできる．

$$v_B = v_{B,w_0} + v_{B,R_B} = \frac{5w_0 l^4}{24EI} - \frac{R_B l^3}{3EI} = 0 \tag{9.33}$$

式 (9.31)，式 (9.32)，式 (9.33)，いずれについても，式 (9.17) および式 (9.18) と連立させることによって，未知量 R_A, R_B, M_B を決定することができる．

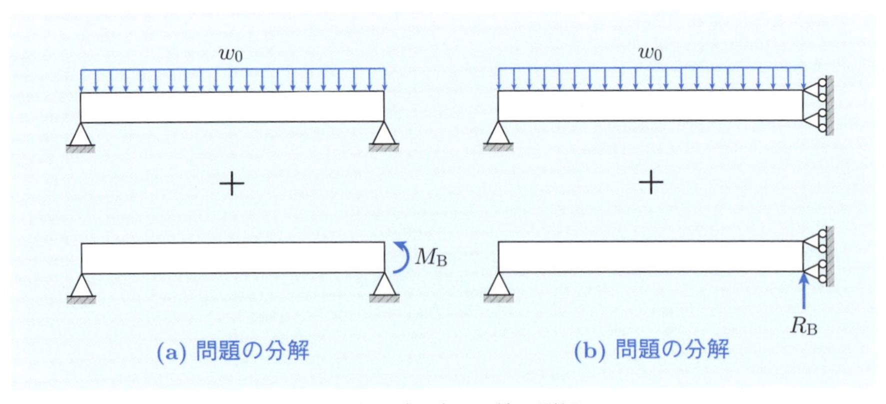

図9.9　重ね合わせ法の別解

補足 9.2　複数はりの練成問題

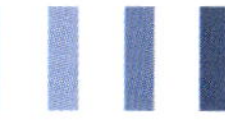

図 9.10 (a) に示すように，2 本の片持ちはりからなる系に着目し，この系の静止状態について考察してみよう．このとき，上側のはりと下側のはりは点 C のみで接触することになる．図 9.10 (b) に示すように，点 C における接触力を Q_{C}，それぞれのはりの固定点 A に働く反力を R_{A1}, R_{A2}，反力モーメントを M_{A1}, M_{A2} とおくと，それぞれのはりの平衡条件より 4 つの平衡方程式を導出することができる．しかし，これら 4 つの平衡方程式のみから 5 つの未知量 Q_{C}, R_{A1}, R_{A2}, M_{A1}, M_{A2} を決定することはできない．すなわち，この問題は不静定である．ここでは，点 C における境界条件を考慮することによって，方程式の不足を補完することを考えてみよう．

それぞれのはりに生じる曲げモーメント $\overline{M}_1$, $\overline{M}_2$ は，$0 \leqq x \leqq l_1$ において，それぞれのはりの平衡条件より

$$\overline{M}_1 = (P_0 - Q_{\mathrm{C}})x - P_0 l_1 + Q_{\mathrm{C}} l_2, \quad \overline{M}_2 = Q_{\mathrm{C}} x - Q_{\mathrm{C}} l_2 \tag{9.34}$$

ここで，式 (9.34) を式 (8.26) に代入し整理すると，それぞれのはりに生じるたわみ v_1, v_2 は，曲げ剛性 EI を用いて

$$v_1 = -\frac{P_0 - Q_{\mathrm{C}}}{6EI}x^3 + \frac{P_0 l_1 - Q_{\mathrm{C}} l_2}{2EI}x^2, \quad v_2 = -\frac{Q_{\mathrm{C}}}{6EI}x^3 + \frac{Q_{\mathrm{C}} l_2}{2EI}x^2 \tag{9.35}$$

したがって，点 C（$x = l_2$）における境界条件（$v_1 = v_2$）を考慮し，点 C に生じるたわみを v_{C} とおくと，接触力 Q_{C} は次式のように与えられることになる．

$$v_{\mathrm{C}} = \frac{P_0 l_2^2(3l_1 - l_2)}{6EI} - \frac{Q_{\mathrm{C}} l_2^3}{3EI} = \frac{Q_{\mathrm{C}} l_2^3}{3EI} \qquad \therefore \quad Q_{\mathrm{C}} = \frac{3l_1 - l_2}{4l_2}P_0 \tag{9.36}$$

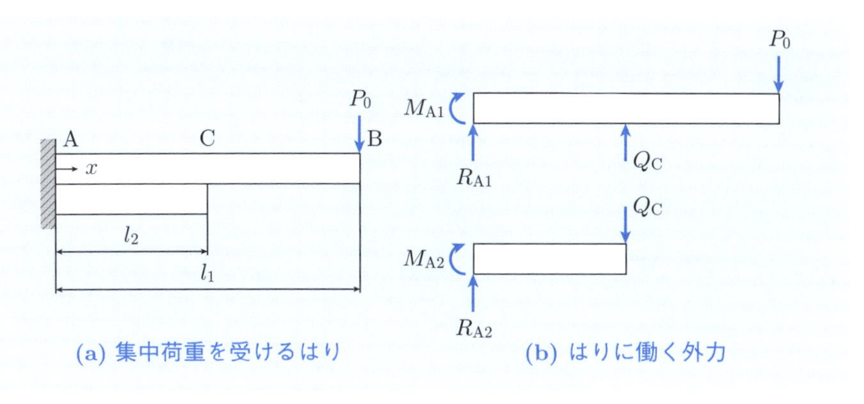

図 9.10　複数はりの練成問題

9章の問題

□**9.1**　**図1** に示すように，固定–固定はりに分布荷重 w を与えた．このとき，積分法を用いて，点 A および点 B に働く反力と反力モーメントを算出せよ．

□**9.2**　**図2** に示すように，固定–支持はりに集中荷重 P_0 を与えた．このとき，積分法を用いて，点 A および点 B に働く反力と反力モーメントを算出せよ．

□**9.3**　**図1** に示すように，固定–固定はりに分布荷重 w を与えた．このとき，重ね合わせ法を用いて，点 A および点 B に働く反力と反力モーメントを算出せよ．

□**9.4**　**図2** に示すように，固定–支持はりに集中荷重 P_0 を与えた．このとき，重ね合わせ法を用いて，点 A および点 B に働く反力と反力モーメントを算出せよ．

□**9.5**　**図3** に示すように，片持ちはりに集中荷重 P_0 を与えたところ，はりの先端 A が支点 D に接触した．このとき，点 A に生じる反力 R_A を算出せよ．

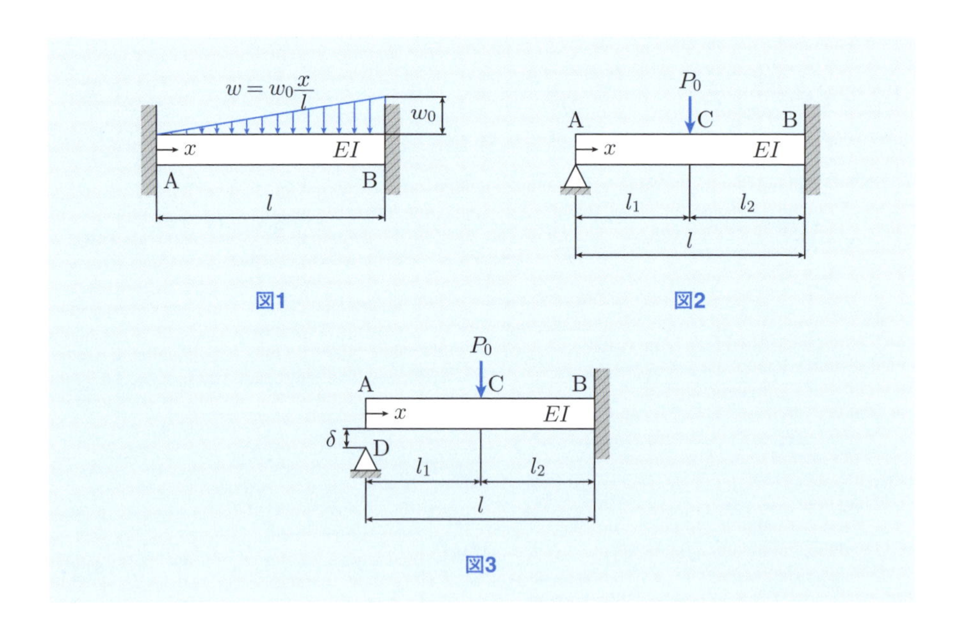

図1　図2

図3

第10章

ひずみエネルギー

例えば，初等力学において，重力の影響下における質点の運動の問題を考える場合，運動の法則を用いて現象を定式化するだけでなく，エネルギー保存の法則を用いて現象を定式化することもできる．同様に，材料力学においても，力の釣り合いに着目して現象を定式化するだけでなく，エネルギーに着目して現象を定式化することができる．この章では，変形によって物体に蓄えられる位置エネルギー，すなわち，**ひずみエネルギー**に着目し，物体の変形や破損を解析する方法について学習する．

10.1　ひずみエネルギー

10.1.1　ひずみエネルギーの定義

図 10.1 に示すように，荷重 P を受けて変位 u を生じるバネについて考えた場合，バネに蓄えられる位置エネルギー U は次式のように与えられる．

$$U = \frac{Pu}{2} \tag{10.1}$$

これを拡張して，図 10.2 に示すように，任意の力学状態にある物体に蓄えられる位置エネルギーについて考察してみよう．最初に，物体中の任意点 P の近傍に仮想断面 X, Y, Z を定義し，仮想断面 X に生じる内力の各方向成分を $\overline{F}_{\mathrm{X}x}$, $\overline{F}_{\mathrm{X}y}$, $\overline{F}_{\mathrm{X}z}$，仮想断面 Y に生じる内力の各方向成分を $\overline{F}_{\mathrm{Y}x}$, $\overline{F}_{\mathrm{Y}y}$, $\overline{F}_{\mathrm{Y}z}$，仮想断面 Z に生じる内力の各方向成分を $\overline{F}_{\mathrm{Z}x}$, $\overline{F}_{\mathrm{Z}y}$, $\overline{F}_{\mathrm{Z}z}$，仮想断面 X に生じる変位の各方向成分を $u_{\mathrm{X}x}$, $u_{\mathrm{X}y}$, $u_{\mathrm{X}z}$，仮想断面 Y に生じる変位の各方向成分を $u_{\mathrm{Y}x}$, $u_{\mathrm{Y}y}$, $u_{\mathrm{Y}z}$，仮想断面 Z に生じる変位の各方向成分を $u_{\mathrm{Z}x}$, $u_{\mathrm{Z}y}$, $u_{\mathrm{Z}z}$，微小六面体 $\Delta\mathrm{V}$ の各辺の長さを l_{X}, l_{Y}, l_{Z} とおく．このとき，法線方向成分 $\overline{F}_{\mathrm{X}x}$, $\overline{F}_{\mathrm{Y}y}$, $\overline{F}_{\mathrm{Z}z}$ が微小六面体 $\Delta\mathrm{V}$ になす仕事 ΔW_{xx}, ΔW_{yy}, ΔW_{zz} は，垂直応力 σ_x, σ_y, σ_y および垂直ひずみ ε_x, ε_y, ε_z を用いて

$$\Delta W_{xx} = \frac{\overline{F}_{\mathrm{X}x} u_{\mathrm{X}x}}{2} = \frac{\sigma_x l_{\mathrm{Y}} l_{\mathrm{Z}} \cdot \varepsilon_x l_{\mathrm{X}}}{2} = \frac{\sigma_x \varepsilon_x}{2} \Delta V \tag{10.2}$$

$$\Delta W_{yy} = \frac{\overline{F}_{\mathrm{Y}y} u_{\mathrm{Y}y}}{2} = \frac{\sigma_y l_{\mathrm{Z}} l_{\mathrm{X}} \cdot \varepsilon_y l_{\mathrm{Y}}}{2} = \frac{\sigma_y \varepsilon_y}{2} \Delta V \tag{10.3}$$

$$\Delta W_{zz} = \frac{\overline{F}_{\mathrm{Z}z} u_{\mathrm{Z}z}}{2} = \frac{\sigma_z l_{\mathrm{X}} l_{\mathrm{Y}} \cdot \varepsilon_z l_{\mathrm{Z}}}{2} = \frac{\sigma_z \varepsilon_z}{2} \Delta V \tag{10.4}$$

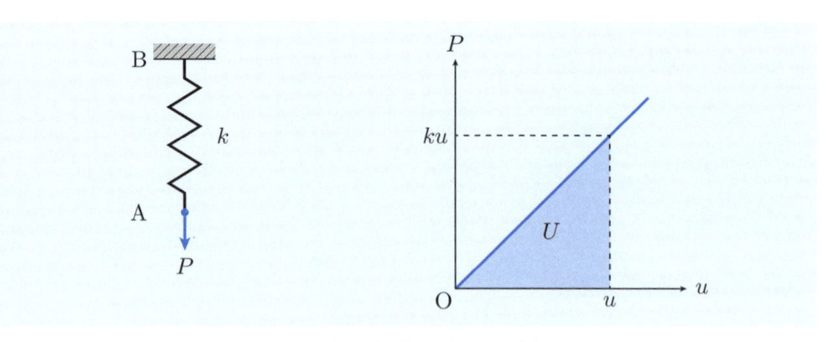

図 10.1　引張荷重を受けるバネ

ただし，ΔV は微小六面体 $\Delta \mathrm{V}$ の体積である．同様に，接線方向成分 $\overline{F}_{\mathrm{X}y}$ と $\overline{F}_{\mathrm{Y}x}$，$\overline{F}_{\mathrm{Y}z}$ と $\overline{F}_{\mathrm{Z}y}$，$\overline{F}_{\mathrm{Z}x}$ と $\overline{F}_{\mathrm{X}z}$ が微小六面体 $\Delta \mathrm{V}$ になす仕事 ΔW_{xy}，ΔW_{yz}，ΔW_{zx} は，せん断応力 $\tau_{xy} = \tau_{yx}$，$\tau_{yz} = \tau_{zy}$，$\tau_{zx} = \tau_{xz}$ およびせん断ひずみ $\gamma_{xy} = \gamma_{yx}$，$\gamma_{yz} = \gamma_{zy}$，$\gamma_{zx} = \gamma_{xz}$ を用いて

$$\begin{aligned}\Delta W_{xy} &= \frac{\overline{F}_{\mathrm{X}y} u_{\mathrm{X}y} + \overline{F}_{\mathrm{Y}x} u_{\mathrm{Y}x}}{2} \\ &= \frac{\tau_{xy} l_{\mathrm{Y}} l_{\mathrm{Z}} \cdot (u_{\mathrm{X}y}/l_{\mathrm{X}}) l_{\mathrm{X}} + \tau_{yx} l_{\mathrm{Z}} l_{\mathrm{X}} \cdot (u_{\mathrm{Y}x}/l_{\mathrm{Y}}) l_{\mathrm{Y}}}{2} = \frac{\tau_{xy}\gamma_{xy}}{2}\Delta V\end{aligned} \tag{10.5}$$

$$\begin{aligned}\Delta W_{yz} &= \frac{\overline{F}_{\mathrm{Y}z} u_{\mathrm{Y}z} + \overline{F}_{\mathrm{Z}y} u_{\mathrm{Z}y}}{2} \\ &= \frac{\tau_{yz} l_{\mathrm{Z}} l_{\mathrm{X}} \cdot (u_{\mathrm{Y}z}/l_{\mathrm{Y}}) l_{\mathrm{Y}} + \tau_{zy} l_{\mathrm{X}} l_{\mathrm{Y}} \cdot (u_{\mathrm{Z}y}/l_{\mathrm{Z}}) l_{\mathrm{Z}}}{2} = \frac{\tau_{yz}\gamma_{yz}}{2}\Delta V\end{aligned} \tag{10.6}$$

$$\begin{aligned}\Delta W_{zx} &= \frac{\overline{F}_{\mathrm{Z}x} u_{\mathrm{Z}x} + \overline{F}_{\mathrm{X}z} u_{\mathrm{X}z}}{2} \\ &= \frac{\tau_{zx} l_{\mathrm{X}} l_{\mathrm{Y}} \cdot (u_{\mathrm{Z}x}/l_{\mathrm{Z}}) l_{\mathrm{Z}} + \tau_{xz} l_{\mathrm{Y}} l_{\mathrm{Z}} \cdot (u_{\mathrm{X}z}/l_{\mathrm{X}}) l_{\mathrm{X}}}{2} = \frac{\tau_{zx}\gamma_{zx}}{2}\Delta V\end{aligned} \tag{10.7}$$

一方，微小六面体 $\Delta \mathrm{V}$ に蓄えられる位置エネルギー ΔU は，内力がなす仕事

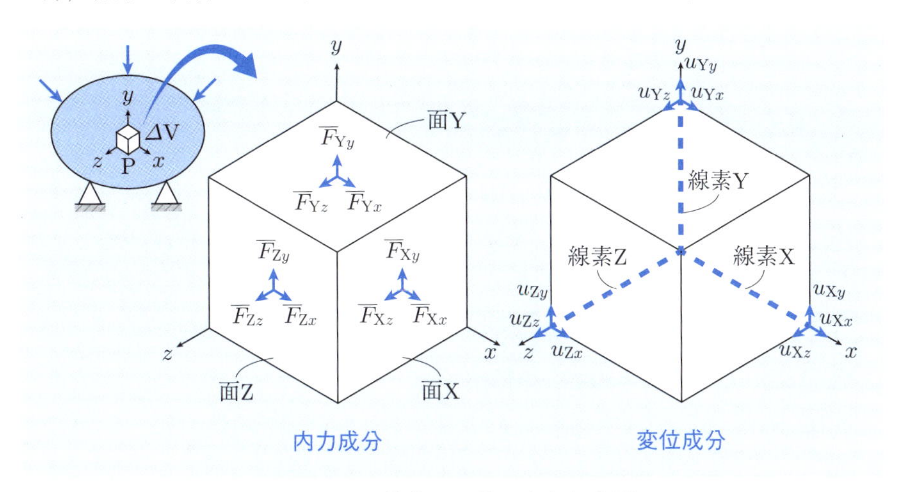

図 10.2 微小六面体の内力と変形

ΔW_{xx}, ΔW_{yy}, ΔW_{zz}, ΔW_{xy}, ΔW_{yz}, ΔW_{zx} の和に等しいことから

$$\Delta U = \frac{\sigma_x \varepsilon_x + \sigma_y \varepsilon_y + \sigma_z \varepsilon_z + \tau_{xy}\gamma_{xy} + \tau_{yz}\gamma_{yz} + \tau_{zx}\gamma_{zx}}{2}\Delta V \qquad (10.8)$$

したがって，式 (10.8) を積分すると，物体全体に蓄えられる位置エネルギー U は次式のように与えられることになる．

$$U = \int_V \frac{\sigma_x \varepsilon_x + \sigma_y \varepsilon_y + \sigma_z \varepsilon_z + \tau_{xy}\gamma_{xy} + \tau_{yz}\gamma_{yz} + \tau_{zx}\gamma_{zx}}{2}\, dV \qquad (10.9)$$

このように，変形に伴って物体に蓄えられる位置エネルギーを**ひずみエネルギー**（strain energy）と呼ぶ．また，式 (10.9) の被積分関数 $\widehat{U}$ は単位体積あたりのひずみエネルギーを表すことになり，これを**ひずみエネルギー密度**（strain energy density）と呼ぶ．すなわち

$$\widehat{U} = \frac{\sigma_x \varepsilon_x + \sigma_y \varepsilon_y + \sigma_z \varepsilon_z + \tau_{xy}\gamma_{xy} + \tau_{yz}\gamma_{yz} + \tau_{zx}\gamma_{zx}}{2} \qquad (10.10)$$

一方，直交座標系 x-y-z が主軸と一致する場合には，式 (10.9) は主応力 σ_1, σ_2, σ_3 および主ひずみ ε_1, ε_2, ε_3 を用いて

$$U = \int_V \frac{\sigma_1 \varepsilon_1 + \sigma_2 \varepsilon_2 + \sigma_3 \varepsilon_3}{2}\, dV \qquad (10.11)$$

さらに，物体のヤング率を E，ポアソン比を ν とおき，式 (10.11) に応力–ひずみ関係式を適用し整理すると

$$U = \int_V \frac{1-2\nu}{6E}(\sigma_1 + \sigma_2 + \sigma_3)^2\, dV + \int_V \frac{1+\nu}{6E}\left\{(\sigma_1 - \sigma_2)^2 + (\sigma_2 - \sigma_3)^2 + (\sigma_3 - \sigma_1)^2\right\} dV \qquad (10.12)$$

式 (10.12) において，右辺の第 1 項は体積変化に伴うひずみエネルギーを表しており，**体積ひずみエネルギー**（volumetric strain energy）と呼ばれる．一方，右辺の第 2 項はせん断変形に伴うひずみエネルギーを表しており，**せん断ひずみエネルギー**（shear strain energy）と呼ばれる．

10.1.2 ひずみエネルギーの算出

図 10.3 に示すような集中荷重 P を受ける長さ l の真直棒に蓄えられるひずみエネルギー U を算出してみよう．このとき，5.1 節で学習したように，棒に生じる内力は軸力 $\overline{N}$ のみであり，応力およびひずみの各成分は，棒の断面積 A

とヤング率 E を用いて

$$\sigma_x = \frac{\overline{N}}{A}, \quad \sigma_y = 0, \quad \sigma_z = 0, \quad \tau_{xy} = 0, \quad \tau_{yz} = 0, \quad \tau_{zx} = 0 \tag{10.13}$$

$$\varepsilon_x = \frac{\overline{N}}{EA}, \quad \varepsilon_y \neq 0, \quad \varepsilon_z \neq 0, \quad \gamma_{xy} = 0, \quad \gamma_{yz} = 0, \quad \gamma_{zx} = 0 \tag{10.14}$$

したがって，図中の微小領域 $dV = dAdx$ に対して式 (10.8) を適用し，棒全体について積分すると，棒に蓄えられるひずみエネルギー U は

$$U = \int_V \frac{\sigma_x \varepsilon_x}{2} dV = \int_0^l \int_A \frac{\overline{N}^2}{2EA^2} dAdx \tag{10.15}$$

ここで，棒に生じる軸力 $\overline{N}$，ヤング率 E，断面積 A が x のみに依存する関数であることを考慮すると

$$U = \int_0^l \frac{\overline{N}^2}{2EA^2} \left(\int_A dA \right) dx = \int_0^l \frac{\overline{N}^2}{2EA^2} A\, dx = \int_0^l \frac{\overline{N}^2}{2EA} dx \tag{10.16}$$

図 10.4 に示すようなモーメント T を受ける長さ l の丸軸に蓄えられるひずみエネルギー U を算出してみよう．このとき，6.1 節で学習したように，軸に生じる内力はねじりモーメント $\overline{T}$ のみであり，応力およびひずみの各成分は，断面極二次モーメント J とせん断弾性係数 G を用いて

$$\sigma_r = 0, \quad \sigma_\theta = 0, \quad \sigma_x = 0, \quad \tau_{r\theta} = 0, \quad \tau_{\theta x} = \frac{\overline{T}}{J} r, \quad \tau_{xr} = 0 \tag{10.17}$$

$$\varepsilon_r = 0, \quad \varepsilon_\theta = 0, \quad \varepsilon_x = 0, \quad \gamma_{r\theta} = 0, \quad \gamma_{\theta x} = \frac{\overline{T}}{GJ} r, \quad \gamma_{xr} = 0 \tag{10.18}$$

したがって，図中の微小領域 $dV = dAdx$ に対して式 (10.8) を適用し，軸全体

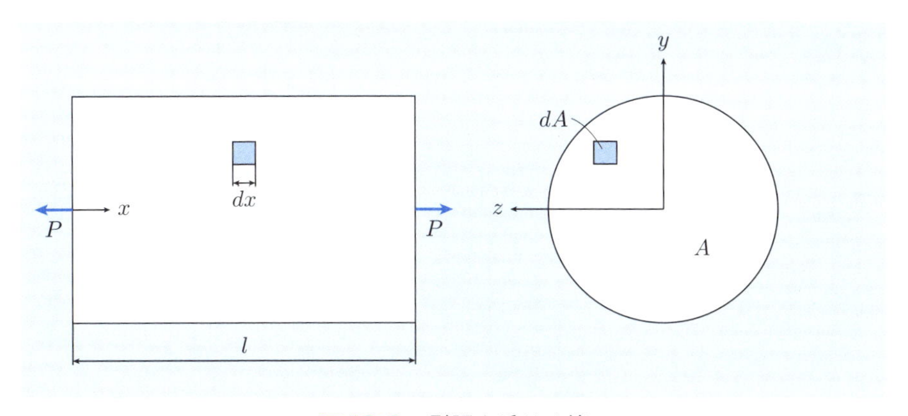

図 10.3　引張を受ける棒

について積分すると，軸に蓄えられるひずみエネルギー U は

$$U=\int_V \frac{\tau_{\theta x}\gamma_{\theta x}}{2}\,dV=\int_0^l\int_A \frac{\overline{T}^2 r^2}{2GJ^2}\,dAdx \tag{10.19}$$

ここで，軸に生じるねじりモーメント $\overline{T}$，せん断弾性係数 G，断面二次極モーメント J が x のみに依存する関数であることを考慮すると

$$U=\int_0^l \frac{\overline{T}^2}{2GJ^2}\left(\int_A r^2\,dA\right)dx=\int_0^l \frac{\overline{T}^2}{2GJ^2}J\,dx=\int_0^l \frac{\overline{T}^2}{2GJ}\,dx \tag{10.20}$$

図 10.5 に示すようなモーメント M を受ける長さ l のはりに蓄えられるひずみエネルギー U を算出してみよう．このとき，7.1 節で学習したように，はりに生じる内力はせん断力 $\overline{F}$ と曲げモーメント $\overline{M}$ のみであり，応力およびひずみの各成分は，断面二次モーメント I とヤング率 E を用いて

$$\sigma_x=\frac{\overline{M}}{I}y,\quad \sigma_y=0,\quad \sigma_z=0,\quad \tau_{xy}=0,\quad \tau_{yz}=0,\quad \tau_{zx}=0 \tag{10.21}$$

$$\varepsilon_x=\frac{\overline{M}}{EI}y,\quad \varepsilon_y\neq 0,\quad \varepsilon_z\neq 0,\quad \gamma_{xy}=0,\quad \gamma_{yz}=0,\quad \gamma_{zx}=0 \tag{10.22}$$

したがって，図中の微小領域 $dV=dAdx$ に対して式 (10.8) を適用し，はり全体について積分すると，はりに蓄えられるひずみエネルギー U は

$$U=\int_V \frac{\sigma_x\varepsilon_x}{2}\,dV=\int_0^l\int_A \frac{\overline{M}^2 y^2}{2EI^2}\,dAdx \tag{10.23}$$

ここで，はりに生じる曲げモーメント $\overline{M}$，ヤング率 E，断面二次モーメント I が x のみに依存する関数であることを考慮すると

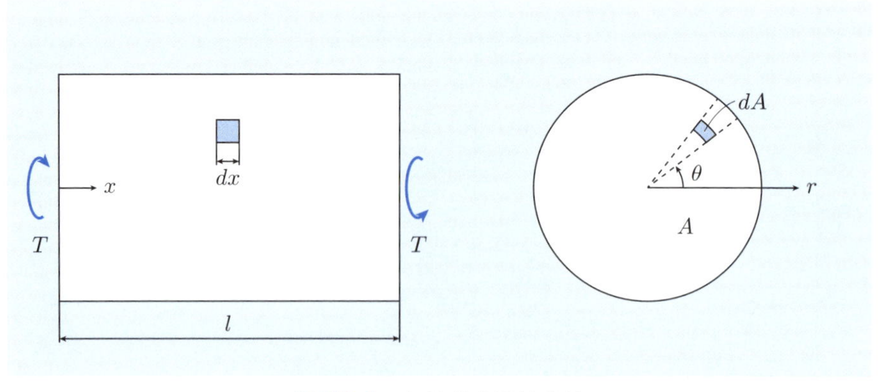

図 10.4　ねじりを受ける軸

$$U = \int_0^l \frac{\overline{M}^2}{2EI^2}\left(\int_A y^2\,dA\right)dx = \int_0^l \frac{\overline{M}^2}{2EI^2} I\,dx = \int_0^l \frac{\overline{M}^2}{2EI}\,dx \quad (10.24)$$

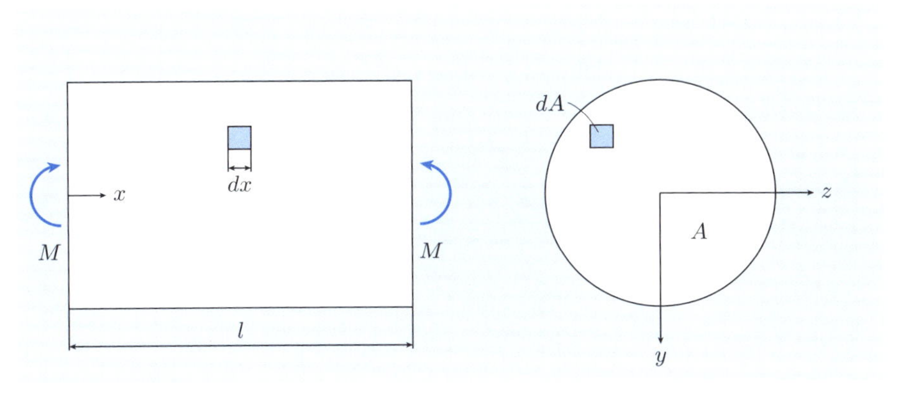

図 10.5　曲げを受けるはり

例題 10.1

図 10.6 に示すように，片持ちはりに集中荷重 P_0 を与えた．このとき，はりに蓄えられるひずみエネルギー U を算出せよ．

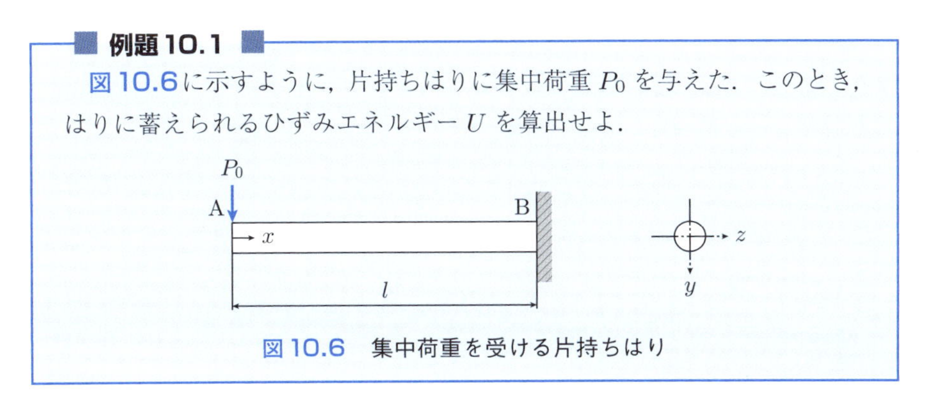

図 10.6　集中荷重を受ける片持ちはり

【解答】　点 A を原点として x 軸を定義すると，このはりに生じる曲げモーメント $\overline{M}$ は，7.2.1 項の結果より

$$\overline{M} = -P_0 x \quad \text{(a)}$$

したがって，式 (a) を式 (10.24) に代入すると，はりに蓄えられるひずみエネルギー U は

$$U = \int_0^l \frac{\overline{M}^2}{2EI}dx = \int_0^l \frac{(-P_0 x)^2}{2EI}dx = \frac{P_0^2 l^3}{6EI} \quad \text{(b)}$$ ■

10.2　仮想仕事の原理

10.2.1　最小ポテンシャルエネルギーの原理

「外力を受けて静止する物体の変形状態は，系全体の位置エネルギーが最小化される状態となる」ことが知られている．これを**最小ポテンシャルエネルギーの原理**（principle of minimum potentioal energy）と呼ぶ．ここでは，図 10.7 に示すような問題について，最小ポテンシャルエネルギーの原理に基づき，その静止状態を考察してみよう．最初に，系全体の位置エネルギーを Π，質点に生じる変位を u とおくと，最小ポテンシャルエネルギーの原理より

$$\frac{\partial \Pi}{\partial u} = 0 \quad \cdots \text{最小ポテンシャルエネルギーの原理} \qquad (10.25)$$

このとき，バネに蓄えられる位置エネルギー U は，質点に生じる変位 u とバネ定数 k を用いて

$$U = \frac{ku^2}{2} \qquad (10.26)$$

また，重力による位置エネルギー V は，質点に生じる変位 u，質点の質量 m，重力加速度 g を用いて

$$V = -mgu \qquad (10.27)$$

ここで，系全体の位置エネルギー Π がバネに蓄えられる位置エネルギー U と重力による位置エネルギー V との和であることを考慮すると

$$\Pi = U + V = \frac{ku^2}{2} - mgu \qquad (10.28)$$

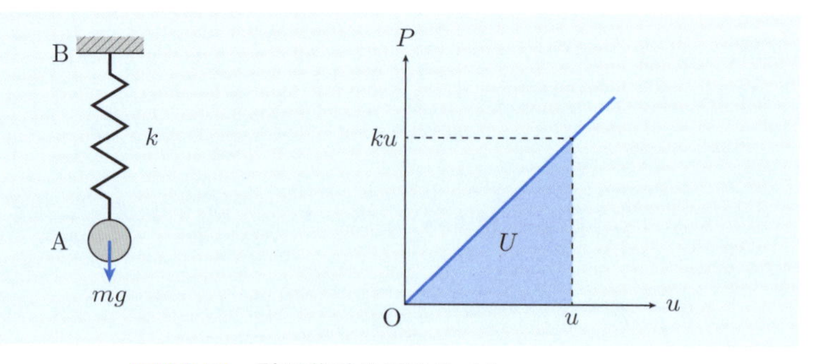

図 10.7　引張荷重を受けるバネ

したがって，最小ポテンシャルエネルギーの原理に基づき，式 (10.28) を式 (10.25) に代入し整理すると

$$\frac{\partial \Pi}{\partial u} = \frac{\partial (U+V)}{\partial u} = ku - mg = 0 \qquad \therefore \quad u = \frac{mg}{k} \tag{10.29}$$

このようにして得られた変位 u は，質点に関する力の釣り合いに基づいて得られる結果と同様であることは明らかであり，任意の外力を受けて静止する物体の変形状態をエネルギー原理（最小ポテンシャルエネルギーの原理）に基づいて解析できることがあらためて示唆される．

図 10.8 に示すような集中荷重 P_0 を受ける片持ちはりについて，最小ポテンシャルエネルギーの原理に基づき，荷重点 A に生じる変位 v_A を算出してみよう．最初に，系全体の位置エネルギーを Π，はりに生じる曲げモーメントを $\overline{M}$ とおくと，7.2.1 項の結果より

$$\overline{M} = -P_0 x \tag{10.30}$$

したがって，はりに蓄えられるひずみエネルギー U は，荷重点 A に生じる変位 v_A と曲げ剛性 EI を用いて，式 (10.24) より

$$U = \int_0^l \frac{\overline{M}^2}{2EI} dx = \frac{P_0^2 l^3}{6EI} = \frac{v_A^2 l^3}{6EIC^2} \tag{10.31}$$

ただし，$C = v_A/P_0$ である．また，集中荷重 P_0 による位置エネルギー V は，荷重点 A に生じる変位 v_A を用いて

$$V = -P_0 v_A \tag{10.32}$$

ここで，系全体の位置エネルギー Π がはりに蓄えられる位置エネルギー U と集中荷重 P_0 による位置エネルギー V との和であることを考慮すると

$$\Pi = U + V = \frac{v_A^2 l^3}{6EIC^2} - P_0 v_A \tag{10.33}$$

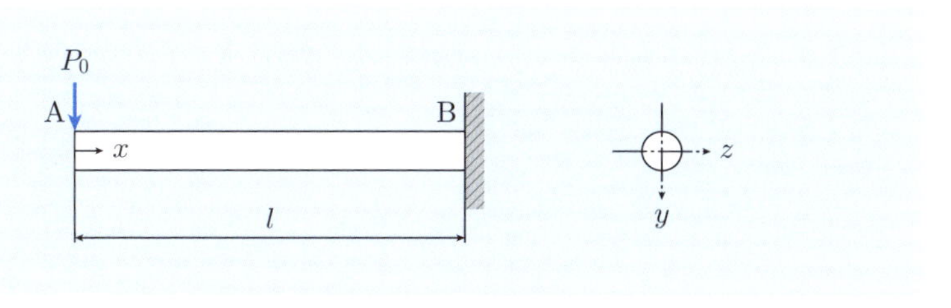

図 10.8　集中荷重を受ける片持ちはり

したがって，最小ポテンシャルエネルギーの原理に基づき，式(10.33)を式(10.25)に代入し整理すると

$$\frac{\partial \Pi}{\partial v_{\mathrm{A}}} = \frac{\partial (U+V)}{\partial v_{\mathrm{A}}} = \frac{v_{\mathrm{A}} l^3}{3EIC^2} - P_0 = 0 \tag{10.34}$$

さらに，$C = v_{\mathrm{A}}/P_0$ であることを考慮すると，荷重点 A に生じる変位 v_{A} は次式のように与えられ，8.2.2 項の結果と一致する．

$$v_{\mathrm{A}} = \frac{P_0 l^3}{3EI} \tag{10.35}$$

10.2.2　仮想仕事の原理

「外力を受けて静止する物体に微小変位を与えたとき，系全体の位置エネルギーの変化は外力のなす仕事に等しい」ことが知られている．これを**仮想仕事の原理**（principle of virtual work）と呼ぶ．ここでは，図 10.7 に示すような問題について，仮想仕事の原理に基づき，その静止状態を考察してみよう．最初に，図 10.9 に示すように，平衡状態にある質点に微小変位 Δu を与えたと仮定すると，仮想仕事の原理より

$$\Delta U - \Delta V = 0 \quad \cdots \text{仮想仕事の原理} \tag{10.36}$$

ただし，ΔU はバネに蓄えられる位置エネルギーの変化であり，質点に与えた微小変位 Δu とバネ定数 k を用いて

$$\Delta U = \frac{k(u+\Delta u)^2}{2} - \frac{ku^2}{2} = ku\Delta u \tag{10.37}$$

また，ΔV はこの過程において重力のなす仕事であり，質点に与えた微小変位 Δu，質点の質量 m，重力加速度 g を用いて

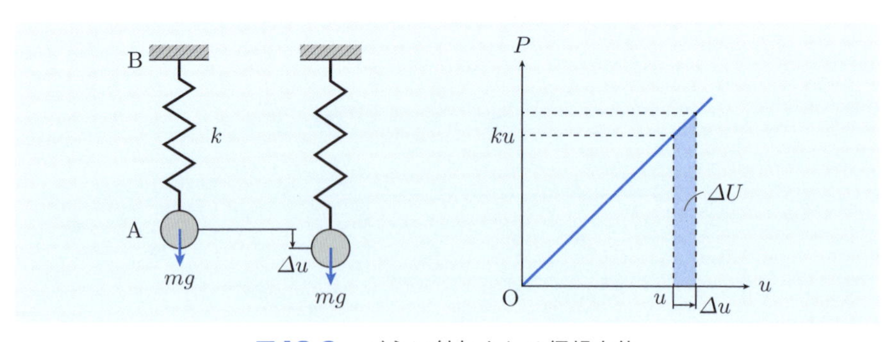

図 10.9　バネに付与される仮想変位

$$\Delta V = mg(u + \Delta u) - mgu = mg\Delta u \tag{10.38}$$

したがって，仮想仕事の原理に基づき，式 (10.37) および式 (10.38) を式 (10.36) に代入し整理すると

$$\Delta U - \Delta V = (ku - mg)\,\Delta u = 0 \tag{10.39}$$

ここで，任意に仮定した微小変位 Δu に対して式 (10.39) が恒等的に成立することを考慮すると

$$ku - mg = 0 \qquad \therefore \quad u = \frac{mg}{k} \tag{10.40}$$

このようにして得られた変位 u は，質点に関する力の釣り合いに基づいて得られる結果と同様であることは明らかであり，任意の外力を受けて静止する物体の変形状態をエネルギー原理（仮想仕事の原理）に基づいて解析できることがあらためて示唆される．

図 10.8 に示すような集中荷重 P_0 を受ける片持ちはりについて，仮想仕事の原理に基づき，荷重点 A に生じる変位 v_{A} を算出してみよう．最初に，図 10.10 に示すように，荷重点 A に微小変位 Δv_{A} を与えたと仮定すると，このはりに生じる曲げモーメント $\overline{M}$ は，7.2.1 項の結果より

$$\overline{M} = -P_0 x \tag{10.41}$$

したがって，はりに蓄えられるひずみエネルギーの変化 ΔU は，荷重点 A に与えた微小変位 Δv_{A} と曲げ剛性 EI を用いて，式 (10.31) より

$$\Delta U = \frac{(v_{\mathrm{A}} + \Delta v_{\mathrm{A}})^2 l^3}{6EIC^2} - \frac{v_{\mathrm{A}}^2 l^3}{6EIC^2} = \frac{v_{\mathrm{A}} l^3}{3EIC^2}\Delta v_{\mathrm{A}} \tag{10.42}$$

ただし，$C = v_{\mathrm{A}}/P_0$ である．また，この過程において荷重 P_0 のなす仕事 ΔV は，荷重点 A に与えた微小変位 Δv_{A} を用いて

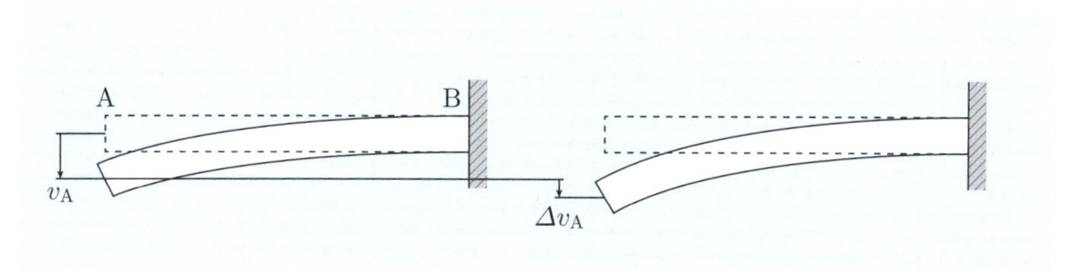

図 10.10　はりに付与される仮想変位

$$\Delta V = P_0(v_A + \Delta v_A) - P_0 v_A = P_0 \Delta v_A \tag{10.43}$$

したがって，仮想仕事の原理に基づき，式 (10.42) および式 (10.43) を式 (10.36) に代入し整理すると

$$\Delta U - \Delta V = \left(\frac{v_A l^3}{3EIC^2} - P_0 \right) \Delta v_A = 0 \tag{10.44}$$

ここで，任意に仮定した微小変位 Δv_A に対して式 (10.44) が恒等的に成立することを考慮すると

$$\frac{v_A l^3}{3EIC^2} - P_0 = 0 \tag{10.45}$$

さらに，$C = v_A/P_0$ であることを考慮すると．荷重点Aに生じる変位 v_A は次式のように与えられ，8.2.2項の結果と一致する．

$$v_A = \frac{P_0 l^3}{3EI} \tag{10.46}$$

■ 例題 10.2 ■

図 10.11 に示すように，トラス構造に集中荷重 P_0 を与えた．このとき，仮想仕事の原理を用いて，荷重点Cに生じる変位 v_C を算出せよ．

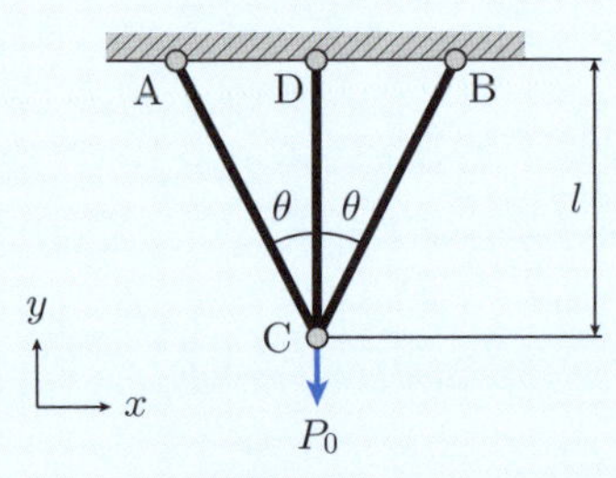

図 10.11　集中荷重を受けるトラス構造

【解答】　例題1.2と同様，部材AC，部材BC，部材DCに生じる伸び δ_{AC}, δ_{BC}, δ_{DC} は，荷重点Cに生じる変位 v_C を用いて

$$\delta_{AC} = \delta_{BC} = v_C \cos\theta, \quad \delta_{DC} = v_C \tag{a}$$

このとき，部材AC，部材BC，部材DCに生じる縦ひずみ ε_{AC}, ε_{BC}, ε_{DC} は，部材の長さ $l_{AC} = l_{BC} = l/\cos\theta$，$l_{DC} = l$ を用いて

$$\varepsilon_{\mathrm{AC}} = \varepsilon_{\mathrm{BC}} = \frac{v_{\mathrm{C}} \cos^2\theta}{l}, \quad \varepsilon_{\mathrm{DC}} = \frac{v_{\mathrm{C}}}{l} \tag{b}$$

さらに，式 (b) に応力–ひずみ関係式を適用すると，部材 AC，部材 BC，部材 DC に生じる軸応力 $\sigma_{\mathrm{AC}}, \sigma_{\mathrm{BC}}, \sigma_{\mathrm{DC}}$ は，部材のヤング率 E を用いて

$$\sigma_{\mathrm{AC}} = \sigma_{\mathrm{BC}} = \frac{E v_{\mathrm{C}} \cos^2\theta}{l}, \quad \sigma_{\mathrm{DC}} = \frac{E v_{\mathrm{C}}}{l} \tag{c}$$

ここで，式 (c) を式 (5.5) に代入すると，部材 AC，部材 BC，部材 DC に生じる軸力 $\overline{N}_{\mathrm{AC}}, \overline{N}_{\mathrm{BC}}, \overline{N}_{\mathrm{DC}}$ は，部材の断面積 A を用いて

$$\overline{N}_{\mathrm{AC}} = \overline{N}_{\mathrm{BC}} = \frac{EA v_{\mathrm{C}} \cos^2\theta}{l}, \quad \overline{N}_{\mathrm{DC}} = \frac{EA v_{\mathrm{C}}}{l} \tag{d}$$

したがって，式 (d) を式 (10.16) に代入すると，構造に蓄えられるひずみエネルギー U は，部材の長さ $l_{\mathrm{AC}} = l_{\mathrm{BC}} = l/\cos\theta$, $l_{\mathrm{DC}} = l$ を用いて

$$U = \frac{\overline{N}_{\mathrm{AC}}^2 l_{\mathrm{AC}}}{2EA} + \frac{\overline{N}_{\mathrm{BC}}^2 l_{\mathrm{BC}}}{2EA} + \frac{\overline{N}_{\mathrm{DC}}^2 l_{\mathrm{DC}}}{2EA} = \frac{2\cos^3\theta + 1}{2l/EA} v_{\mathrm{C}}^2 \tag{e}$$

ここで，荷重点 C に微小変位 Δv_{C} を与えたと仮定すると，構造に蓄えられるひずみエネルギーの変化 ΔU は

$$\Delta U = \frac{2\cos^3\theta + 1}{2l/EA} \left\{ (v_{\mathrm{C}} + \Delta v_{\mathrm{C}})^2 - v_{\mathrm{C}}^2 \right\} = \frac{2\cos^3\theta + 1}{l/EA} v_{\mathrm{C}} \Delta v_{\mathrm{C}} \tag{f}$$

また，この過程において荷重 P_0 のなす仕事 ΔV は，荷重点 C に与えた微小変位 Δv_{C} を用いて

$$\Delta V = P_0 \Delta v_{\mathrm{C}} \tag{g}$$

したがって，仮想仕事の原理に基づき，式 (f) および式 (g) を式 (10.36) に代入し整理すると

$$\Delta U - \Delta V = \left(\frac{2\cos^3\theta + 1}{l/EA} v_{\mathrm{C}} - P_0 \right) \Delta v_{\mathrm{C}} = 0 \tag{h}$$

ここで，任意に仮定した微小変位 Δv_{C} に対して式 (h) が恒等的に成立することを考慮すると

$$\frac{2\cos^3\theta + 1}{l/EA} v_{\mathrm{C}} - P_0 = 0 \qquad \therefore \quad v_{\mathrm{C}} = \frac{P_0 l/EA}{2\cos^3\theta + 1} \tag{i}$$

■

10.3 カスティリアノの定理

10.3.1 マックスウェルの相反定理

図10.12に示すように，荷重 $P_1, P_2, \ldots, P_n$ を受けて変形する物体に着目し，この物体の静止状態について考察してみよう．ただし，i 番目の荷重 P_i が働く点を X_i，点 X_i に生じる変位を $\widehat{u}_i$，変位 $\widehat{u}_i$ の P_i 方向成分を u_i と定義する．ここで，点 X_j に働く荷重 P_j によって点 X_i に生じる変位の P_i 方向成分を u_{ij} と定義すると，点 X_i に生じる変位の P_i 方向成分 u_i は荷重 $P_1, P_2, \ldots, P_n$ によって点 X_i に生じる変位の P_i 方向成分 $u_{i1}, u_{i2}, \ldots, u_{in}$ の和となり

$$
\begin{aligned}
u_1 &= u_{11} + u_{12} + \cdots + u_{1n} \\
u_2 &= u_{21} + u_{22} + \cdots + u_{2n} \\
&\ \vdots \\
u_n &= u_{n1} + u_{n2} + \cdots + u_{nn}
\end{aligned}
\tag{10.47}
$$

一方，点 X_j に働く荷重 P_j によって点 X_i に生じる変位の P_i 方向成分 u_{ij} は荷重 P_j に比例することから，比例定数を c_{ij} と定義すると

$$
u_{ij} = c_{ij} P_j \tag{10.48}
$$

このとき，比例定数 c_{ij} は点 X_i に生じる変位 u_i に対する荷重 P_j の寄与度を表

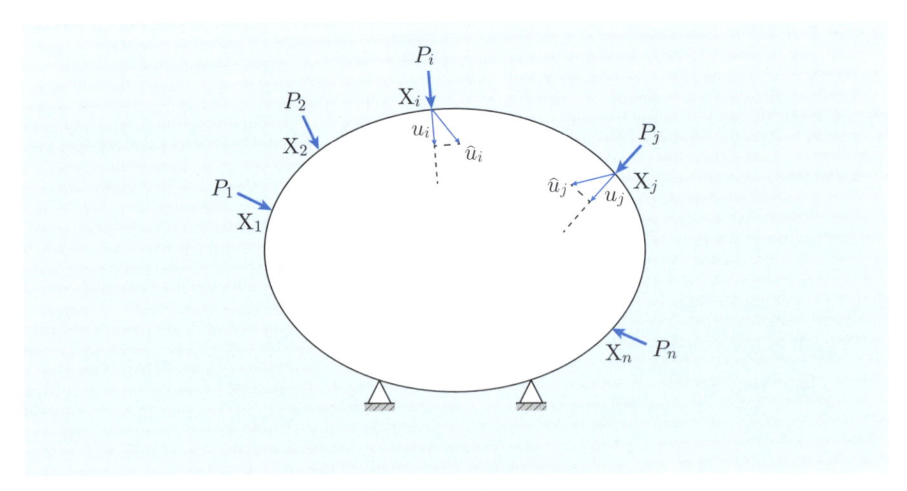

図10.12 外力を受ける物体

すことになり，**影響係数**（influence coefficient）と呼ばれる．したがって

$$
\begin{aligned}
u_1 &= c_{11}P_1 + c_{12}P_2 + \cdots + c_{1n}P_n \\
u_2 &= c_{21}P_1 + c_{22}P_2 + \cdots + c_{2n}P_n \\
&\vdots \\
u_n &= c_{n\,1}P_1 + c_{n\,2}P_2 + \cdots + c_{n\,n}P_n
\end{aligned}
\tag{10.49}
$$

ここで，荷重 $P_1, P_2, \ldots, P_n$ を $P_1, P_2, \ldots, P_n$ の順に負荷する過程を過程 A，過程 A 全体で物体に蓄えられるひずみエネルギーを U_{A} と定義する．このとき，1 番目の荷重 P_1 を負荷する過程について考えると，点 X_1 に働く荷重は 0 から P_1 まで増加し，点 X_1 に生じる変位は u_{11} だけ増加することになる．したがって，この過程で荷重 P_1 のなす仕事は $P_1 u_{11}/2$ となり，物体に蓄えられるひずみエネルギー U_1 は

$$
U_1 = \frac{P_1 u_{11}}{2} = \frac{c_{11}}{2}P_1^2 \tag{10.50}
$$

次に，荷重 P_1 を保持したまま 2 番目の荷重 P_2 を負荷する過程について考えると，点 X_2 に働く荷重は 0 から P_2 まで増加し，点 X_2 に生じる変位は u_{22} だけ増加することになる．このとき，点 X_1 に働く荷重は P_1 のままであり点 X_1 に生じる変位のみ u_{12} だけ増加する．したがって，この過程で荷重 P_2 のなす仕事は $P_2 u_{22}/2$，荷重 P_1 のなす仕事は $P_1 u_{12}$ となり，物体に蓄えられるひずみエネルギー U_2 は

$$
U_2 = \frac{P_2 u_{22}}{2} + P_1 u_{12} = \frac{c_{22}}{2}P_2^2 + c_{12}P_1 P_2 \tag{10.51}
$$

すなわち，荷重 $P_1, P_2, \ldots, P_{i-1}$ を保持したまま i 番目の荷重 P_i を負荷する過程で物体に蓄えられるひずみエネルギー U_i は

$$
\begin{aligned}
U_i &= \frac{P_i u_{ii}}{2} + P_1 u_{1i} + P_2 u_{2i} + \cdots + P_{i-1} u_{i-1,i} \\
&= \frac{c_{ii}}{2}P_i^2 + c_{1i}P_1 P_i + c_{2i}P_2 P_i + \cdots + c_{i-1,i}P_{i-1}P_i
\end{aligned}
\tag{10.52}
$$

したがって，$U_{\mathrm{A}} = U_1 + U_2 + \cdots + U_n$ であることを考慮すると，過程 A 全体で物体に蓄えられるひずみエネルギー U_{A} は

$$
\begin{aligned}
U_{\mathrm{A}} = &\left(\frac{c_{11}}{2}P_1^2\right) \\
&+ \left(\frac{c_{22}}{2}P_2^2 + c_{12}P_1P_2\right) \\
&\vdots \\
&+ \left(\frac{c_{nn}}{2}P_n^2 + c_{1n}P_1P_n + \cdots + c_{n-1,n}P_{n-1}P_n\right)
\end{aligned} \tag{10.53}
$$

同様に，荷重 P_1, P_2, …, P_n を P_n, P_{n-1}, …, P_1 の順に負荷する過程を過程B，過程B全体で物体に蓄えられるひずみエネルギー U_{B} と定義すると

$$
\begin{aligned}
U_{\mathrm{B}} = &\left(\frac{c_{nn}}{2}P_n^2\right) \\
&+ \left(\frac{c_{n-1,n-1}}{2}P_{n-1}^2 + c_{n,n-1}P_nP_{n-1}\right) \\
&\vdots \\
&+ \left(\frac{c_{11}}{2}P_1^2 + c_{n1}P_nP_1 + \cdots + c_{21}P_2P_1\right)
\end{aligned} \tag{10.54}
$$

一方，線形弾性体においては最終的な静止状態は荷重が働く順序に依存しないことから，$U_{\mathrm{A}} = U_{\mathrm{B}}$ とおくと，式 (10.53) および式 (10.54) より

$$
\begin{aligned}
&U_{\mathrm{A}} - U_{\mathrm{B}} \\
&= (c_{12} - c_{21})P_1P_2 + (c_{13} - c_{31})P_1P_3 + \cdots + (c_{1n} - c_{n1})P_1P_n \\
&\qquad + (c_{23} - c_{32})P_2P_3 + \cdots + (c_{2n} - c_{n2})P_2P_n \\
&\qquad\qquad \vdots \\
&\qquad\qquad + (c_{n-1,n} - c_{n,n-1})P_{n-1}P_n \\
&= 0
\end{aligned} \tag{10.55}
$$

ここで，任意の荷重 P_1, P_2, …, P_n に対して式 (10.55) が恒等的に成立することから，影響係数 c_{ij} について次式のような関係を得ることができる．

$$
c_{ij} = c_{ji} \quad \cdots \text{マックスウェルの相反定理} \tag{10.56}
$$

すなわち，線形弾性体では，点 X_i に生じる変位 u_i に対する荷重 P_j の寄与度と点 X_j に生じる変位 u_j に対する荷重 P_i の寄与度は常に等しいことが分かる．これを**マックスウェルの相反定理**（Maxwell's theorem of reciprocal）と呼ぶ．

なお，式 (10.48) を用いると，式 (10.56) は次式のように与えられる．

$$P_i u_{ij} = P_j u_{ji} \quad \cdots \text{マックスウェルの相反定理} \tag{10.57}$$

10.3.2 カスティリアノの定理

図 10.12 に示すように，荷重 $P_1, P_2, \ldots, P_n$ を受けて変形する物体に着目し，この物体の静止状態について再度考察してみよう．ただし，i 番目の荷重 P_i が働く点を X_i，点 X_i に生じる変位を $\widehat{u}_i$，変位 $\widehat{u}_i$ の P_i 方向成分を u_i と定義する．ここで，点 X_j に働く荷重 P_j によって点 X_i に生じる変位の P_i 方向成分を u_{ij} と定義すると，点 X_i に生じる変位の P_i 方向成分 u_i は，式 (10.47) および式 (10.49) より

$$\begin{aligned} u_i &= u_{i1} + u_{i2} + \cdots + u_{in} \\ &= c_{i1} P_1 + c_{i2} P_2 + \cdots + c_{in} P_n \end{aligned} \tag{10.58}$$

ここで，荷重 $P_1, P_2, \ldots, P_n$ が微小量 $\Delta P_1, \Delta P_2, \ldots, \Delta P_n$ だけ変化し，点 X_i に生じる変位の P_i 方向成分 u_i が微小量 Δu_i だけ変化したと仮定すると

$$\Delta u_i = c_{i1} \Delta P_1 + c_{i2} \Delta P_2 + \cdots + c_{in} \Delta P_n \tag{10.59}$$

したがって，この過程で外力のなす仕事 ΔV は荷重 $P_1, P_2, \ldots, P_n$ のなす仕事 $P_1 \Delta u_1, P_2 \Delta u_2, \ldots, P_n \Delta u_n$ の和となり

$$\begin{aligned} \Delta V &= P_1 \Delta u_1 + P_2 \Delta u_2 + \cdots + P_n \Delta u_n \\ &= P_1 (c_{11} \Delta P_1 + c_{12} \Delta P_2 + \cdots + c_{1n} \Delta P_n) \\ &\quad + P_2 (c_{21} \Delta P_1 + c_{22} \Delta P_2 + \cdots + c_{2n} \Delta P_n) \\ &\quad \vdots \\ &\quad + P_n (c_{n1} \Delta P_1 + c_{n2} \Delta P_2 + \cdots + c_{nn} \Delta P_n) \\ &= (c_{11} P_1 + c_{21} P_2 + \cdots + c_{n1} P_n) \Delta P_1 \\ &\quad + (c_{12} P_1 + c_{22} P_2 + \cdots + c_{n2} P_n) \Delta P_2 \\ &\quad \vdots \\ &\quad + (c_{1n} P_1 + c_{2n} P_2 + \cdots + c_{nn} P_n) \Delta P_n \end{aligned} \tag{10.60}$$

一方，ひずみエネルギー U が荷重 $P_1, P_2, \ldots, P_n$ の関数であることを考慮すると，ひずみエネルギーの変化 ΔU は

$$\Delta U=\frac{\partial U}{\partial P_1}\Delta P_1+\frac{\partial U}{\partial P_2}\Delta P_2+\cdots+\frac{\partial U}{\partial P_n}\Delta P_n \tag{10.61}$$

ここで，$\Delta U=\Delta V$ であることを考慮し，式 (10.60) および式 (10.61) の ΔP_1，$\Delta P_2, \ldots, \Delta P_n$ の項の係数を比較すると

$$\frac{\partial U}{\partial P_i}=c_{1i}P_1+c_{2i}P_2+\cdots+c_{n\,i}P_n \tag{10.62}$$

さらに，マックスウェルの相反定理に基づき，式 (10.62) の影響係数を $c_{1i}=c_{i1}$，$c_{2i}=c_{i2}, \ldots, c_{n\,i}=c_{in}$ のように置換すると

$$\frac{\partial U}{\partial P_i}=c_{i\,1}P_1+c_{i\,2}P_2+\cdots+c_{in}P_n \tag{10.63}$$

ここで，式 (10.58) と式 (10.63) を等置すると，点 X_i に働く荷重 P_i と点 X_i に生じる変位 u_i との間に次式のような関係を得ることができる．

$$\frac{\partial U}{\partial P_i}=u_i \quad \cdots \text{カスティリアノの定理} \tag{10.64}$$

すなわち，物体に蓄えられるひずみエネルギー U を荷重 P_i で偏微分することによって，荷重 P_i が働く点に生じる変位 u_i を算出できることが分かる．これを**カスティリアノの定理**（Castigliano's theorem）と呼ぶ．この定理はモーメント M_i と回転 ϕ_i との関係にも拡張できる．すなわち

$$\frac{\partial U}{\partial M_i}=\phi_i \quad \cdots \text{カスティリアノの定理} \tag{10.65}$$

例題 10.3

図 10.13 に示すように，片持ちはりに集中荷重 P_0 を与えた．マックスウェルの相反定理を用いて，点 A に生じるたわみ v_{A} を算出せよ．

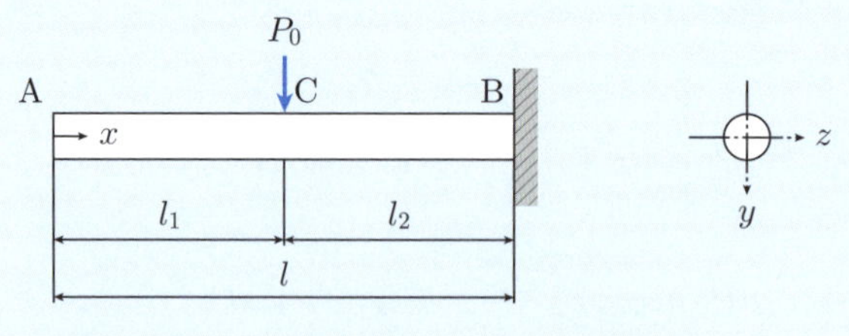

図 10.13　集中荷重を受ける片持ちはり

【解答】　図 10.14に示すように，点 A に荷重 P_{A} を与えた場合にはりに生じるたわみ $v_{P_{\mathrm{A}}}$ は，8.2.2 項の結果より

$$v_{P_{\mathrm{A}}} = \frac{P_{\mathrm{A}}}{6EI}x^3 - \frac{P_{\mathrm{A}}l^2}{2EI}x + \frac{P_{\mathrm{A}}l^3}{3EI} \tag{a}$$

ここで，点 A に荷重 P_{A} を与えた場合に点 C に生じるたわみ v_{CA} とおくと，式 (a) で $x = l_1$ とすることによって

$$v_{\mathrm{CA}} = \frac{P_{\mathrm{A}}}{6EI}l_1^3 - \frac{P_{\mathrm{A}}l^2}{2EI}l_1 + \frac{P_{\mathrm{A}}l^3}{3EI} = \frac{P_{\mathrm{A}}(3l_1 + 2l_2)l_2^2}{6EI} \tag{b}$$

一方，点 C に荷重 P_{C} を与えた場合に点 A に生じるたわみを v_{AC} とおくと，マックスウェルの相反定理より

$$P_{\mathrm{A}}v_{\mathrm{AC}} = P_{\mathrm{C}}v_{\mathrm{CA}} \tag{c}$$

したがって，式 (b) を式 (c) に代入し整理すると，点 C に働く荷重 P_0 によって点 A に生じるたわみ v_{A} は，$P_{\mathrm{C}} = P_0$, $v_{\mathrm{AC}} = v_{\mathrm{A}}$ より

$$v_{\mathrm{A}} = \frac{P_0}{P_{\mathrm{A}}}v_{\mathrm{CA}} = \frac{P_0(3l_1 + 2l_2)l_2^2}{6EI} \tag{d}$$

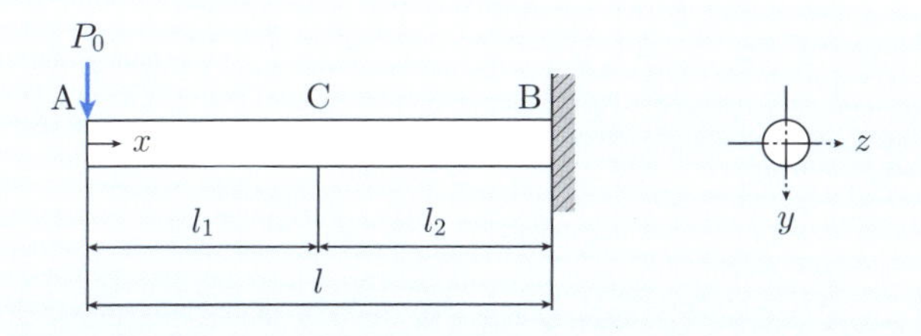

図 10.14　集中荷重を受ける片持ちはり

● 数値解析と計算力学 ●

弾性力学を用いることによって，任意の形状，材質，力学状態にある物体に生じる内力や変形を解析できるようになる．しかし，弾性力学に基づいて導出された偏微分方程式の境界値問題の厳密解を得ることは容易ではない．このようなことから，実際には，数値解析を用いて近似解を得ることによって，様々な工業製品の解析に弾性力学を活用している．このような手法を総称して**計算力学**と呼び，固体力学分野では，**有限要素法**と呼ばれる解析手法が広く用いられている．

10.4　エネルギー原理による解析

10.4.1　静定はりの解析

図10.15に示すように，集中荷重 P_0 を受ける単純支持はりに着目し，このはりの静止状態について，カスティリアノの定理に基づいて考察してみよう．最初に，点Aを原点として部材の軸線に沿って x 軸，集中荷重 P_0 と平行に y 軸を定義すると，図10.16 (a) に示すように，このはりに働く外力は集中荷重 P_0，支持点Aに働く反力 R_A，支持点Bに働く反力 R_B であり，はり全体の平衡条件より

$$P_0 - R_A - R_B = 0 \quad (y\text{ 軸方向の力の平衡}) \tag{10.66}$$

$$P_0 l_2 - R_A l = 0 \quad (\text{点 B まわりのモーメントの平衡}) \tag{10.67}$$

一方，図10.16 (b) に示すように，$0 \leqq x \leqq l_1$ ではりを仮想切断し，せん断力を $\overline{F}$，曲げモーメントを $\overline{M}$ とおくと

$$\overline{F} = \frac{P_0 l_2}{l}, \quad \overline{M} = \frac{P_0 l_2}{l} x \quad (0 \leqq x \leqq l_1) \tag{10.68}$$

同様に，図10.16 (c) に示すように，$l_1 \leqq x \leqq l$ ではりを仮想切断し，せん断力を $\overline{F}$，曲げモーメントを $\overline{M}$ とおくと

$$\overline{F} = -\frac{P_0 l_1}{l}, \quad \overline{M} = \frac{P_0 l_1}{l}(l - x) \quad (l_1 \leqq x \leqq l) \tag{10.69}$$

一方，カスティリアノの定理より，点Cに生じるたわみ v_C は，ひずみエネルギー U と点Cに働く荷重 P_0 を用いて

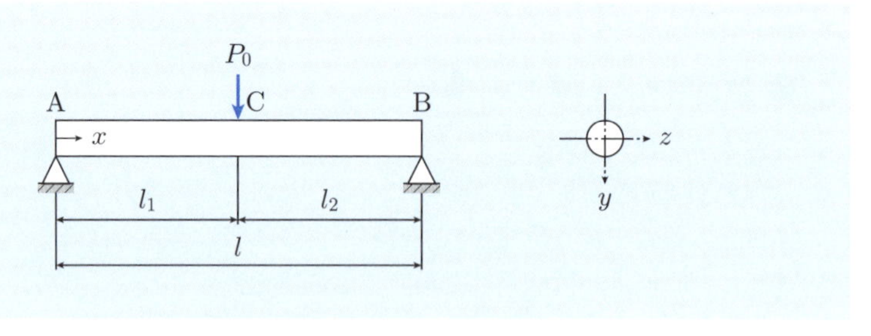

図10.15　集中荷重を受ける単純支持はり

$$v_C = \frac{\partial U}{\partial P_0} = \frac{\partial}{\partial P_0}\int_0^l \frac{\overline{M}^2}{2EI}\,dx = \frac{1}{EI}\int_0^l \overline{M}\frac{\partial \overline{M}}{\partial P_0}\,dx \tag{10.70}$$

したがって，式 (10.68) および式 (10.69) を式 (10.70) に代入し整理すると，点 C に生じるたわみ v_C は

$$\begin{aligned} v_C &= \frac{1}{EI}\int_0^{l_1} \frac{P_0 l_2}{l}x \cdot \frac{l_2}{l}x\,dx + \frac{1}{EI}\int_{l_1}^{l} \frac{P_0 l_1}{l}(l-x)\cdot\frac{l_1}{l}(l-x)\,dx \\ &= \frac{P_0 l_1^2 l_2^2}{3EIl} \end{aligned} \tag{10.71}$$

10.4.2　不静定はりの解析

図 10.17 に示すように，集中荷重 P_0 を受ける固定–支持はりに着目し，このはりの静止状態について，カスティリアノの定理に基づいて考察してみよう．最初に，点 A を原点として部材の軸線に沿って x 軸，集中荷重 P_0 と平行に y 軸を定義すると，図 10.18 (a) に示すように，このはりに働く外力は集中荷重 P_0，支持点 A に働く反力 R_A，固定点 B に働く反力 R_B，固定点 B に働く反力モーメント M_B であり，はり全体の平衡条件より

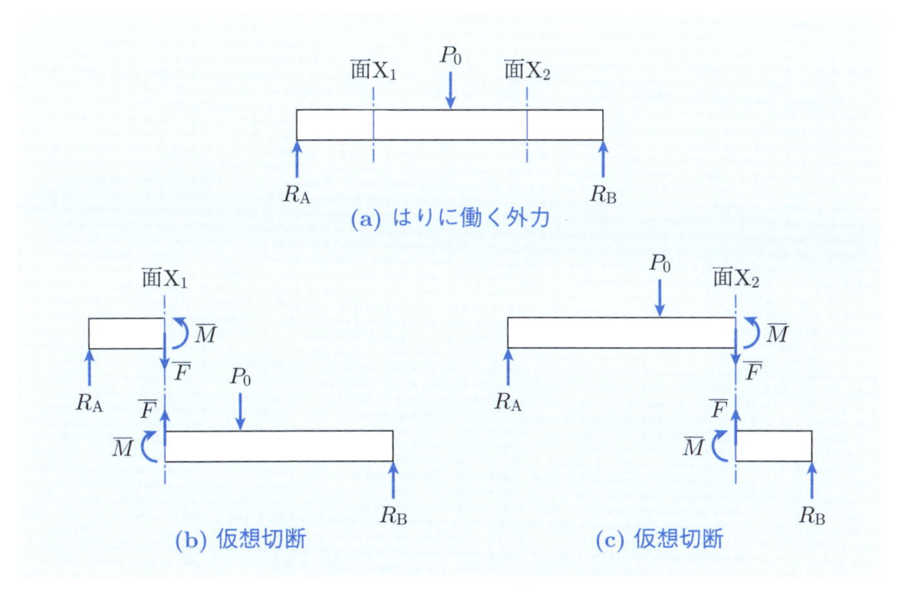

図 10.16　外力と内力（FBD）

$$P_0 - R_A - R_B = 0 \quad (y\text{ 軸方向の力の平衡}) \tag{10.72}$$

$$P_0 l_2 - R_A l + M_B = 0 \quad (\text{点 B まわりのモーメントの平衡}) \tag{10.73}$$

一方，図 10.18 (b) に示すように，$0 \leqq x \leqq l_1$ ではりを仮想切断し，せん断力を $\overline{F}$，曲げモーメントを $\overline{M}$ とおくと

$$\overline{F} = R_A, \quad \overline{M} = R_A x \quad (0 \leqq x \leqq l_1) \tag{10.74}$$

同様に，図 10.18 (c) に示すように，$l_1 \leqq x \leqq l$ ではりを仮想切断し，せん断力を $\overline{F}$，曲げモーメントを $\overline{M}$ とおくと

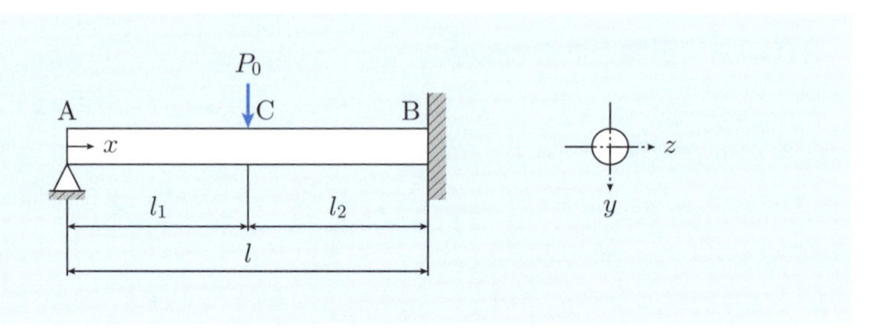

図 10.17 集中荷重を受ける不静定はり

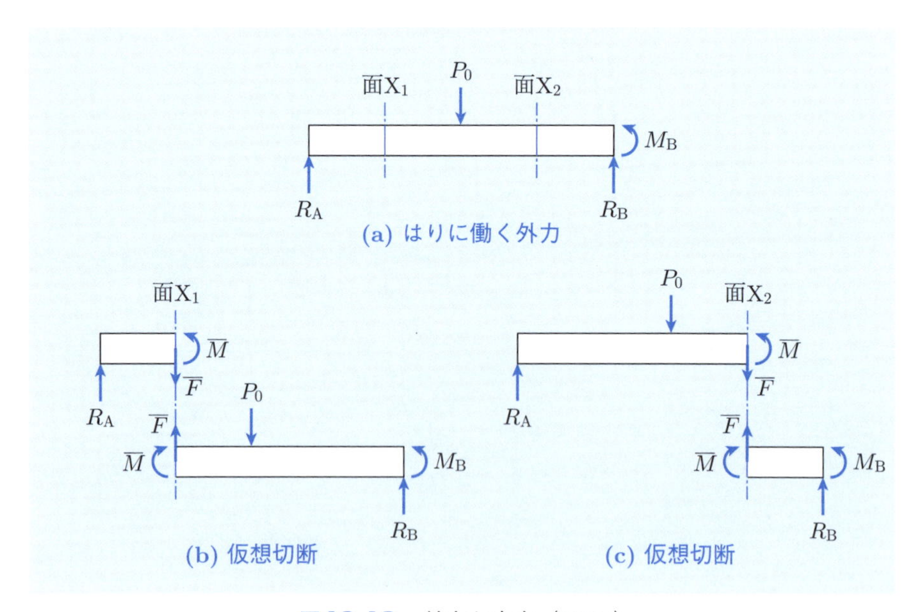

図 10.18 外力と内力（FBD）

$$\overline{F} = R_A - P_0, \quad \overline{M} = R_A x - P_0(x - l_1) \quad (l_1 \leqq x \leqq l) \tag{10.75}$$

一方，カスティリアノの定理より，点 A に生じるたわみ v_A はひずみエネルギー U と点 A に働く反力 R_A を用いて

$$-v_A = \frac{\partial U}{\partial R_A} = \frac{\partial}{\partial R_A}\int_0^l \frac{\overline{M}^2}{2EI}\,dx = \frac{1}{EI}\int_0^l \overline{M}\frac{\partial \overline{M}}{\partial R_A}\,dx \tag{10.76}$$

ここで，式 (10.74) および式 (10.75) を式 (10.76) に代入し，点 A（$x=0$）が支持点（$v=0$）であることを考慮すると，$v_A = 0$ より

$$\begin{aligned} -v_A &= \frac{1}{EI}\int_0^{l_1} R_A x \cdot x\,dx + \frac{1}{EI}\int_{l_1}^{l} (R_A x - P_0 x + P_0 l_1)\cdot x\,dx \\ &= \frac{R_A l^3}{3EI} - \frac{P_0(3l_1 + 2l_2)l_2^2}{6EI} = 0 \end{aligned} \tag{10.77}$$

したがって，3 つの未知量 R_A, R_B, M_B は，式 (10.72)，式 (10.73)，式 (10.77) より，次式のように与えられることになる．

$$R_A = \frac{P_0(3l_1 l_2^2 + 2l_2^3)}{2l^3}, \quad R_B = \frac{P_0(2l_1^3 + 6l_1^2 l_2 + 3l_1 l_2^2)}{2l^3} \tag{10.78}$$

$$M_B = -\frac{P_0(2l_1^2 l_2 + l_1 l_2^2)}{2l^3} \tag{10.79}$$

例題 10.4

図 10.19 に示すように，固定–固定はりに集中荷重 P_0 を与えた．このとき，点 A および点 B に働く反力と反力モーメントを算出せよ．

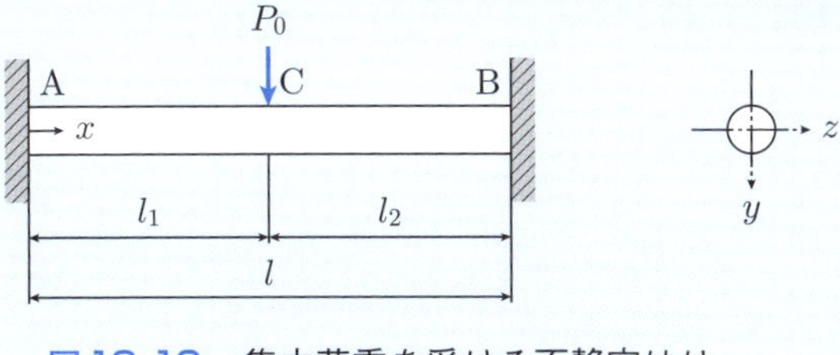

図 10.19　集中荷重を受ける不静定はり

【解答】　点 A を原点として x 軸を定義すると，図 10.20 (a) に示すように，このはりに働く外力は集中荷重 P_0，固定点 A に働く反力 R_A，固定点 A に働く

反力モーメント M_{A}，固定点 B に働く反力 R_{B}，固定点 B に働く反力モーメント M_{B} であり，はり全体の平衡条件より

$$P_0 - R_{\mathrm{A}} - R_{\mathrm{B}} = 0 \qquad (y\text{ 軸方向の力の平衡}) \tag{a}$$

$$P_0 l_2 - R_{\mathrm{A}} l - M_{\mathrm{A}} + M_{\mathrm{B}} = 0 \quad (\text{点 B まわりのモーメントの平衡}) \tag{b}$$

一方，図 10.20 (b) に示すように，$0 \leqq x \leqq l_1$ ではりを仮想切断し，せん断力を $\overline{F}$，曲げモーメントを $\overline{M}$ とおくと

$$\overline{F} = R_{\mathrm{A}}, \quad \overline{M} = R_{\mathrm{A}} x + M_{\mathrm{A}} \quad (0 \leqq x \leqq l_1) \tag{c}$$

同様に，図 10.20 (c) に示すように，$l_1 \leqq x \leqq l$ ではりを仮想切断し，せん断力を $\overline{F}$，曲げモーメントを $\overline{M}$ とおくと

$$\overline{F} = R_{\mathrm{A}} - P_0, \quad \overline{M} = R_{\mathrm{A}} x - P_0(x - l_1) + M_{\mathrm{A}} \quad (l_1 \leqq x \leqq l) \tag{d}$$

一方，カスティリアノの定理より，点 A に生じるたわみ角 i_{A} は，ひずみエネルギー U と点 A に働く反力モーメント M_{A} を用いて

$$i_{\mathrm{A}} = \frac{\partial U}{\partial M_{\mathrm{A}}} = \frac{\partial}{\partial M_{\mathrm{A}}} \int_0^l \frac{\overline{M}^2}{2EI}\, dx = \frac{1}{EI} \int_0^l \overline{M} \frac{\partial \overline{M}}{\partial M_{\mathrm{A}}}\, dx \tag{e}$$

ここで，式 (c) および式 (d) を式 (e) に代入し，点 A $(x = 0)$ が固定点 $(i = 0, v = 0)$ であることを考慮すると，$i_{\mathrm{A}} = 0$ より

$$\begin{aligned} i_{\mathrm{A}} &= \frac{1}{EI} \int_0^{l_1} (R_{\mathrm{A}} x + M_{\mathrm{A}}) \cdot 1\, dx \\ &\quad + \frac{1}{EI} \int_{l_1}^{l} (R_{\mathrm{A}} x - P_0 x + P_0 l_1 + M_{\mathrm{A}}) \cdot 1\, dx \\ &= \frac{R_{\mathrm{A}} l^2}{2EI} + \frac{M_{\mathrm{A}} l}{EI} - \frac{P_0 l^2}{2EI} + \frac{P_0 l l_1}{EI} - \frac{P_0 l_1^2}{2EI} = 0 \end{aligned} \tag{f}$$

同様に，カスティリアノの定理より，点 A に生じるたわみ v_{A} は，ひずみエネルギー U と点 A に働く反力 R_{A} を用いて

$$-v_{\mathrm{A}} = \frac{\partial U}{\partial R_{\mathrm{A}}} = \frac{\partial}{\partial R_{\mathrm{A}}} \int_0^l \frac{\overline{M}^2}{2EI}\, dx = \frac{1}{EI} \int_0^l \overline{M} \frac{\partial \overline{M}}{\partial R_{\mathrm{A}}}\, dx \tag{g}$$

ここで，式 (c) および式 (d) を式 (g) に代入し，点 A $(x = 0)$ が固定点 $(i = 0, v = 0)$ であることを考慮すると，$v_{\mathrm{A}} = 0$ より

$$-v_{\mathrm{A}} = \frac{1}{EI} \int_0^{l_1} (R_{\mathrm{A}} x + M_{\mathrm{A}}) \cdot x\, dx$$

$$+\frac{1}{EI}\int_{l_1}^{l}(R_{\mathrm{A}}x - P_0x + P_0l_1 + M_{\mathrm{A}})\cdot x\,dx$$

$$=\frac{R_{\mathrm{A}}l^3}{3EI}+\frac{M_{\mathrm{A}}l^2}{2EI}-\frac{P_0l^3}{3EI}+\frac{P_0l^2l_1}{2EI}-\frac{P_0l_1^3}{6EI}=0 \tag{h}$$

したがって，4 つの未知量 R_{A}, R_{B}, M_{A}, M_{B} は式 (a)，式 (b)，式 (f)，式 (h) より，次式のように与えられることになる．

$$R_{\mathrm{A}}=\frac{P_0l_2^2(3l_1+l_2)}{l^3},\quad R_{\mathrm{B}}=\frac{P_0l_1^2(l_1+3l_2)}{l^3} \tag{i}$$

$$M_{\mathrm{A}}=-\frac{P_0l_1l_2^2}{l^2},\qquad M_{\mathrm{B}}=-\frac{P_0l_1^2l_2}{l^2} \tag{j}$$

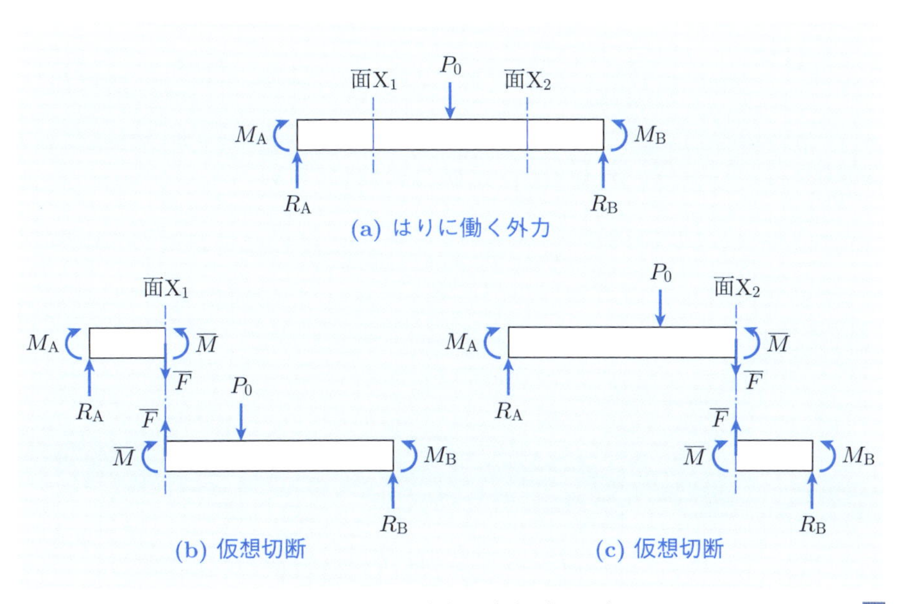

図 10.20　外力と内力（FBD）

補足 10.1　衝撃荷重による応力

図 10.21 (a) に示すように，質量 m の剛体による衝撃荷重を受ける真直棒に着目し，この棒に生じる応力について考察してみよう．図 10.21 (b) に示すように，点 B に生じる変位の最大値を u_{B}，剛体と棒との接触力を Q_{B} とおき，棒に生じる内力が均一であると仮定すると，棒に生じる軸力は平衡条件より $\overline{N} = Q_{\mathrm{B}}$ となる．このとき，棒に蓄えられるひずみエネルギー U_1，剛体が失った位置エネルギーを U_2 とおくと，式 (10.16) および式 (5.9) より

$$U_1 = \int_0^l \frac{\overline{N}^2}{2EA}\,dx = \frac{Q_{\mathrm{B}}^2 l}{2EA}, \quad U_2 = mg(h + u_{\mathrm{B}}) = mgh + \frac{mgQ_{\mathrm{B}}l}{EA} \tag{10.80}$$

したがって，エネルギー保存の法則に基づき，$U_1 = U_2$ とおくと，接触力 Q_{B} は次式のように与えられることになる．

$$\frac{Q_{\mathrm{B}}^2 l}{2EA} = mgh + \frac{mgQ_{\mathrm{B}}l}{EA} \qquad \therefore \quad Q_{\mathrm{B}} = mg\left(1 + \sqrt{1 + \frac{2EAh}{mgl}}\right) \tag{10.81}$$

また，剛体の衝突によって棒に生じる軸応力を σ_{dyn}，静的な荷重によって棒に生じる軸応力を σ_{sta} とおくと，$\sigma_{\mathrm{dyn}} = Q_{\mathrm{B}}/A$, $\sigma_{\mathrm{sta}} = mg/A$ より

$$\sigma_{\mathrm{dyn}} = \sigma_{\mathrm{sta}}\left(1 + \sqrt{1 + \frac{2EAh}{mgl}}\right) \tag{10.82}$$

すなわち，衝撃荷重によって生じる応力（**衝撃応力**）は静的荷重によって生じる応力（**静的応力**）より著しく大きいことが分かる．

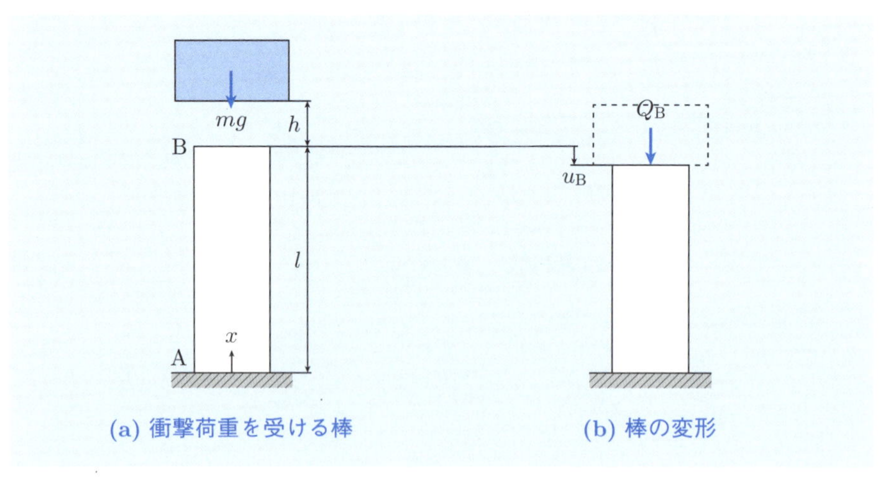

図 10.21　衝撃荷重による応力

補足 10.2　仮想荷重を用いた解析

図 10.22 (a) に示すように，分布荷重 w_0 を受ける片持ちはりに着目し，カスティリアノの定理を用いて，点 A に生じるたわみ v_A を算出してみよう．一般に，カスティリアノの定理は集中荷重 P_i と変位 u_i あるいはモーメント M_i と回転 ϕ_i との関係を与えるものであり，集中荷重やモーメントが働いていない点に適用することはできない．ここでは，図 10.22 (b) に示すように，点 A に仮想的な集中荷重（**仮想荷重**）P_0 を与えることによって，カスティリアノの定理を適用することを考えてみよう．

分布荷重 w_0 および仮想荷重 P_0 によってはりに生じる曲げモーメント $\overline{M}$ は，重ね合わせの原理より

$$\overline{M} = -\frac{w_0}{2}x^2 - P_0 x \tag{10.83}$$

一方，カスティリアノの定理より，点 A に生じるたわみ v_A は，ひずみエネルギー U と点 A に働く仮想荷重 P_0 を用いて

$$v_\mathrm{A} = \frac{\partial U}{\partial P_0} = \frac{\partial}{\partial P_0}\int_0^l \frac{\overline{M}^2}{2EI}\,dx = \frac{w_0 l^4}{8EI} + \frac{P_0 l^3}{3EI} \tag{10.84}$$

ここで，あらためて $P_0 = 0$ とおくと，点 A に生じるたわみ v_A は，次式のように与えられることになり，例題 8.2 の結果と一致する．

$$v_\mathrm{A} = \frac{w_0 l^4}{8EI} \tag{10.85}$$

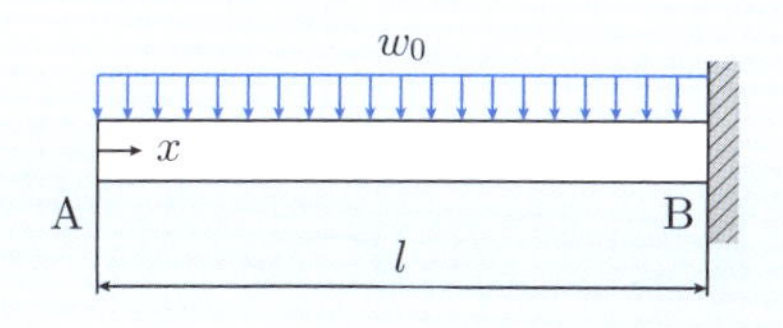

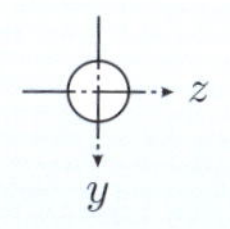

(a) 分布荷重を受けるはり

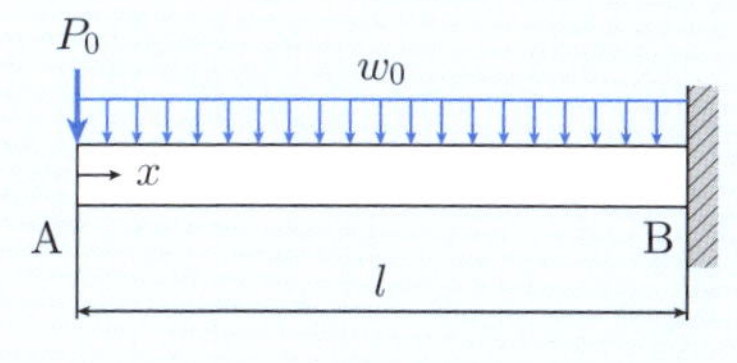

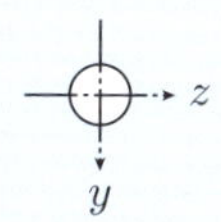

(b) 仮想荷重の定義

図 10.22　仮想荷重を用いた解析

10章の問題

□**10.1** 図 1 に示すように，単純支持はりに分布荷重 w を与えた．このとき，はりに蓄えられるひずみエネルギー U を算出せよ．

□**10.2** 図 2 に示すように，単純支持はりに集中荷重 P_0 を与えた．このとき，最小ポテンシャルエネルギーの原理を用いて，点 C に生じるたわみ v_C を算出せよ．

□**10.3** 図 3 に示すように，片持ちはりに集中荷重 P_0 を与えた．このとき，カスティリアノの定理を用いて，点 A に生じるたわみ v_A を算出せよ．

□**10.4** 図 4 に示すように，固定–支持はりに分布荷重 w_0 を与えた．このとき，カスティリアノの定理を用いて，点 A に生じる反力 R_A を算出せよ．

□**10.5** 図 5 に示すように，片持ちはりにモーメント M_0 を与えた．このとき，カスティリアノの定理を用いて，点 A に生じるたわみ v_A を算出せよ．

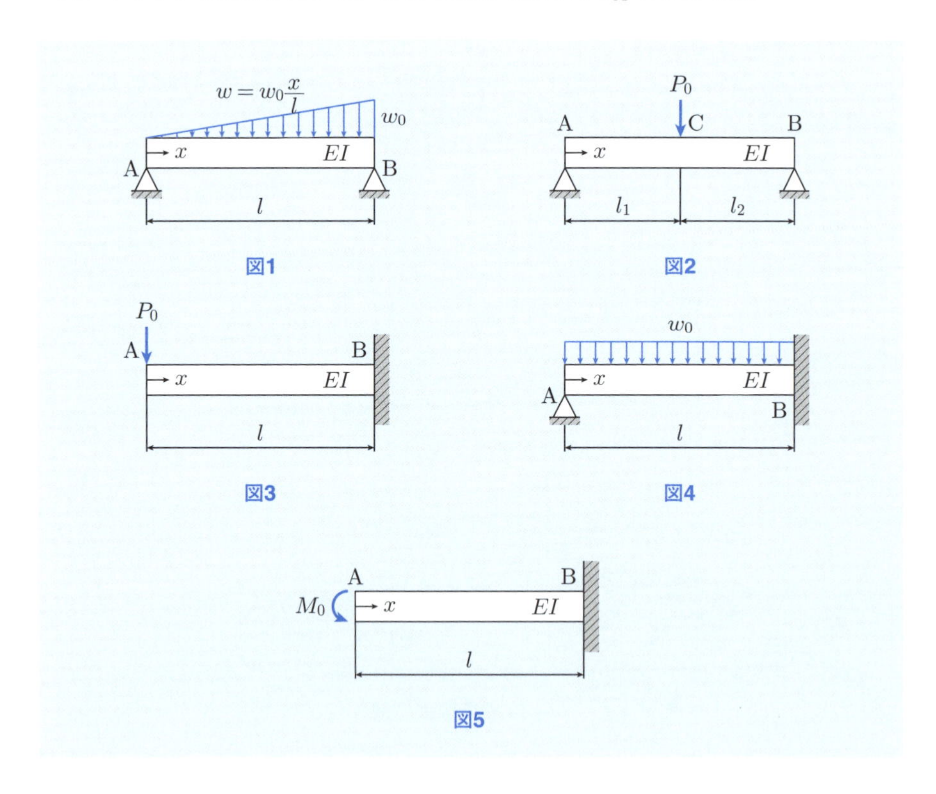

第11章

不安定変形と座屈

第５章では，引張・圧縮を受ける真直棒について，引張と圧縮で部材に生じる内力や変形に本質的な差異がないことを学習した．ところが，実際に棒状の部材を圧縮荷重を与えると，荷重が大きい領域では，圧縮変形ではなく曲げ変形が支配的になる．このような現象は，部材が細長いほど顕著であり**座屈**と呼ばれる．この章では，圧縮荷重を受ける棒状の部材，すなわち**柱**の解析方法について学習する．

11.1　短柱の圧縮

11.1.1　偏心荷重を受ける短柱

図 11.1 に示すように，圧縮荷重 P_0 を受ける棒状の部材に着目し，この部材に生じる内力と変形について考察してみよう．例えば，圧縮荷重 P_0 の作用点が部材の軸線から e だけ偏心している場合，部材には内力として軸力 $\overline{N}$ の他に曲げモーメント $\overline{M}$ が生じ，点 A には x 軸方向の変位 u_x のほかに，y 軸方向の変位 $u_y = v$ （たわみ）が生じる．このとき，図 11.2 (a) に示すように，部材に生じる軸力 $\overline{N}$ が正（引張）となる向きに圧縮荷重 P_0 が働く場合には，たわみ v は圧縮荷重 P_0 と軸線とのずれが小さくなる向きに生じる．一方，図 11.2 (b) に示すように，部材に生じる軸力 $\overline{N}$ が負（圧縮）となる向きに圧縮荷重 P_0 が働く場合には，たわみ v は圧縮荷重 P_0 と軸線とのずれが大きくなる向きに生じる．すなわち，圧縮荷重 P_0 の偏心 e が部材のたわみ v に与える影響は，圧縮荷重 P_0 の向きによって異なり，部材に生じる軸力 $\overline{N}$ が負となる場合には，圧縮荷重 P_0 の増加に伴って曲げモーメント $\overline{M}$ の影響が大きくなる．このようなことから，圧縮荷重を受ける棒状の部材では，軸力 $\overline{N}$ の他に曲げモーメント $\overline{M}$

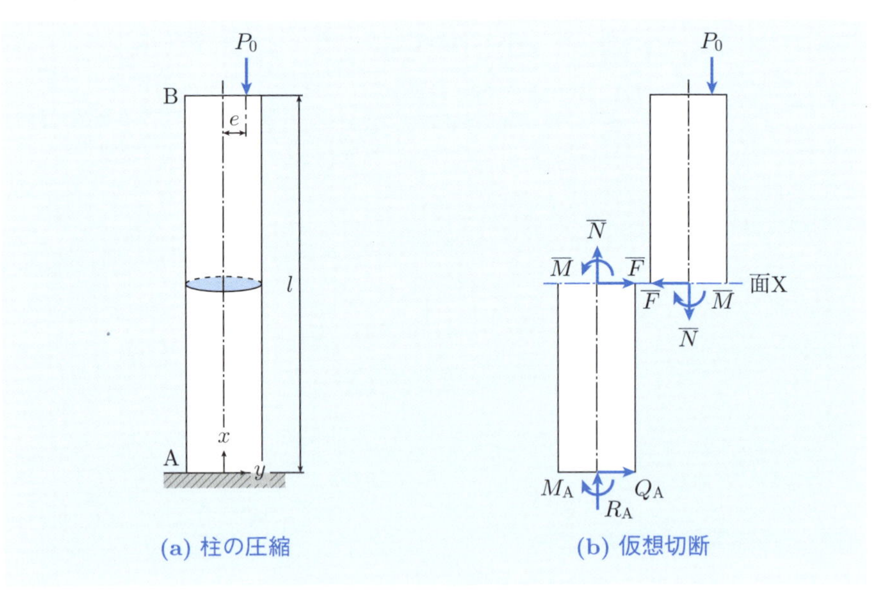

図 11.1　偏心荷重を受ける柱

を考慮した応力や変形の解析が必要となる場合があり，これを**柱**（column）と呼ぶ．柱は，力学的な取扱いの差異から，本節で学習する**短柱**（short column）と次節で学習する**長柱**（long column）に大別される．

図11.3に示すように，圧縮荷重 P_0 を受ける短柱に着目し，この部材に生じる内力について考察してみよう．ただし，圧縮荷重 P_0 の作用点は部材の軸線から y 軸方向に e だけ偏心し，圧縮荷重 P_0 の作用方向は部材の軸線と平行であるものとする．最初に，x 軸を法線とする面Xでこの柱を仮想切断し，面Xに生じる軸力を $\overline{N}$，せん断力を $\overline{F}$，曲げモーメントを $\overline{M}$ とおくと，面Xの上側部分の平衡条件より

$$\overline{N} = -P_0, \quad \overline{F} = 0, \quad \overline{M} = -P_0 e \tag{11.1}$$

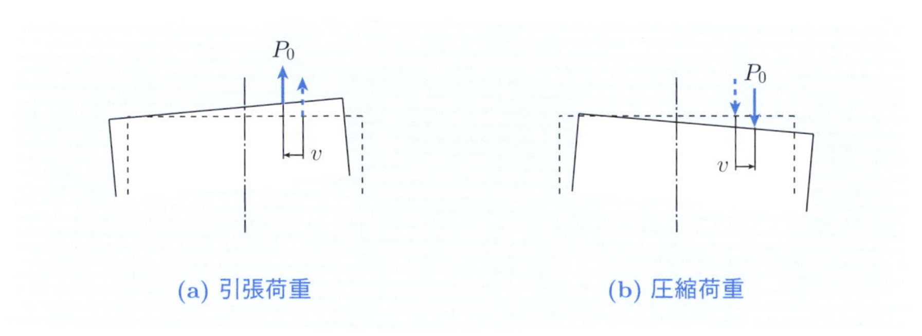

図11.2　柱に生じる変形

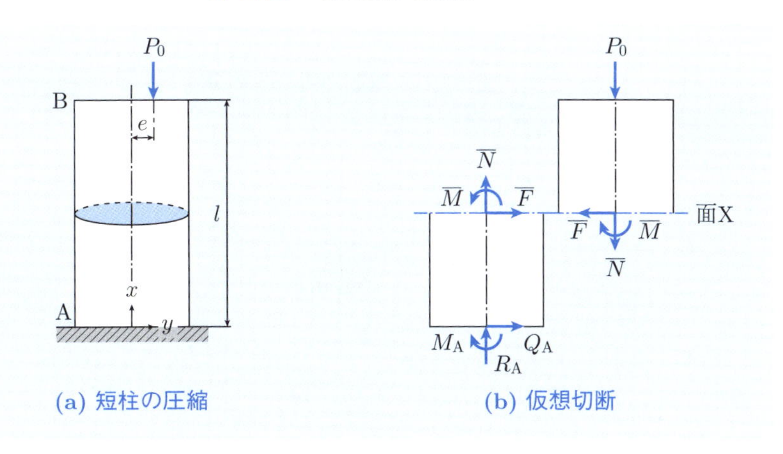

図11.3　偏心荷重を受ける短柱

ここで，式 (11.1) を式 (5.5) および式 (8.6) に代入すると，面 X に生じる垂直応力 σ_x は，柱の断面積 A と断面二次モーメント I を用いて

$$\sigma_x = \frac{\overline{N}}{A} + \frac{\overline{M}}{I}y = -\frac{P_0}{A} - \frac{P_0 e}{I}y = -\frac{P_0}{A}\left(1 + \frac{e}{\kappa^2}y\right) \tag{11.2}$$

ただし，κ は**断面二次半径**（radius of gyration of area）と呼ばれる物理量であり，次式のように面 X の形状のみによって決まる．

$$\kappa = \sqrt{\frac{I}{A}} \tag{11.3}$$

したがって，面 X に生じる垂直応力 σ_x は図 11.4のようになり，偏心 e が大きい場合には，圧縮応力が生じる領域と引張応力が生じる領域とが混在することになる．例えば，コンクリートなどでは圧縮応力に対する強度に比べて引張応力に対する強度が著しく低いことが知られており，図 11.3に示すような円柱をコンクリートで製作する場合には，垂直応力 σ_x が正（引張）とならないよう

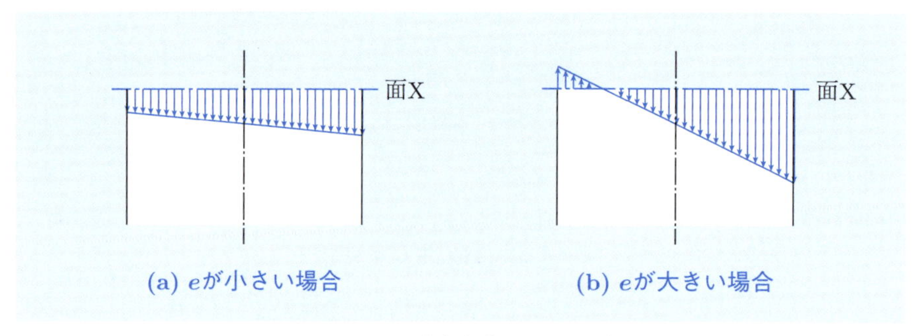

図 11.4　垂直応力 $\boldsymbol{\sigma_x}$ の分布

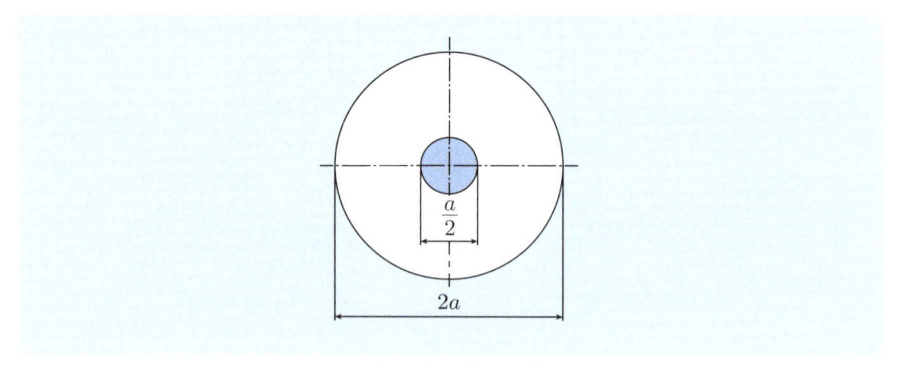

図 11.5　断面の核

にする必要がある．すなわち

$$1+\frac{e}{\kappa^2}y \geqq 0 \tag{11.4}$$

ここで，$-a \leqq y \leqq a$ であることを考慮すると，部材に生じる垂直応力 σ_x が正とならないための条件は，$y=-a$ より

$$e \leqq \frac{\kappa^2}{a}=\frac{a}{4} \tag{11.5}$$

問題の対称性を考慮すると，式 (11.5) を満たす e の範囲は，図 11.5 の青色部のようになり，**断面の核**（kernel of section）と呼ばれる．

11.1.2　傾斜荷重を受ける短柱

図 11.6 に示すように，圧縮荷重 P_0 を受ける短柱に着目し，この部材に生じる内力について考察してみよう．ただし，圧縮荷重 P_0 の作用方向は部材の軸線から z 面内で θ だけ傾斜し，圧縮荷重 P_0 の作用点は部材の軸線と一致するものとする．最初に，x 軸を法線とする面 X でこの柱を仮想切断し，面 X に生じる軸力を $\overline{N}$，せん断力を $\overline{F}$，曲げモーメントを $\overline{M}$ とおくと，面 X の上側部分の平衡条件より

$$\overline{N}=-P_0\cos\theta, \quad \overline{F}=-P_0\sin\theta, \quad \overline{M}=-P_0 x\sin\theta \tag{11.6}$$

ここで，式 (11.6) を式 (5.5) および式 (8.6) に代入すると，面 X に生じる垂直応力 σ_x は，柱の断面積 A と断面二次モーメント I を用いて

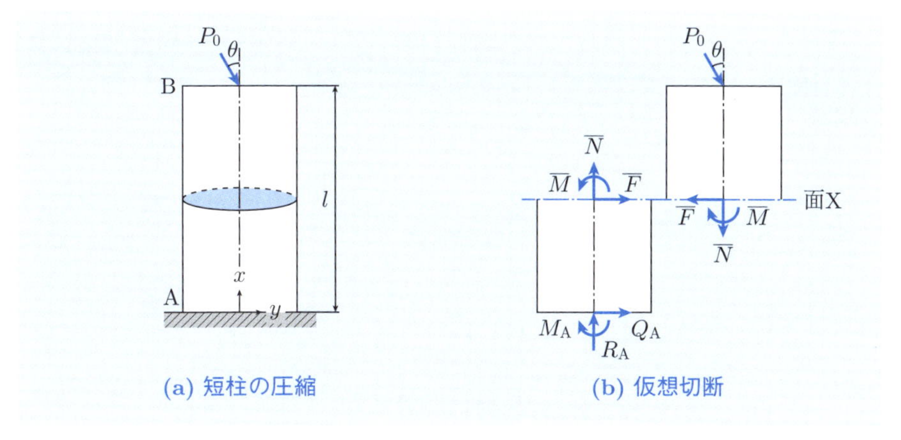

図 11.6　傾斜荷重を受ける短柱

$$\sigma_x = \frac{\overline{N}}{A} + \frac{\overline{M}}{I}y = -\frac{P_0}{A} - \frac{P_0 x \sin\theta}{I}y = -\frac{P_0 \cos\theta}{A}\left(1 + \frac{x\tan\theta}{\kappa^2}y\right) \tag{11.7}$$

したがって，面 X に生じる垂直応力 σ_x が正（引張）とならないようにするためには，次式のような関係が成立する必要がある．

$$1 + \frac{x\tan\theta}{\kappa^2}y \geqq 0 \tag{11.8}$$

ここで，$0 \leqq x \leqq l$, $-a \leqq y \leqq a$ であることを考慮すると，部材に生じる垂直応力 σ_x が正とならないための条件は，$x = l$, $y = -a$ より

$$\theta \leqq \tan^{-1}\frac{\kappa^2}{la} = \tan^{-1}\frac{a}{4l} = \tan^{-1}\frac{1}{2\lambda} \tag{11.9}$$

ただし，λ は**細長比**（slenderness ratio）と呼ばれる物理量であり，次式のように柱の形状のみによって決まる．

$$\lambda = \frac{l}{\kappa} \tag{11.10}$$

すなわち，短柱の圧縮の問題では，細長比 λ が大きくなるほど，許容される傾角 θ が小さくなることが分かる．

例題 11.1

図 11.7 に示すように，全長 $l = 1000\,\mathrm{mm}$，半径 $a = 600\,\mathrm{mm}$ の短柱に圧縮荷重 P_0 を与えた．部材の軸線に対する圧縮荷重 P_0 の偏心が $e = 50\,\mathrm{mm}$，傾角が θ であるとき，柱に生じる垂直応力 σ_x が正（引張）とならないようにするために傾角 θ が満たすべき条件を決定せよ．

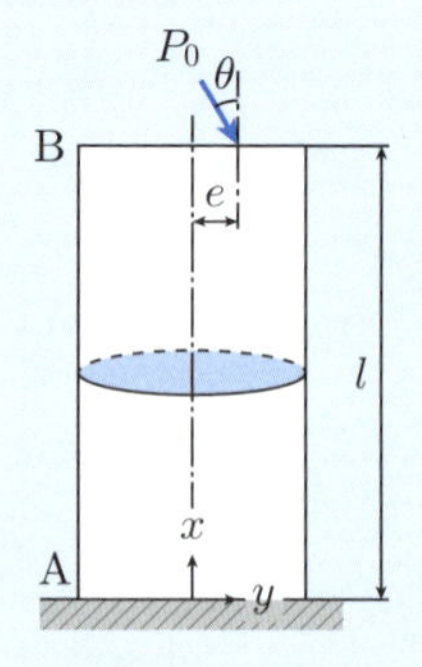

図 11.7　偏心傾斜荷重を受ける短柱

【解答】　図11.8に示すように，x 軸を法線とする面 X でこの柱を仮想切断し，面 X に生じる軸力を $\overline{N}$，せん断力を $\overline{F}$，曲げモーメントを $\overline{M}$ とおくと

$$\overline{N} = -P_0\cos\theta, \quad \overline{F} = -P_0\sin\theta, \quad \overline{M} = -P_0 e\cos\theta - Px\sin\theta \tag{a}$$

ここで，式 (a) を式 (5.5) および式 (8.6) に代入すると，面 X に生じる垂直応力 σ_x は，柱の断面積 A と断面二次モーメント I を用いて

$$\sigma_x = \frac{\overline{N}}{A} + \frac{\overline{M}}{I}y = -\frac{P_0\cos\theta}{A}\left(1 + \frac{e + x\tan\theta}{\kappa^2}y\right) \tag{b}$$

したがって，面 X に生じる垂直応力 σ_x が正（引張）とならないようにするためには，次式のような関係が成立する必要がある．

$$1 + \frac{e + x\tan\theta}{\kappa^2}y \geqq 0 \tag{c}$$

ここで，$0 \leqq x \leqq l$, $-a \leqq y \leqq a$ であることを考慮すると，部材に生じる垂直応力 σ_x が正とならないための条件は，$x = l$, $y = -a$ より

$$\theta \leqq \tan^{-1}\left(\frac{a - 4e}{4l}\right) = \tan^{-1}\left(\frac{600 - 4 \times 50}{4 \times 1000}\right) = 5.7° \tag{d}$$

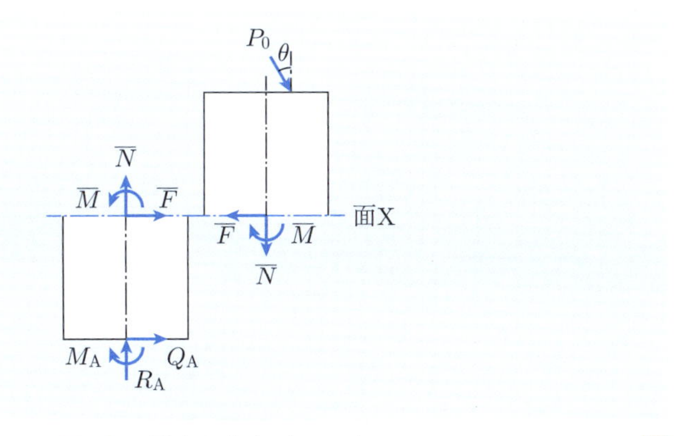

図11.8　外力と内力（FBD）

11.2　長柱の座屈

11.2.1　変形の安定性とエネルギー

図 11.9 に示すように，集中荷重 P_0 を受ける棒状の剛体に着目し，この系の力学状態の安定性について考察してみよう．ただし，この剛体棒は点 A で剛体床にピンで接続されており，点 B で剛体壁とバネで接続されているものとする．例えば，剛体棒に角度 θ の微小な擾乱を与えたとすると，点 B は水平方向に $v = l\sin\theta$ だけ移動することになり，バネに蓄えられる位置エネルギー U は，バネ定数 k を用いて

$$U = \frac{kv^2}{2} = \frac{k(l\sin\theta)^2}{2} \simeq \frac{kl^2\theta^2}{2} \tag{11.11}$$

一方，この過程で点 B は鉛直方向に $u = l(1-\cos\theta)$ だけ移動することになり，集中荷重 P_0 による位置エネルギー V は

$$V = -P_0 u = -P_0 l(1-\cos\theta) = -P_0 l\cdot 2\sin^2\frac{\theta}{2} \simeq -\frac{P_0 l\theta^2}{2} \tag{11.12}$$

ここで，系全体の位置エネルギー Π が，$\Pi = U + V$ であることを考慮すると，式 (11.11) および式 (11.12) より

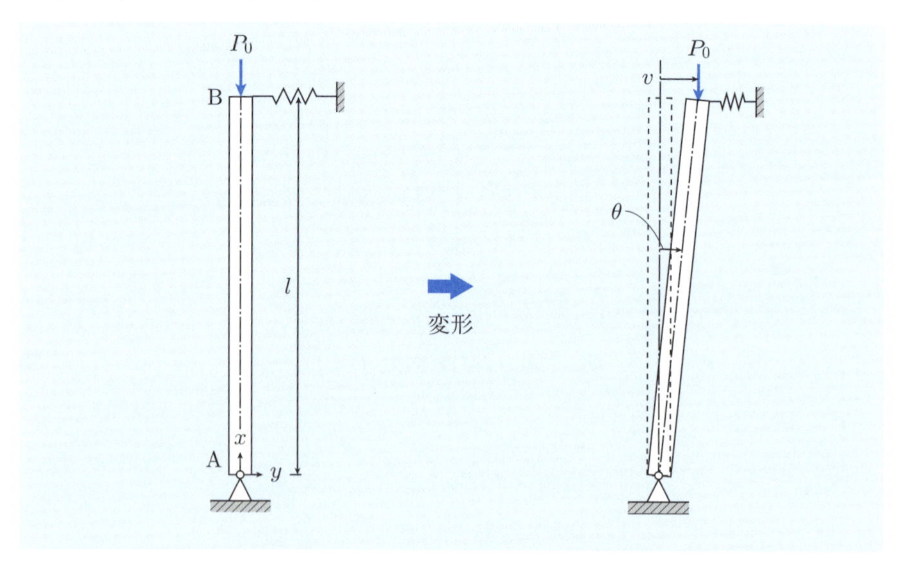

図 11.9　集中荷重を受ける剛体棒

$$\Pi = U + V = \frac{(kl - P_0)l}{2}\theta^2 \tag{11.13}$$

このとき，系全体の位置エネルギー Π と微小擾乱 θ との関係は図 11.10のようになり，$P_0 < kl$ では下に凸の 2 次関数，$P_0 > kl$ では上に凸の 2 次関数，$P_0 = kl$ では 0 次関数となる．このような力学状態は，各図に示すような曲面上に置かれたボールの状態を想像すると理解しやすい．すなわち，**(a)**, **(b)**, **(c)** いずれの場合についても，$\theta = 0$ の位置に置かれたボールは静止することになるが，ボールの位置を $\theta = 0$ の位置からわずかに動かしたとき，**(a)** の場合には，ボールは再び $\theta = 0$ の位置に戻ろうとする．すなわち，力学状態は**安定**（stable）であり，剛体棒は集中荷重 P_0 に抗して床と垂直の位置まで戻ろうとする．一方，**(b)** の場合には，ボールは $\theta = 0$ の位置に戻ることなく，曲面上を転がり落ちていく．すなわち，力学状態は**不安定**（unstable）であり，剛体棒は集中荷重 P_0 に耐えきれず倒れてしまう．また，**(c)** の場合には，ボールは $\theta = 0$ の位置に戻ることなく，動かしたままの位置で静止する．すなわち，力学状態は安定と不安定との境界の状態であり，剛体棒は $\theta = 0$ 付近の任意の位置で静止する．このように，図 11.9に示すような系の力学状態は，集中荷重 P_0 の増加に伴って，安定から不安定に遷移する．このとき，遷移点における荷重 $P_C = kl$ を**限界荷重**（critical load）と呼ぶ．

11.2.2　圧縮荷重を受ける長柱

図 11.11に示すように，圧縮荷重 P_0 を受ける長柱に着目し，この系の限界荷重 P_C について考察してみよう．例えば，棒の先端に変位 δ の微小な擾乱を

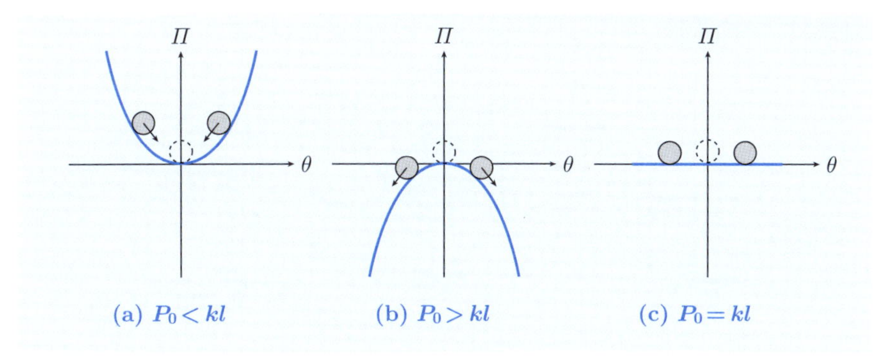

図 11.10　系の位置エネルギー

与えたとすると，$P_0 = P_C$ では棒は微小変位 δ を保ったまま静止することになる．このとき，x 軸を法線とする面 X でこの柱を仮想切断し，面 X に生じる軸力を $\overline{N}$，せん断力を $\overline{F}$，曲げモーメントを $\overline{M}$，たわみを v とおくと，面 X の上側部分の平衡条件より

$$\overline{N} \simeq -P_C, \quad \overline{F} \simeq 0, \quad \overline{M} = -P_C(\delta - v) \tag{11.14}$$

したがって，式 (11.14) を式 (8.26) に代入すると，次式のようなたわみ曲線の微分方程式を得ることができる．

$$\frac{d^2v}{dx^2} = -\frac{\overline{M}}{EI} = \frac{P_C\,\delta}{EI} - \frac{P_C}{EI}v \qquad \therefore \quad \frac{d^2v}{dx^2} + \alpha^2 v = \alpha^2\delta \tag{11.15}$$

ただし，$\alpha = \sqrt{P_C/EI}$ である．この微分方程式の一般解は，斉次解と特殊解との線形和として与えられ，積分定数を C_1, C_2 とおくと

$$i = -C_1\alpha\sin\alpha x + C_2\alpha\cos\alpha x \tag{11.16}$$

$$v = C_1\cos\alpha x + C_2\sin\alpha x + \delta \tag{11.17}$$

一方，点 A（$x = 0$）は固定端（$i = 0, v = 0$）であることから，点 A に生じるたわみ角を i_A，たわみを v_A とおくと

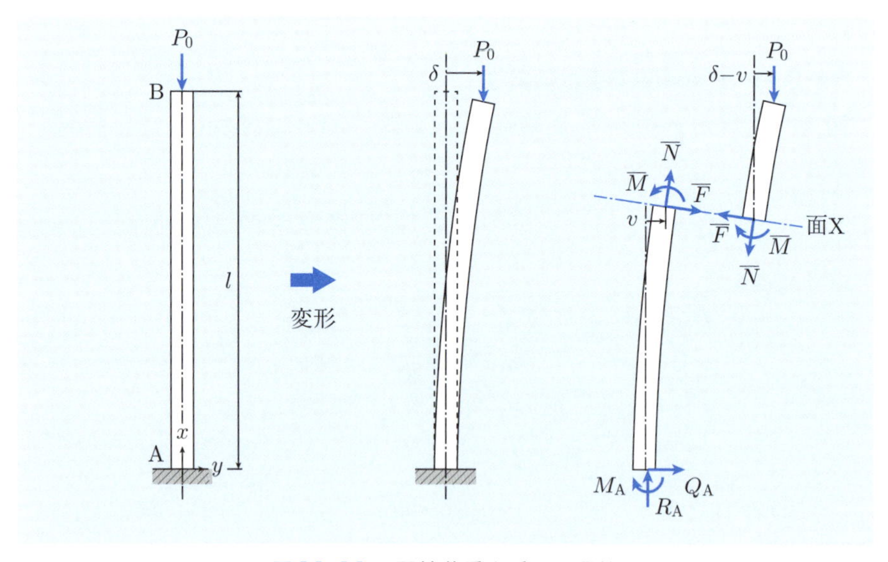

図 11.11　圧縮荷重を受ける長柱

$$i_{\mathrm{A}} = C_2\alpha = 0 \qquad \therefore \quad C_2 = 0 \tag{11.18}$$

$$v_{\mathrm{A}} = C_1 + \delta = 0 \qquad \therefore \quad C_1 = -\delta \tag{11.19}$$

したがって，式 (11.18) および式 (11.19) を式 (11.16) および式 (11.17) に代入すると，柱に生じるたわみ角 i とたわみ v は

$$i = \delta\alpha \sin\alpha x \tag{11.20}$$

$$v = \delta(1 - \cos\alpha x) \tag{11.21}$$

ここで，点 B（$x = l$）においてたわみ $v = \delta$ であることを考慮し，点 B に生じるたわみを v_{B} とおくと

$$v_{\mathrm{B}} = \delta = \delta(1 - \cos\alpha l) \qquad \therefore \quad \delta\cos\alpha l = 0 \tag{11.22}$$

したがって，任意の微小変位 δ に対して式 (11.22) が恒等的に成立するための条件は次式のように与えられることになる．

$$\alpha l = \frac{(2n+1)\pi}{2} \quad (n = 0, 1, 2, \cdots) \tag{11.23}$$

このとき，たわみ曲線 v および限界荷重 P_C は次式のように与えられ，解は無数に存在することになる．

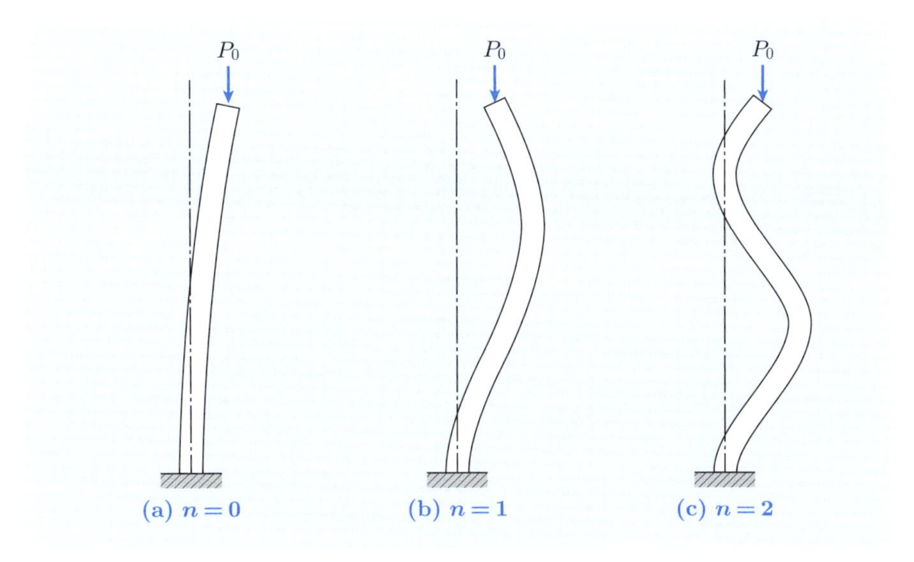

図 11.12　長柱に生じる変形

$$v = \delta\left(1 - \cos\frac{(2n+1)\pi}{2}\frac{x}{l}\right) \tag{11.24}$$

$$P_C = \frac{(2n+1)^2\pi^2}{4}\frac{EI}{l^2} \tag{11.25}$$

また，柱に生じるたわみ v は図 11.12のようになり，限界荷重 P_C は $n=0$ のときに次式のような最小値 $P_{\rm cr}$ をとる．

$$P_{\rm cr} = \frac{\pi^2 EI}{4l^2} \tag{11.26}$$

すなわち，$P_0 < P_{\rm cr}$ では柱の変形は安定であり，$P_0 > P_{\rm cr}$ では柱の変形は不安定である．このように，圧縮荷重を受ける柱では，荷重の増加に伴って，変形が不安定になることがあり，これを**座屈**（buckling）と呼ぶ．また，限界荷重 P_C の最小値 $P_{\rm cr}$ を**座屈荷重**（buckling load），座屈荷重 $P_{\rm cr}$ を断面積 A で除した値 $\sigma_{\rm cr}$ を**座屈応力**（buckling stress）と呼ぶ．すなわち，細長比 $\lambda = l/\kappa$ および断面二次半径 $\kappa = \sqrt{I/A}$ を用いて

$$\sigma_{\rm cr} = \frac{P_{\rm cr}}{A} = \frac{\pi^2 E}{4l^2}\frac{I}{A} = \frac{\pi^2 E}{4}\left(\frac{\kappa}{l}\right)^2 = \frac{\pi^2 E}{4\lambda^2} \tag{11.27}$$

式 (11.27) から明らかなように，細長比 λ の増加に伴って，座屈応力 $\sigma_{\rm cr}$ は急激に低下する．したがって，細長比 λ が小さい場合（短柱）には，柱は軸応力

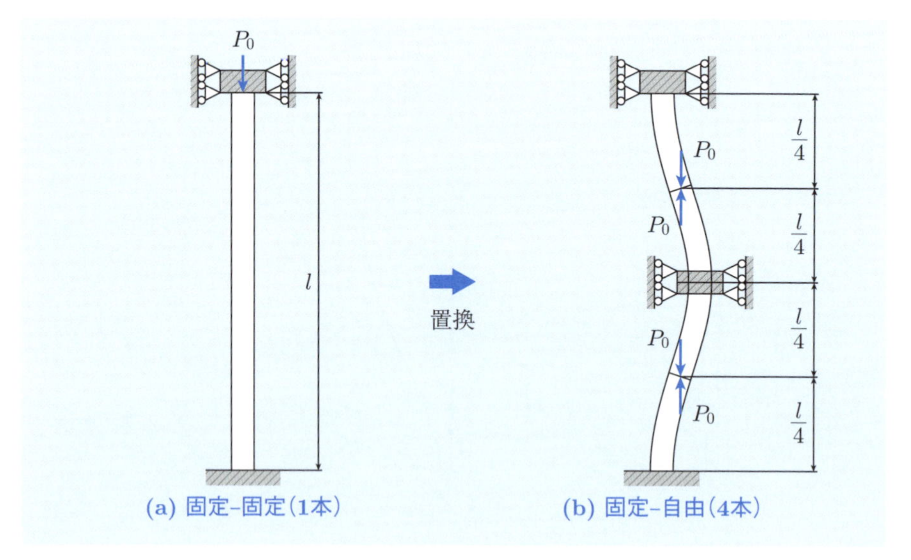

図 11.13　圧縮荷重を受ける長柱

σ_x が引張強さ σ_B または圧縮強さ σ_C に達することによって破損し，細長比 λ が大きい場合（長柱）には，柱は軸応力 σ_x が座屈応力 $\sigma_{\rm cr}$ に達することによって破損することになる．このように，$P_0 = P_C$ における静止状態に着目し，柱の座屈を取り扱う手法を**オイラーの理論**（Euler's theory）と呼ぶ．

次に，図 11.13 に示すような固定–固定の長柱の座屈応力 $\sigma_{\rm cr}$ を算出してみよう．図中に示すように，固定–固定の長柱は固定–自由の長柱を 4 つ組み合わせたものと等価である．したがって，固定–固定の長柱の座屈応力 $\sigma_{\rm cr}$ は，式 (11.27) において $l \to l/4$ とおくことによって

$$\sigma_{\rm cr} = \frac{\pi^2 E}{4}\left(\frac{\kappa}{l/4}\right)^2 = \frac{4\pi^2 E}{4\lambda^2} \tag{11.28}$$

このように，座屈応力 $\sigma_{\rm cr}$ は，柱の両端の支持条件に依存することになり，次式のように一般化できる．

$$\sigma_{\rm cr} = C\frac{\pi^2 E}{\lambda^2} \tag{11.29}$$

ただし，C は**端末条件係数**と呼ばれる無次元量であり，固定–自由の場合には 1/4，支持–支持の場合には 1，固定–固定の場合には 4 となる．

例題 11.2

図 11.11 に示すように，全長 $l = 1000\,\mathrm{mm}$，半径 $a = 5\,\mathrm{mm}$ の長柱に圧縮荷重 P_0 を与えた．このとき，オイラーの理論を用いて，この柱の座屈応力 $\sigma_{\rm cr}$ を算出せよ．ただし，この柱のヤング率を $E = 200\,\mathrm{GPa}$ とする．

【解答】 この柱の断面二次モーメントは $I = \pi a^4/4$，断面積は $A = \pi a^2$ であることから，断面二次半径 κ および細長比 λ は

$$\kappa = \sqrt{\frac{I}{A}} = \frac{a}{2}, \quad \lambda = \frac{l}{\kappa} = \frac{2l}{a} \tag{a}$$

したがって，式 (a) を式 (11.27) に代入すると，この柱の座屈応力 $\sigma_{\rm cr}$ は次式のように与えられる．

$$\sigma_{\rm cr} = \frac{\pi^2 E}{4\lambda^2} = \frac{\pi^2 a^2 E}{16 l^2} = 3.08\,\mathrm{MPa} \tag{b}$$

■

補足 11.1　偏心荷重を受ける長柱

図 11.14 (a) に示すように，圧縮荷重 P_0 を受ける長柱に着目し，この柱の変形挙動について考察してみよう．ただし，圧縮荷重 P_0 は部材の軸線から e だけ偏心しているものとする．圧縮荷重 P_0 によってこの柱に生じるたわみを v，点 B に生じる変位を δ とおくと，この柱に生じる曲げモーメント $\overline{M}$ は，平衡条件より

$$\overline{M} = -P_0(\delta + e - v) \tag{11.30}$$

したがって，式 (11.30) を式 (8.26) に代入すると，次式のようなたわみ曲線の微分方程式を得ることができる．

$$\frac{d^2v}{dx^2} = -\frac{\overline{M}}{EI} = \frac{P_0(\delta + e)}{EI} - \frac{P_0}{EI}v \qquad \therefore \quad \frac{d^2v}{dx^2} + \alpha_0^2 v = \alpha_0^2(\delta + e) \tag{11.31}$$

ただし，$\alpha_0 = \sqrt{P_0/EI}$ である．この微分方程式の一般解は，斉次解と特殊解との線形和として与えられ，点 A（$x = 0$）における境界条件（$i = 0, v = 0$）を考慮すると

$$v = (\delta + e)(1 - \cos \alpha_0 x) \tag{11.32}$$

ここで，点 B ($x = l$) においてたわみ $v = \delta$ であることを考慮し，点 B に生じるたわみを v_{B} とおくと

$$v_{\mathrm{B}} = \delta = (\delta + e)(1 - \cos \alpha_0 l) \qquad \therefore \quad \delta = \left(\frac{1}{\cos \alpha_0 l} - 1\right) e \tag{11.33}$$

したがって，図 11.14 (b) に示すように，圧縮荷重 P_0 が式 (11.25) で与えられる限界荷重 P_C に近づくと，$\cos \alpha_0 l \to 0$ となり，点 B に生じる変位 δ は無限大となる．

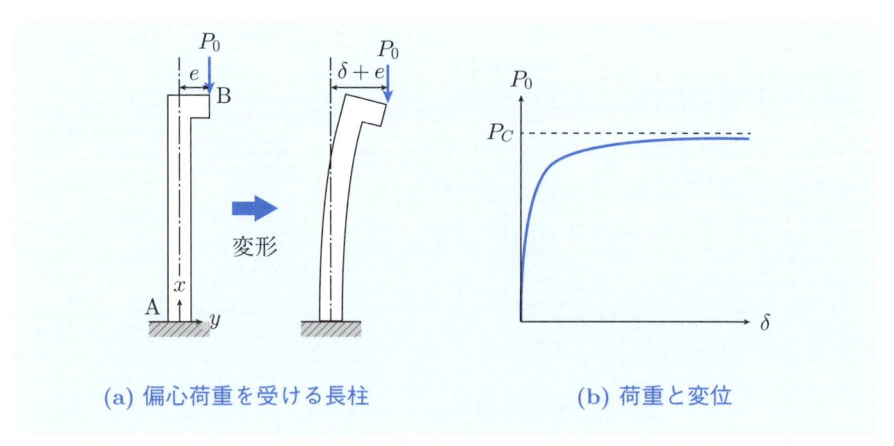

図 11.14　偏心荷重を受ける長柱

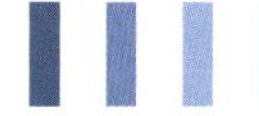

補足 11.2　座屈に関する実験式

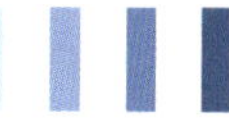

オイラーの理論によると，式 (11.29) で与えられるように，細長比 λ の減少に伴って，座屈応力 σ_{cr} は非常に大きな値をとることになる．しかし，実際には，降伏や破損などの影響によって，座屈応力 σ_{cr} が際限なく大きくなることはない．このように降伏や破損を考慮した長柱の解析については，種々の方法が提案されているが，ここでは，**ジョンソンの理論**について紹介する．そのほか，ランキンの理論，テトマイヤーの理論などが提案されており，いずれも実験結果に立脚したものである．

オイラーの理論によると，座屈応力 σ_{cr} と細長比 λ との関係は，図 11.15 の黒実線および黒破線のように表される．しかし，上述のように，座屈応力 σ_{cr} が降伏応力 σ_Y などを越えることはない．このようなことから，ジョンソンの理論では，細長比 $\lambda = 0$ における座屈応力を $\sigma_{\mathrm{cr}} = \sigma_Y$ と仮定し，この点を極大値としてオイラーの理論による曲線と接するような放物線を用いて，細長比 λ が小さい領域における座屈応力 σ_{cr} と細長比 λ との関係を次式のように与える．

$$\sigma_{\mathrm{cr}} = \sigma_Y - \frac{\sigma_Y^2}{4C\pi^2 E}\lambda^2 \tag{11.34}$$

すなわち，ジョンソンの理論によると，座屈応力 σ_{cr} と細長比 λ との関係は，図 11.15 の青実線のように表され，$\sigma_{\mathrm{cr}} = \sigma_Y/2$ においてオイラーの理論による曲線と接する．

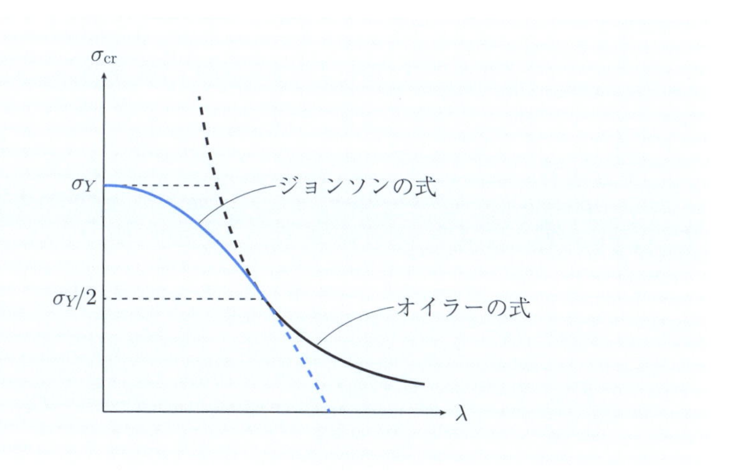

図 11.15　座屈に関する実験式

11章の問題

□**11.1**　**図 1** に示すように，短柱に圧縮荷重 P_0 を与えた．このとき，この短柱の断面の核を決定せよ．

□**11.2**　**図 2** に示すように，短柱に圧縮荷重 P_0 を与えた．このとき，垂直応力 σ_x が正とならないようにするために，偏角 θ が満たすべき条件を決定せよ．

□**11.3**　**図 3** に示すように，回転–回転の長柱に圧縮荷重 P_0 を与えた．このとき，この長柱の座屈荷重 P_{cr} を算出せよ．

□**11.4**　**図 4** に示すように，中央を回転支持した回転–回転の長柱に圧縮荷重 P_0 を与えた．このとき，この長柱の座屈荷重 P_{cr} を算出せよ．

□**11.5**　**図 3** に示すような問題について，ジョンソンの理論を用いて，座屈応力 σ_{cr} と細長比 λ との関係を決定せよ．

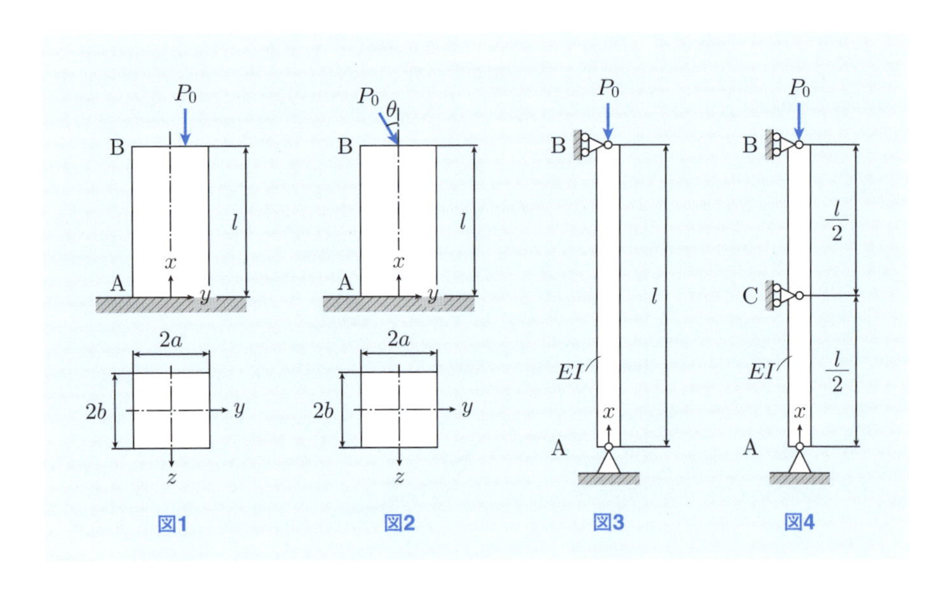

図1　図2　図3　図4

第12章

強度評価と破壊基準

これまでに学習した内容から，物体の破損という現象を物体に生じる応力を基準として議論できるであろうということは容易に想像できる．しかし，応力にはいくつかの成分があり，それらのいずれに着目すべきか，あるいは，それらの相互作用をどのように考慮すべきかという点について，さらなる考察を要する．この章では，材料の破損に関する法則（**破壊基準**）について学習する．

12.1　材料の強度と破損

12.1.1　材料の強度と破損

前章までに学習したように，外力などによって物体には内力や変形が生じ，外力などの増加に伴って物体に生じる内力や変形も増加する．しかし，内力や変形は際限なく増加するわけではなく，ある臨界状態に達すると物体には破損が生じる．このとき，変形を内力と関連づけて議論することができたのと同様，破損についても内力と関連づけて議論することができる．すなわち，内力（応力）を指標として，材料の破損（強度）を議論することができる．一方，4.2節で学習したように，金属材料や軟質プラスチックなどでは，応力とひずみとの関係は図12.1 (a)のようになり，弾性域のほかに明確な塑性域が存在し，降伏応力 σ_Y や引張強さ σ_U などが強度の基準となる．これに対し，セラミックスや硬質プラスチックなどでは，応力とひずみとの関係は図12.1 (b)のようになり，塑性域はほとんど存在せず，引張強さ σ_U が強度の基準となる．このような強度評価の基準となる応力を**基準強さ**（critical strength）σ_S と呼ぶ．

実際の製品では，製品使用時の環境が材料試験時の環境と同一でないことや，材料そのものの機械的特性の不均一性，製品の使用状況の不確定性，不測の事態が発生した場合の被害の重大性などを考慮して，基準強さ σ_S より低い強度値をもとに設計を行うのが一般的であり，これを**許容応力**（allowable stress）σ_A

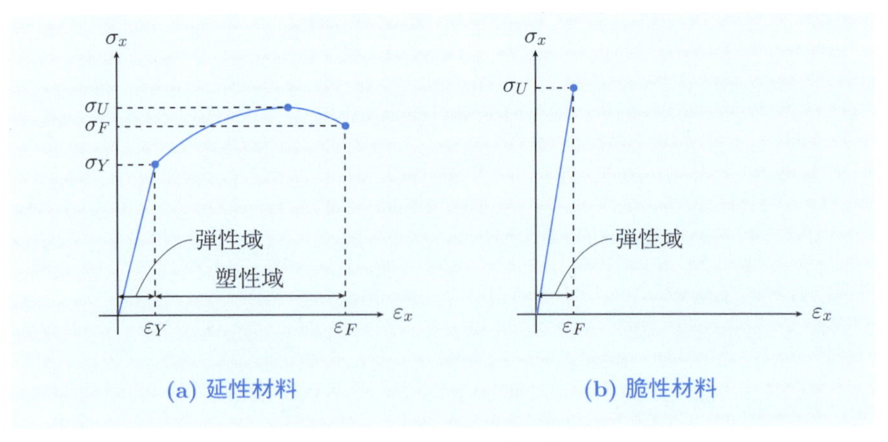

図12.1　応力–ひずみ曲線

と呼ぶ．このとき，基準強さ σ_S と許容応力 σ_A との比を**安全率**（safety factor）f と呼び，次式のように定義する．

$$f = \frac{\sigma_S}{\sigma_A} \tag{12.1}$$

定義から明らかなように，安全率 f は 1 より大きな値とするのが一般的であるが，安全率が大きいということが必ずしも安全性が高いということにはならないということに留意すべきである．むしろ，安全率が大きいということは，設計上，不確定な要素が多いと理解すべきであり，技術的な改善の余地が大きいという捉え方もできる．また，安全率は製品の管理状況とも深く関連しており，定期点検などによって安全率を小さくすることもできる．

また，実際の製品では，作用する外力は必ずしも一定ではなく，時間とともに変動することも多く，そのような条件下では引張強さ σ_U や降伏応力 σ_Y よりも小さい応力で破損が起こることがある．このような現象を**疲労**（fatigue）と呼ぶ．例えば，一般的な鉄鋼材料の場合，ある一定の振幅で負荷を繰り返した場合，負荷によって部材に生じる応力振幅 S と破損に至るまでの負荷回数 N との関係は図 12.2 のようになり，これを ***S*-*N* 曲線**（S-N curve）と呼ぶ．図から分かるように，部材に生じる応力振幅 S が増加すると，破損に至るまでの負荷回数 N は低下する．しかし，応力振幅 S が材料固有の下限値 σ_w よりも小さい領域では，疲労による破損が発生しないとみなすことができ，これを下限値 σ_w を**疲労限度**（fatigue limit）と呼ぶ．

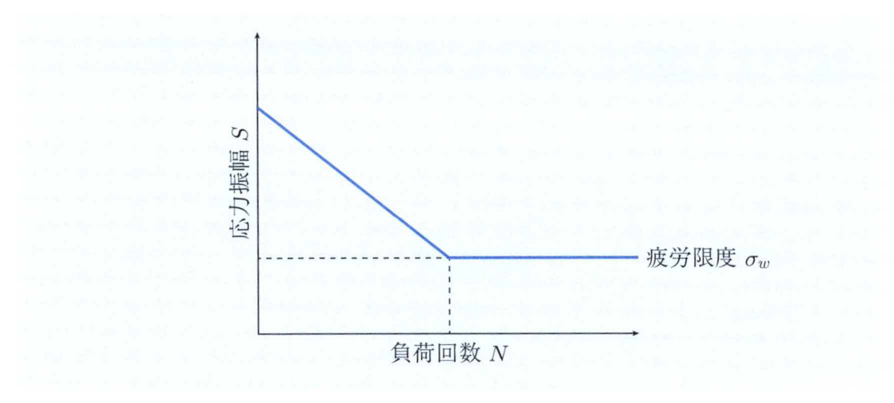

図 12.2　***S*-*N*** 曲線

12.1.2 応力集中

実際の製品では，部材同士の接合や機能上の理由などにより，穿孔や溶接などが必要となることも多く，そのような箇所では，周辺部に比べて応力が著しく高くなることがある．このような現象を**応力集中**（stress concentration）と呼ぶ．応力集中の原因については様々であり，穿孔部周辺，切り欠き周辺，内部欠陥周辺，形状不連続部，溶接・接着部などで応力集中が生じる．ここでは，応力集中の典型的な事例として，図12.3に示すような楕円孔を有する板材の応力集中について考察してみよう．最初に，荷重の方向に沿って x 軸を定義し，楕円孔の中心を通る面Xでこの板材を仮想切断すると，面Xに生じる垂直応力 σ_x は，図中に示すような分布となり，長軸側の孔縁で最大値をとる．このとき，孔縁に生じる垂直応力 σ_x の最大値 $\sigma_{\max}$ と面Xに生じる垂直応力 σ_x の平均値 σ_{ave} との比を**応力集中係数**（stress concentration factor）α と呼び，次式のように定義する．

$$\alpha = \frac{\sigma_{\max}}{\sigma_{\text{ave}}} \tag{12.2}$$

一方，板材の全幅 w が長軸側の半径 a に比べて十分に大きい場合には，長軸側の孔縁での応力集中係数 α は

$$\alpha = 1 + 2\frac{a}{b} \tag{12.3}$$

したがって，円孔（$a = b$）の場合には，応力集中係数 α は3となり，孔縁には平均応力 σ_{ave} の3倍の垂直応力 σ_x が生じることになる．また，長軸側の曲

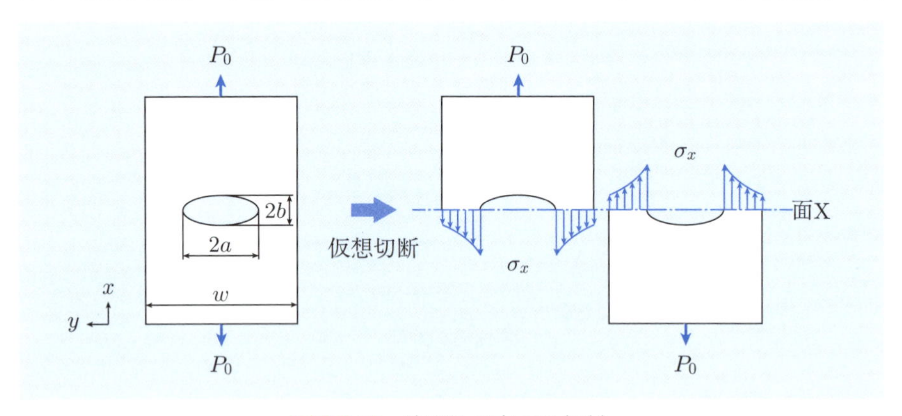

図12.3　楕円孔を有する板材

率半径が $\rho = b^2/a$ となることを考慮すると，長軸側の孔縁での応力集中係数 α は次式のように与えられることになる．

$$\alpha = 1 + 2\sqrt{\frac{a}{\rho}} \tag{12.4}$$

したがって，曲率半径 ρ が小さくなると，孔縁に生じる垂直応力 σ_x は非常に大きな値をとることになり，部材全体の耐荷重は著しく低下する．図 12.4 に示すように，$\rho \to 0$ の極限では $\alpha \to \infty$ となり，垂直応力 σ_x は無限大となる．このような欠陥を**き裂**（crack）と呼ぶ．一般に，き裂を有する部材では，応力を指標とした破損の議論は困難であり，応力とは異なる物理量を指標とした破損の議論が必要となる（補足 12.1）．

以上のように，応力集中という現象は，部材に生じる応力を上昇させ部材の破損を助長する．加えて，応力集中という現象は，応力状態の多軸性にも大きな影響を与える．例えば，図 12.5 (a) に示すように，平滑な板材に引張荷重を与えた場合，部材全体で単軸応力状態（$\sigma_x \neq 0$, $\sigma_y = 0$, $\sigma_z = 0$）となる．しかし，図 12.5 (b) に示すように，円孔を有する板材について，板厚が小さい場合には孔縁周辺で二軸応力状態（$\sigma_x \neq 0$, $\sigma_y \neq 0$, $\sigma_z = 0$），板厚が大きい場合には孔縁周辺で三軸応力状態（$\sigma_x \neq 0$, $\sigma_y \neq 0$, $\sigma_z \neq 0$）となる．次節で学習するように，材料の破損はこのような応力状態の多軸性に大きく影響を受けることが知られており，実際の設計では応力状態の多軸性を考慮した破損の評価が不可欠となる．

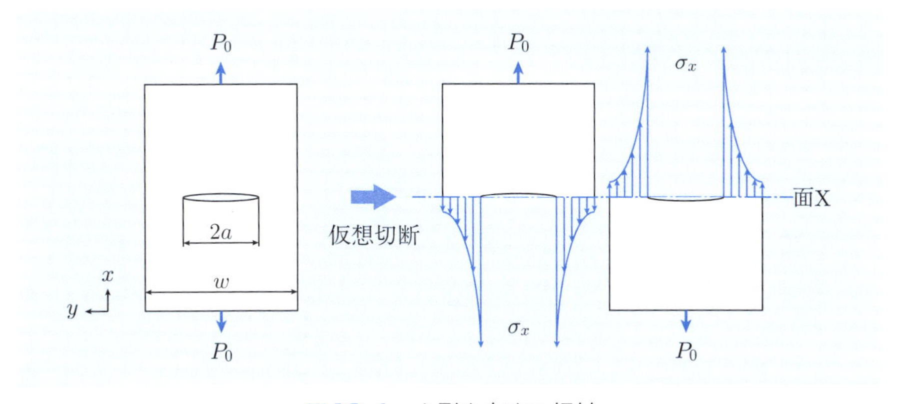

図 12.4　き裂を有する板材

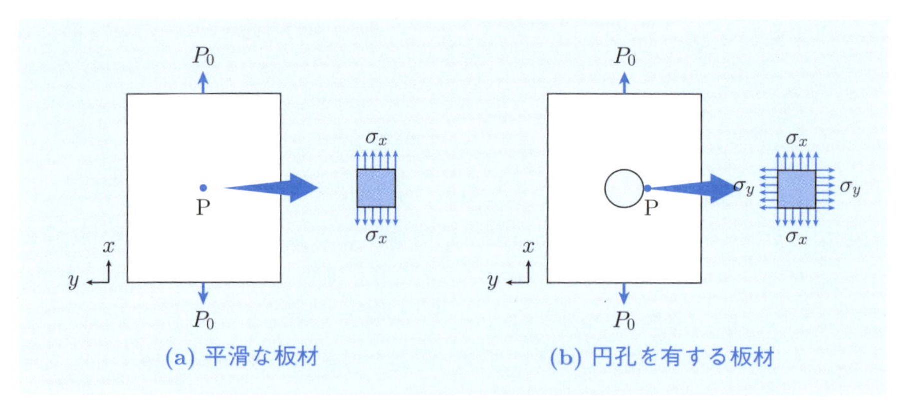

図12.5　応力状態の多軸性

■ 例題12.1 ■

図12.3に示すように，楕円孔を有する板材に集中荷重 P_0 を与えた．この材料の基準強さを $\sigma_S = 400\,\mathrm{MPa}$，安全率 $f = 5$ として，許容される集中荷重 P_0 の最大値を算出せよ．ただし，板材の全幅を $w = 500\,\mathrm{mm}$，板厚を $t = 1\,\mathrm{mm}$，長径を $2a = 10\,\mathrm{mm}$，短径を $2b = 5\,\mathrm{mm}$ とする．

【解答】　楕円孔の中心を通る面Xでこの板材を仮想切断すると，面Xに生じる垂直応力 σ_x の平均値 σ_{ave} は

$$\sigma_{\mathrm{ave}} = \frac{P_0}{(w-2a)t} \tag{a}$$

一方，面Xに生じる垂直応力 σ_x の最大値 $\sigma_{\max}$ は，応力集中係数 α を用いて，式(12.2)および式(12.3)より

$$\sigma_{\max} = \alpha\sigma_{\mathrm{ave}} = (1+2a/b)\sigma_{\mathrm{ave}} \tag{b}$$

また，板材に破損が生じないための条件は，基準強さ σ_{S} および安全率 f を用いて，式(12.1)より

$$\sigma_A = \sigma_S/f > \sigma_{\max} \tag{c}$$

したがって，式(a)および式(b)を式(c)に代入し整理すると，集中荷重 P_0 が満たすべき条件は

$$P_0 < \frac{(w-2a)t}{1+2a/b}\frac{\sigma_{\mathrm{S}}}{f} = \frac{(500-10)\times 1}{1+2\cdot 10/5}\frac{400}{5} = 7.8\,\mathrm{kN} \tag{d}$$ ■

● ロゼットゲージ ●

ひずみゲージを用いて計測できるのは抵抗箔の方向の垂直ひずみのみであり，その結果のみから 6 つのひずみ成分すべてを同定することはできない．しかし，**ロゼットゲージ**と呼ばれる 3 枚のひずみゲージを組み合わせたセンサーを使用することによって，このような問題を解決することができる．物体の自由表面が平面応力状態であることを考慮し，測定箇所の法線方向に第 3 主軸をとると，モールのひずみ円を用いて第 3 主面内のひずみ状態を解析することができる．それぞれのひずみゲージの方向の垂直ひずみを $\varepsilon_A, \varepsilon_B, \varepsilon_C$ とおくと，モールのひずみ円の中心 ε_0 および半径 r_0 は

$$\varepsilon_0 = \frac{\varepsilon_A + \varepsilon_C}{2}$$

$$r_0 = \sqrt{(\varepsilon_A - \varepsilon_0)^2 + (\varepsilon_B - \varepsilon_0)^2} = \sqrt{\frac{(\varepsilon_A - \varepsilon_B)^2 + (\varepsilon_C - \varepsilon_B)^2}{2}}$$

したがって，測定箇所に生じる主ひずみを ε_1, ε_2, ε_3，第 1 主軸とひずみゲージ A のなす角度を θ とおくと

$$\varepsilon_1, \varepsilon_2 = \varepsilon_0 \pm r_0 = \frac{\varepsilon_A + \varepsilon_C}{2} \pm \sqrt{\frac{(\varepsilon_A - \varepsilon_B)^2 + (\varepsilon_C - \varepsilon_B)^2}{2}}$$

$$\tan 2\theta = \frac{\varepsilon_B - \varepsilon_0}{\varepsilon_A - \varepsilon_0} = \frac{2\varepsilon_B - \varepsilon_A - \varepsilon_C}{\varepsilon_A - \varepsilon_C}$$

このように，ロゼットゲージを用いることによって，測定箇所のひずみ状態を実験的に同定することができる．

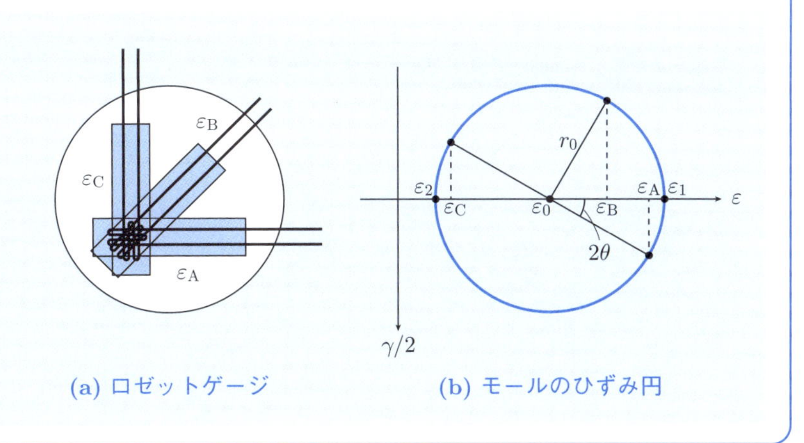

(a) ロゼットゲージ　(b) モールのひずみ円

12.2　様々な破壊基準

12.2.1　最大主応力説と最大せん断応力説

12.1 節で学習したように，実際の製品の破損は応力集中部など多軸応力状態で生じることが多く，製品の設計や使用にあたっては多軸応力状態における**破壊基準**（fracture criterion）を明らかにする必要がある．このような破壊基準については諸説あるが，簡単なものとして，垂直応力 σ を指標とした破壊基準とせん断応力 τ を指標とした破壊基準が提案されている．前者は**最大主応力説**（maximum principal stress criterion）と呼ばれ，観測点に生じる主応力 $\sigma_1, \sigma_2, \sigma_3$ の絶対値の最大値が材料固有の臨界値 σ_C に達したときに破損が生じると考える．一方，後者は**最大せん断応力説**（maximum shear stress criterion）または**トレスカ説**（Tresca criterion）と呼ばれ，観測点に生じる主せん断応力 τ_1, τ_2, τ_3 の最大値が材料固有の臨界値 τ_C に達したときに破損が生じると考える．

最初に，図 12.6に示すように，単軸応力状態（$\sigma_1 > 0, \sigma_2 = 0, \sigma_3 = 0$）にある観測点 P における破損について考察してみよう．このとき，臨界点におけ

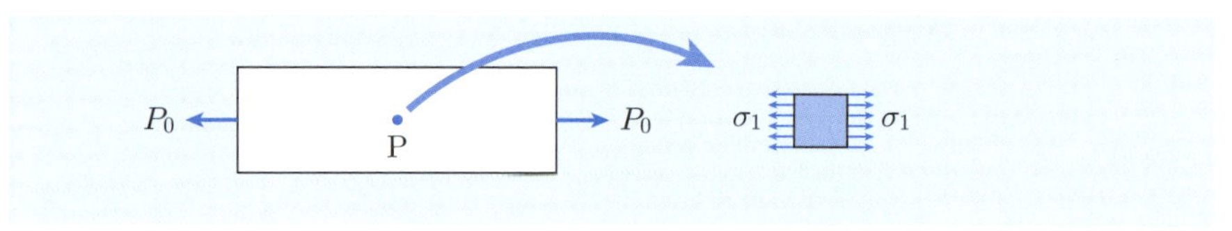

図 12.6　単軸応力状態にある観測点

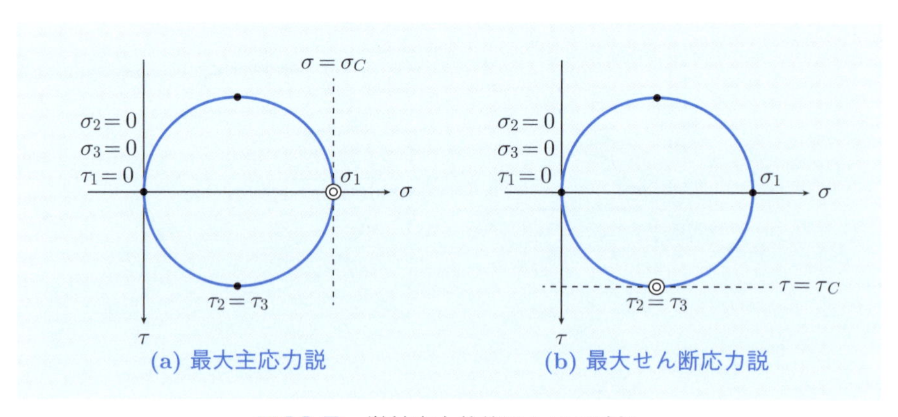

図 12.7　単軸応力状態における破損

る応力状態は，最大主応力説によれば図 12.7 (a) のように，最大せん断応力説によれば図 12.7 (b) のように表され，破壊基準は

$$\text{最大主応力説：}\quad \sigma_1 = \sigma_C \tag{12.5}$$

$$\text{最大せん断応力説：}\tau_2 = \tau_3 = \tau_C \tag{12.6}$$

ここで，$\tau_2 = \tau_3 = \sigma_1/2$ であることを考慮し，臨界値 σ_C として単軸応力状態における許容応力 σ_A を用いると

$$\sigma_C = \sigma_A,\quad \tau_C = \frac{\sigma_A}{2} \tag{12.7}$$

したがって，最大主応力説および最大せん断応力説に基づく破壊基準は，次式のように与えられることになる．

$$\max(|\sigma_1|, |\sigma_2|, |\sigma_3|) = \sigma_C = \sigma_A \quad \cdots \text{最大主応力説} \tag{12.8}$$

$$\max(\tau_1, \tau_2, \tau_3) = \tau_C = \sigma_A/2 \quad \cdots \text{最大せん断応力説} \tag{12.9}$$

次に，図 12.8 に示すように，平面応力状態（$\sigma_1 \neq 0,\ \sigma_2 \neq 0,\ \sigma_3 = 0$）にある観測点 P における破損について考察してみよう．例えば，$\sigma_1 > 0,\ \sigma_2 > 0,\ |\sigma_1| > |\sigma_2|$ のとき，観測点 P の応力状態は図 12.9 (a) に示すようなモールの応力円で表され，破損が生じないための条件は

$$\text{最大主応力説：}\quad \sigma_1 < \sigma_A \tag{12.10}$$

$$\text{最大せん断応力説：}\tau_2 = \frac{\sigma_1}{2} < \frac{\sigma_A}{2} \qquad \therefore\quad \sigma_1 < \sigma_A \tag{12.11}$$

同様に，$\sigma_1 > 0,\ \sigma_2 > 0,\ |\sigma_1| < |\sigma_2|$ のとき，観測点 P の応力状態は図 12.9 (b) に示すようなモールの応力円で表され，破損が生じないための条件は

$$\text{最大主応力説：}\quad \sigma_2 < \sigma_A \tag{12.12}$$

$$\text{最大せん断応力説：}\tau_1 = \frac{\sigma_2}{2} < \frac{\sigma_A}{2} \qquad \therefore\quad \sigma_2 < \sigma_A \tag{12.13}$$

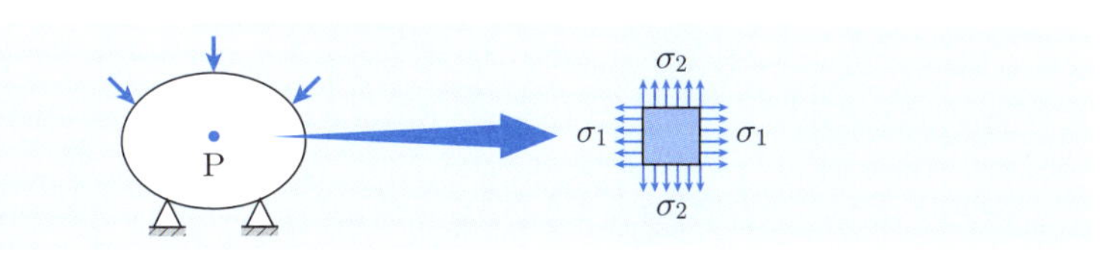

図 12.8　平面応力状態にある観測点

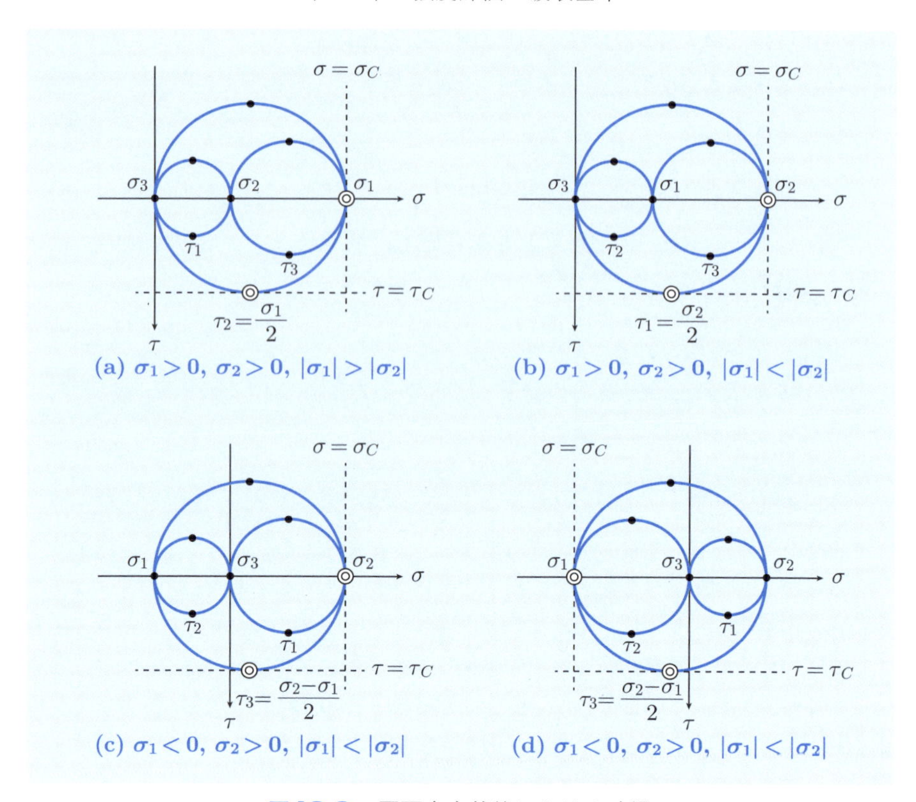

図 12.9　平面応力状態における破損

さらに，$\sigma_1<0,\sigma_2>0,|\sigma_1|<|\sigma_2|$ のとき，観測点 P の応力状態は図 12.9 (c) に示すようなモールの応力円で表され，破損が生じないための条件は

$$\text{最大主応力説：}\quad \sigma_2<\sigma_A \tag{12.14}$$

$$\text{最大せん断応力説：}\tau_3=\frac{\sigma_2-\sigma_1}{2}<\frac{\sigma_A}{2}\qquad \therefore\quad \sigma_2-\sigma_1<\sigma_A \tag{12.15}$$

同様に，$\sigma_1<0,\sigma_2>0,|\sigma_1|>|\sigma_2|$ のとき，観測点 P の応力状態は図 12.9 (d) に示すようなモールの応力円で表され，破損が生じないための条件は

$$\text{最大主応力説：}\quad \sigma_1>-\sigma_A \tag{12.16}$$

$$\text{最大せん断応力説：}\tau_3=\frac{\sigma_2-\sigma_1}{2}<\frac{\sigma_A}{2}\qquad \therefore\quad \sigma_2-\sigma_1<\sigma_A \tag{12.17}$$

その他の領域についても同様に考えると，破損が生じないための条件は，最大

主応力説については図 12.10 (a) に示すような四角形内部の領域として，最大せん断応力説については図 12.10 (b) に示すような六角形内部の領域として図化できる．一般に，最大主応力説については比較的脆性な材料の破損を評価する場合に有効であり，最大せん断応力説については比較的延性な材料の破損を評価する場合に有効であるとされている．

12.2.2　せん断ひずみエネルギー説

上述のように，主応力や主せん断応力を直接的に評価する方法のほか，ひずみエネルギー密度を指標とする破壊基準も提案されている．中でも，せん断ひずみエネルギー密度を指標とする破壊基準は，**せん断ひずみエネルギー説**（shear strain energy criterion）または**ミーゼス説**（Mises criterion）と呼ばれ，延性材料の破損を評価する場合に広く利用されている．せん断ひずみエネルギー密度を $\widehat{U}_S$ とおくと，式 (10.12) より

$$\widehat{U}_S = \frac{1+\nu}{6E}\left\{(\sigma_1-\sigma_2)^2+(\sigma_2-\sigma_3)^2+(\sigma_3-\sigma_1)^2\right\} \tag{12.18}$$

ここで，式 (12.18) の右辺の中括弧内の項を用いて，次式で与えられるような新たな物理量 $\widehat{\sigma}$ を定義する．

$$\widehat{\sigma} = \sqrt{\frac{(\sigma_1-\sigma_2)^2+(\sigma_2-\sigma_3)^2+(\sigma_3-\sigma_1)^2}{2}} \tag{12.19}$$

このとき，$\widehat{\sigma}$ はミーゼスの**相当応力**（equivalent stress）と呼ばれ，定義から明らかなように応力と同じ次元を持つ単一のスカラー量である．すなわち，せん

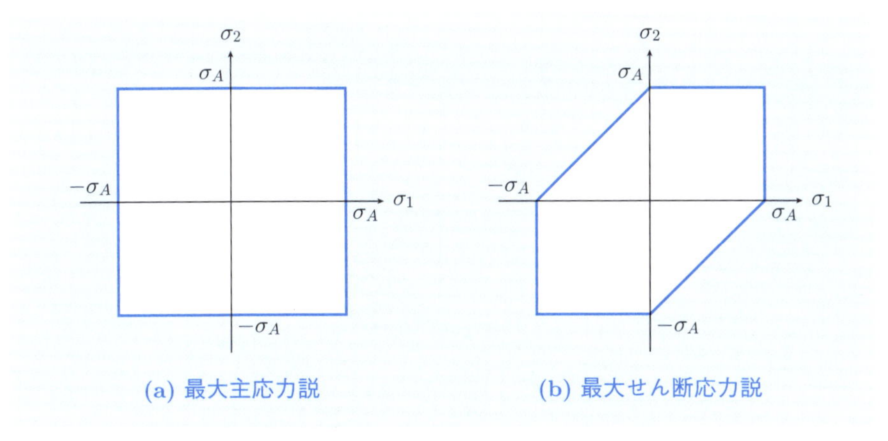

図 12.10　平面応力状態における破壊基準

断ひずみエネルギー説では，相当応力 $\widehat{\sigma}$ が材料固有の臨界値 $\widehat{\sigma}_C$ に達したときに破損が生じると考える．

最初に，図 12.6 に示すように，単軸応力状態（$\sigma_1 > 0, \sigma_2 = 0, \sigma_3 = 0$）にある観測点 P の破損について考察してみよう．このとき，相当応力 $\widehat{\sigma}$ は

$$\widehat{\sigma} = \sqrt{\frac{(\sigma_1 - \sigma_2)^2 + (\sigma_2 - \sigma_3)^2 + (\sigma_3 - \sigma_1)^2}{2}} = \sigma_1 \tag{12.20}$$

したがって，臨界値 $\widehat{\sigma}_C$ として許容応力 σ_A を用いると，せん断ひずみエネルギー説に基づく破壊基準は，次式のように与えられることになる．

$$\widehat{\sigma} = \widehat{\sigma}_C = \sigma_A \quad \cdots \text{せん断ひずみエネルギー説} \tag{12.21}$$

次に，図 12.8 に示すように，平面応力状態（$\sigma_1 \neq 0, \sigma_2 \neq 0, \sigma_3 = 0$）にある観測点 P における破損について考察してみよう．このとき，せん断ひずみエネルギー説に基づけば，破損が生じないための条件は，式 (12.19) および式 (12.21) より

$$\begin{aligned} \widehat{\sigma} &= \sqrt{\frac{(\sigma_1 - \sigma_2)^2 + (\sigma_2 - \sigma_3)^2 + (\sigma_3 - \sigma_1)^2}{2}} \\ &= \sqrt{\sigma_1^2 - \sigma_1\sigma_2 + \sigma_2^2} < \sigma_A \end{aligned} \tag{12.22}$$

したがって，破損が生じないための条件は，図 12.11 に示すような楕円形内部の領域として図化できる．

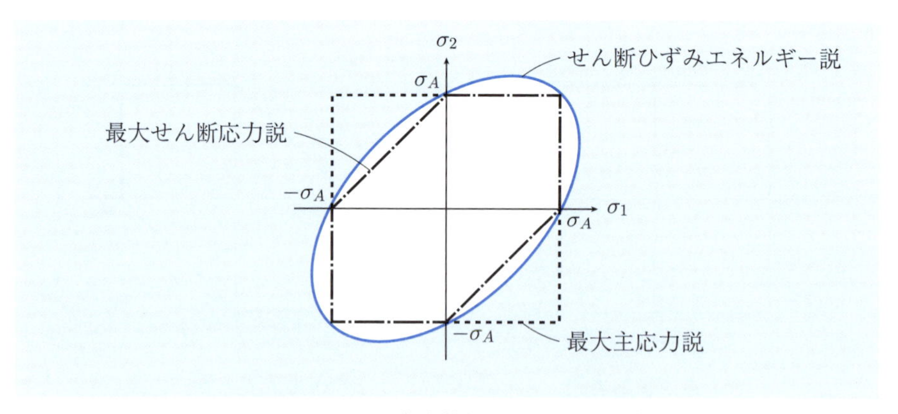

図 12.11　平面応力状態における破壊基準

例題 12.2

図 4.11 のような薄肉円筒容器を内圧 $p_0 = 1\,\mathrm{MPa}$ に耐えるよう設計したい．最大主応力説，最大せん断応力説，せん断ひずみエネルギー説に基づき，胴部の板厚 t の下限値を決定せよ．ただし，容器の全長を $l = 500\,\mathrm{mm}$，半径を $a = 100\,\mathrm{mm}$，許容応力を $\sigma_\mathrm{A} = 100\,\mathrm{MPa}$ とする．

【解答】　補足 4.2 の結果より，胴部に生じる主応力 $\sigma_1, \sigma_2, \sigma_3$ は次式のように与えられ，応力状態は図 12.12 のようなモールの応力円で表される．

$$\sigma_1 = \sigma_\theta = \frac{p_0 a}{t}, \quad \sigma_2 = \sigma_x = \frac{p_0 a}{2t}, \quad \sigma_3 = \sigma_r = 0 \tag{a}$$

したがって，最大主応力説では，破損の臨界点は図中の青丸で与えられ，胴部の板厚 t は次式のように決定される．

$$\sigma_1 = \frac{p_0 a}{t} < \sigma_A \qquad \therefore \quad t > \frac{p_0 a}{\sigma_A} = 1\,\mathrm{mm} \tag{b}$$

一方，最大せん断応力説では，破損の臨界点は図中の黒丸で与えられ，胴部の板厚 t は次式のように決定される．

$$\tau_2 = \frac{\sigma_1 - \sigma_3}{2} = \frac{p_0 a}{2t} < \frac{\sigma_A}{2} \qquad \therefore \quad t > \frac{p_0 a}{\sigma_A} = 1\,\mathrm{mm} \tag{c}$$

さらに，せん断ひずみエネルギー説では，相当応力 $\widehat{\sigma}$ に着目することによって，胴部の板厚 t は次式のように決定される．

$$\widehat{\sigma} = \sqrt{\frac{(\sigma_1 - \sigma_2)^2 + (\sigma_2 - \sigma_3)^2 + (\sigma_3 - \sigma_1)^2}{2}} = \frac{\sqrt{3}\,p_0 a}{2t} < \sigma_A$$

$$\therefore \quad t > \frac{\sqrt{3}\,p_0 a}{2\sigma_A} = 0.866\,\mathrm{mm} \tag{d}$$

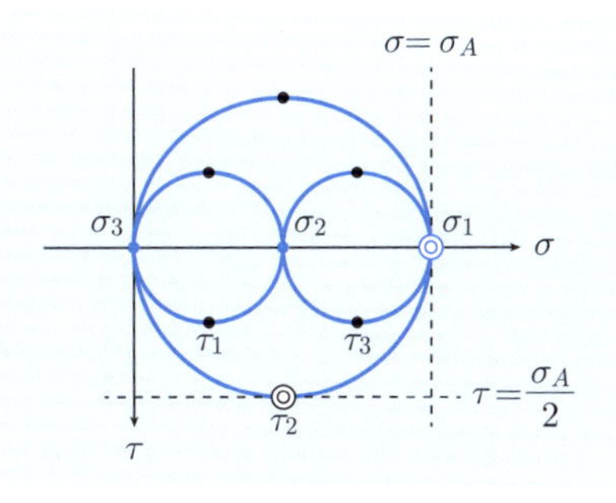

図 12.12　胴部の応力状態

補足 12.1　応力拡大係数

図 12.13 (a) に示すように，長さ $2a$ き裂を有する物体の二次元問題に着目し，この物体の破壊について考察してみよう．12.1.2 項で学習したように，き裂を有する物体では，応力集中係数 α が無限大となり，応力を指標とした破壊基準の適用が困難になる．このような問題に対しては，き裂の存在を前提とした力学，すなわち，**破壊力学**の適用が有効であり，**応力拡大係数**と呼ばれる物理量を指標として，破壊基準を次式のように定義することができる

$$K = K_C \tag{12.23}$$

ここで，K は応力拡大係数であり，K_C はその臨界値を表す．本質的に，応力拡大係数 K は，き裂先端近傍の応力分布の相似性に着目した物理量であり，例えば，き裂先端を原点として極座標系 r-θ を定義すると，垂直応力 σ_y は応力拡大係数 K を用いて次式のように与えられることになる．

$$\sigma_y = \frac{K}{\sqrt{2\pi r}} \cos\frac{\theta}{2}\left(1 + \sin\frac{\theta}{2}\sin\frac{3\theta}{2}\right) \tag{12.24}$$

すなわち，図 12.13 (b) に示すように，垂直応力 σ_y はき裂先端からの距離 r に対して $1/\sqrt{r}$ の特異性を有する分布となる．なお，式 (12.23) における K_C あるいは式 (12.25) における G_C は破壊力学的な材料強度を表しており，これを**破壊じん性**あるいは**き裂進展抵抗**と呼ぶ．

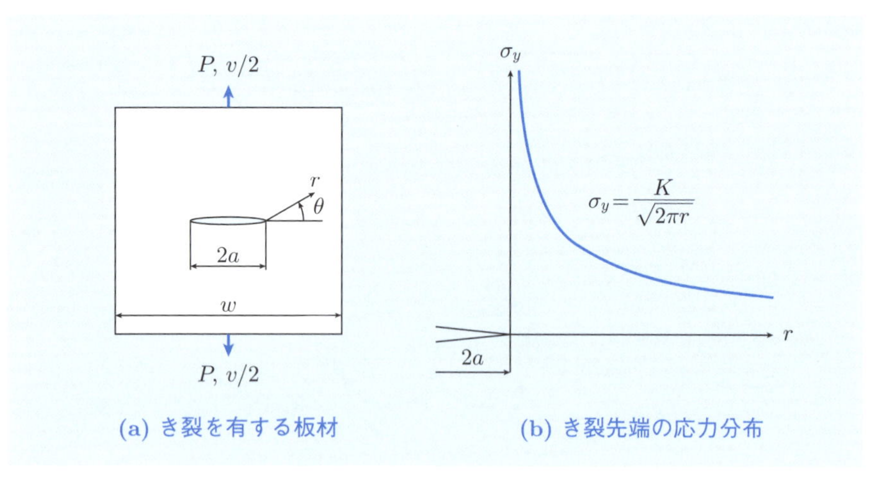

図 12.13　き裂を有する板材

補足 12.2　エネルギー解放率

図 12.14 (a) に示すように，長さ a のき裂を有する物体の二次元問題に着目し，この物体の破壊について考察してみよう．補足 2.1 で学習したように，このような問題に対しては，破壊力学の適用が有効であり，応力拡大係数のほか，**エネルギー解放率**と呼ばれる物理量を指標として，破壊基準を次式のように定義することができる．

$$G = G_C \tag{12.25}$$

ここで，G はエネルギー解放率であり，G_C はその臨界値を表す．本質的に，エネルギー解放率 G は，破壊に伴うエネルギー収支に着目した物理量であり，破壊に伴うひずみエネルギーの変化 dU，外力のなす仕事 dL，き裂面積の増加 dA を用いて次式のように与えられる．

$$G = \frac{dL}{dA} - \frac{dU}{dA} \tag{12.26}$$

このとき，図 12.14 (b) に示すように，き裂進展に伴って物体の剛性が低下することになり，図中の青塗部が $dL - dU$ の項に相当することになる．ここで，荷重–変位線図の勾配の逆数 v/P をコンプライアンス C と定義すると，エネルギー解放率 G は板材の厚さ b を用いて次式のように与えられることになる．

$$G = \frac{P^2}{2b}\frac{dC}{da} \tag{12.27}$$

エネルギー解放率 G と応力拡大係数 K は等価な物理量であり，例えば，平面応力状態では $G = K^2/E$ のような関係が成立する．

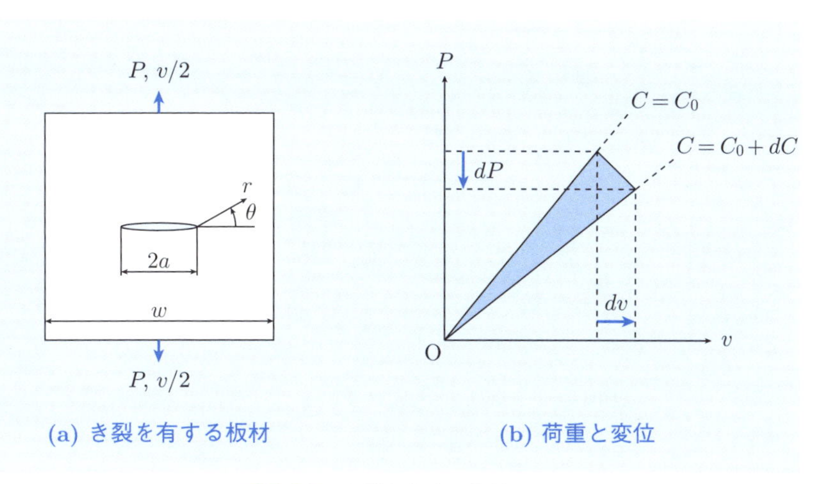

図 12.14　き裂を有する板材

12章の問題

□**12.1** 図1に示すように，丸棒に集中荷重 P_0 を与えた．この材料の基準強さを $\sigma_S = 400\,\mathrm{MPa}$，安全率を $f = 5$，直径を $d = 20\,\mathrm{mm}$ として，許容される集中荷重 P_0 の最大値を算出せよ．

□**12.2** 図2に示すように，例題 12.1 において楕円孔の長径と短径を入れ替え $2a = 5\,\mathrm{mm}$，$2b = 10\,\mathrm{mm}$ とした．この材料の基準強さを $\sigma_S = 400\,\mathrm{MPa}$，安全率を $f = 5$ として，許容される集中荷重 P_0 の最大値を算出せよ．

□**12.3** 図3に示すように，丸棒にモーメント T_0, M_0 を与えた．この材料の許容応力を σ_A とし，最大主応力説を用いて，直径 d の下限値を算出せよ．

□**12.4** 図3に示すように，丸棒にモーメント T_0, M_0 を与えた．この材料の許容応力を σ_A とし，最大せん断応力説を用いて，直径 d の下限値を算出せよ．

□**12.5** 図4に示すように，DCB（Double Cantilever Beams）試験片に集中荷重 P_0 を与えた．荷重点からき裂先端までの距離をき裂長さ a として，コンプライアンス法を用いてエネルギー解放率 G を算出せよ．

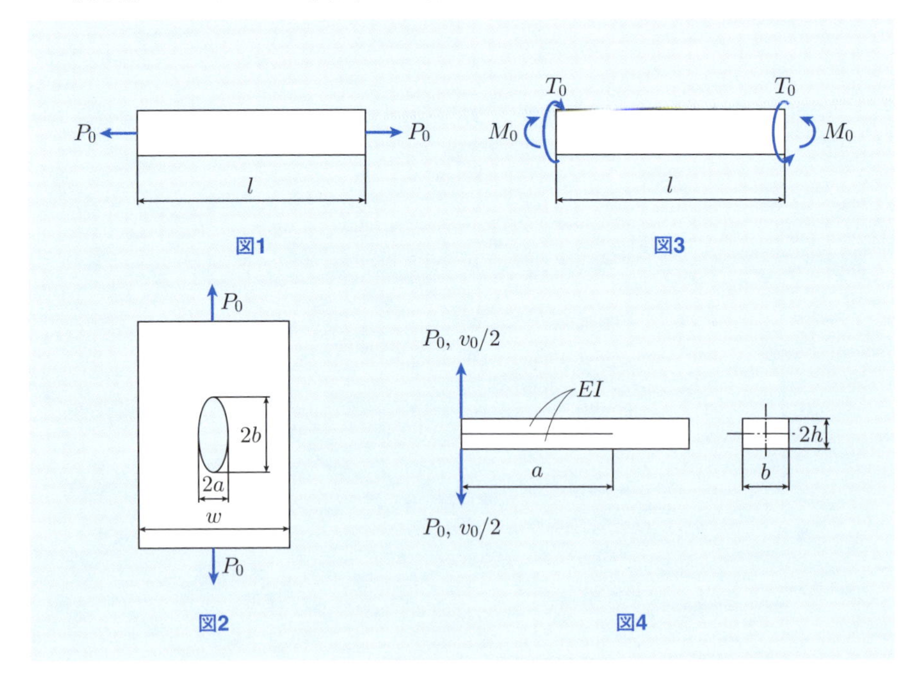

図1　図3

図2　図4

問題解答

1章

1.1　面 X_1 で棒を仮想切断すると，平衡条件より

$$\overline{F}_x = P_1 + P_2, \quad \overline{F}_y = 0, \quad \overline{F}_z = 0, \quad \overline{M}_x = 0, \quad \overline{M}_y = 0, \quad \overline{M}_z = 0$$

面 X_2 で棒を仮想切断すると，平衡条件より

$$\overline{F}_x = P_2, \quad \overline{F}_y = 0, \quad \overline{F}_z = 0, \quad \overline{M}_x = 0, \quad \overline{M}_y = 0, \quad \overline{M}_z = 0$$

1.2　面 X_1 で棒を仮想切断すると，平衡条件より

$$\overline{F}_x = P_0 \cos\theta, \quad \overline{F}_y = P_0 \sin\theta, \quad \overline{F}_z = 0,$$

$$\overline{M}_x = 0, \qquad \overline{M}_y = 0, \qquad \overline{M}_z = \frac{3P_0 l \sin\theta}{4}$$

面 X_2 で棒を仮想切断すると，平衡条件より

$$\overline{F}_x = P_0 \cos\theta, \quad \overline{F}_y = P_0 \sin\theta, \quad \overline{F}_z = 0,$$

$$\overline{M}_x = 0, \qquad \overline{M}_y = 0, \qquad \overline{M}_z = \frac{P_0 l \sin\theta}{4}$$

1.3　分布荷重 p を y で積分すると

$$F_x = \int_{-a/2}^{a/2} \left(\frac{p_1 - p_2}{a} y + \frac{p_1 + p_2}{2} \right) a dy = \frac{(p_1 + p_2)a^2}{2}$$

$$M_z = -\int_{-a/2}^{a/2} \left(\frac{p_1 - p_2}{a} y + \frac{p_1 + p_2}{2} \right) y\, a dy = -\frac{(p_1 - p_2)a^3}{12}$$

$$F_y = 0, \quad F_z = 0, \quad M_x = 0, \quad M_y = 0$$

1.4　分布荷重 p を y で積分すると

$$F_x = \int_{-a/2}^{a/2} p_0 \sin\frac{2\pi}{a} y\, a dy = 0$$

$$M_z = \int_{-a/2}^{a/2} p_0 \sin\frac{2\pi}{a} y \cdot y\, a dy = -\frac{p_0 a^3}{2\pi}$$

$$F_y = 0, \quad F_z = 0, \quad M_x = 0, \quad M_y = 0$$

1.5　節点法を用いると

$$\overline{N}_{\mathrm{AC}} = \frac{-1}{2\sqrt{3}} P_0, \quad \overline{N}_{\mathrm{BD}} = \frac{-3}{2\sqrt{3}} P_0, \quad \overline{N}_{\mathrm{CE}} = \frac{1}{4\sqrt{3}} P_0, \quad \overline{N}_{\mathrm{DE}} = \frac{3}{4\sqrt{3}} P_0$$

$$\overline{N}_{\mathrm{AE}} = \frac{1}{2\sqrt{3}} P_0, \quad \overline{N}_{\mathrm{BE}} = \frac{-1}{2\sqrt{3}} P_0, \quad \overline{N}_{\mathrm{AB}} = \frac{-1}{2\sqrt{3}} P_0$$

2章

2.1 式 (2.5) または式 (2.6) より

$$\sigma_x = -200\,\mathrm{MPa},\quad \tau_{xy} = 0,\quad \tau_{xz} = 0$$
$$\tau_{yx} = 0,\quad \sigma_y = 0,\quad \tau_{yz} = 0$$
$$\tau_{zx} = 0,\quad \tau_{zy} = 0,\quad \sigma_z = 0$$

2.2 式 (2.5) または式 (2.6) より

$$\sigma_x = 10\,\mathrm{MPa},\quad \tau_{xy} = 6\,\mathrm{MPa},\quad \tau_{xz} = 0$$
$$\tau_{yx} = 6\,\mathrm{MPa},\quad \sigma_y = 2\,\mathrm{MPa},\quad \tau_{yz} = 0$$
$$\tau_{zx} = 0,\quad \tau_{zy} = 0,\quad \sigma_z = 0$$

2.3 モールの応力円の中心を $(\sigma_0, 0)$，半径を r_0 とおくと

$$\sigma_0 = \frac{\sigma_1 + \sigma_2}{2} = 30\,\mathrm{MPa},\quad r_0 = \frac{\sigma_1 - \sigma_2}{2} = 10\,\mathrm{MPa}$$
$$\sigma = \sigma_0 + r_0 \cos 2\theta = 35\,\mathrm{MPa}$$
$$\tau = -r_0 \sin 2\theta = -5\sqrt{3}\,\mathrm{MPa}$$

2.4 モールの応力円の中心を $(\sigma_0, 0)$，半径を r_0 とおくと

$$\sigma_0 = \frac{\sigma_x + \sigma_y}{2} = 20\,\mathrm{MPa},\quad r_0 = \sqrt{(\sigma_x - \sigma_0)^2 + \tau_{xy}^2} = 50\,\mathrm{MPa}$$
$$\sigma_1 = \sigma_0 + r_0 = 70\,\mathrm{MPa}$$
$$\sigma_2 = \sigma_0 - r_0 = -30\,\mathrm{MPa}$$
$$\sigma_3 = 0$$

2.5 モールの応力円より

$$\tau_1 = \frac{|\sigma_2 - \sigma_3|}{2} = 5\,\mathrm{MPa}$$
$$\tau_2 = \frac{|\sigma_3 - \sigma_1|}{2} = 15\,\mathrm{MPa}$$
$$\tau_3 = \frac{|\sigma_1 - \sigma_2|}{2} = 10\,\mathrm{MPa}$$

3章

3.1 式 (3.5) または式 (3.6) より

$$\varepsilon_x = -1000 \times 10^{-6},\quad \gamma_{xy} = 0,\quad \gamma_{xz} = 0$$
$$\gamma_{yx} = 0,\quad \varepsilon_y = 0,\quad \gamma_{yz} = 0$$
$$\gamma_{zx} = 0,\quad \gamma_{zy} = 0,\quad \varepsilon_z = 0$$

3.2 式 (3.5) または式 (3.6) より

$$\varepsilon_x = 500 \times 10^{-6}, \quad \gamma_{xy} = 600 \times 10^{-6}, \quad \gamma_{xz} = 0$$

$$\gamma_{yx} = 600 \times 10^{-6}, \quad \varepsilon_y = 100 \times 10^{-6}, \quad \gamma_{yz} = 0$$

$$\gamma_{zx} = 0, \quad \gamma_{zy} = 0, \quad \varepsilon_z = 0$$

3.3 モールのひずみ円の中心を $(\varepsilon_0, 0)$，半径を r_0 とおくと

$$\varepsilon_0 = \frac{\varepsilon_1 + \varepsilon_2}{2} = 300 \times 10^{-6}, \quad r_0 = \frac{\varepsilon_1 - \varepsilon_2}{2} = 100 \times 10^{-6}$$

$$\varepsilon = \varepsilon_0 + r_0 \cos 2\theta = 350 \times 10^{-6}$$

$$\gamma/2 = -r_0 \sin 2\theta = -50\sqrt{3} \times 10^{-6} \qquad \therefore \quad \gamma = -100\sqrt{3} \times 10^{-6}$$

3.4 モールのひずみ円の中心を $(\varepsilon_0, 0)$，半径を r_0 とおくと

$$\varepsilon_0 = \frac{\varepsilon_x + \varepsilon_y}{2} = 200 \times 10^{-6}, \quad r_0 = \sqrt{(\varepsilon_x - \varepsilon_0)^2 + (\gamma_{xy}/2)^2} = 500 \times 10^{-6}$$

$$\varepsilon_1 = \varepsilon_0 + r_0 = 700 \times 10^{-6}$$

$$\varepsilon_2 = \varepsilon_0 + r_0 = -300 \times 10^{-6}$$

$$\varepsilon_3 = 0$$

3.5 モールのひずみ円より

$$\frac{\gamma_1}{2} = \frac{|\varepsilon_2 - \varepsilon_3|}{2} = 50 \times 10^{-6} \qquad \therefore \quad \gamma_1 = 100 \times 10^{-6}$$

$$\frac{\gamma_2}{2} = \frac{|\varepsilon_3 - \varepsilon_1|}{2} = 150 \times 10^{-6} \qquad \therefore \quad \gamma_2 = 300 \times 10^{-6}$$

$$\frac{\gamma_3}{2} = \frac{|\varepsilon_1 - \varepsilon_2|}{2} = 100 \times 10^{-6} \qquad \therefore \quad \gamma_3 = 200 \times 10^{-6}$$

4章

4.1 式 (4.13) または式 (4.14) より

$$\varepsilon_x = 270 \times 10^{-6}, \quad \varepsilon_y = -130 \times 10^{-6}, \quad \varepsilon_z = -60 \times 10^{-6}$$

$$\gamma_{xy} = 520 \times 10^{-6}, \quad \gamma_{yz} = 0, \quad \gamma_{zx} = 0$$

4.2 式 (4.13) または式 (4.14) より

$$\sigma_x = 120\,\mathrm{MPa}, \quad \sigma_y = 31\,\mathrm{MPa}, \quad \sigma_z = 46\,\mathrm{MPa}$$

$$\tau_{xy} = 62\,\mathrm{MPa}, \quad \tau_{yz} = 0, \quad \tau_{zx} = 0$$

4.3 式 (4.22)，式 (4.23)，式 (4.24)，式 (4.25) より

$$\sigma_n = \frac{P}{A_0} = 400\,\mathrm{MPa}, \quad \sigma_t = \sigma_n(1+\varepsilon_n) = 480\,\mathrm{MPa}$$

$$\varepsilon_n = \frac{\Delta l}{l_0} = 0.20, \qquad \varepsilon_t = \ln(1+\varepsilon_n) = 0.18$$

■ **4.4** $\sigma_x = \sigma_1$, $\sigma_y = \sigma_2$ とおくと

$$G = \frac{\tau_3}{\gamma_3} = \frac{|\sigma_1 - \sigma_2|}{2|\varepsilon_1 - \varepsilon_2|} = \frac{|\sigma_1 - \sigma_2|}{2|(\sigma_1 - \nu\sigma_2 - \nu\sigma_3)/E - (\sigma_2 - \nu\sigma_3 - \nu\sigma_1)/E|}$$

$$= \frac{E}{2(1+\nu)}$$

■ **4.5** $\sigma_1 = \sigma_\theta$, $\sigma_2 = \sigma_x$, $\sigma_3 = \sigma_r$ とおくと

$$\sigma_1 = \sigma_\theta = \frac{p_0 a}{t}, \quad \sigma_2 = \sigma_x = \frac{p_0 a}{2t}, \quad \sigma_3 = \sigma_r = 0$$

応力–ひずみ関係式より

$$\varepsilon_1 = \varepsilon_\theta = \frac{\sigma_1}{E} - \nu\frac{\sigma_2}{E} - \nu\frac{\sigma_3}{E} = \frac{(2-\nu)p_0 a}{2Et} \qquad \therefore \quad \Delta a = \varepsilon_\theta \cdot a = \frac{(2-\nu)p_0 a^2}{2Et}$$

5章

■ **5.1** 棒 1 と棒 2 に生じる軸力を $\overline{N}_1, \overline{N}_2$ とおくと

$$\overline{N}_1 = P_1 + P_2, \quad \overline{N}_2 = P_2$$

$$\therefore \quad u_\mathrm{B} = \int_0^{l_1} \frac{P_1 + P_2}{E_1 A_1}\,dx + \int_{l_1}^{l_1+l_2} \frac{P_2}{E_2 A_2}\,dx = \frac{(P_1+P_2)l_1}{E_1 A_1} + \frac{P_2 l_2}{E_2 A_2}$$

■ **5.2** 棒に生じる軸力を $\overline{N}$，断面積を A とおくと

$$\overline{N} = P_0, \quad A = \pi\left(\frac{a_2 - a_1}{l}x + a_1\right)^2$$

$$\therefore \quad u_\mathrm{B} = \int_0^l \frac{P_0}{EA}\,dx = \frac{P_0 l}{\pi E a_1 a_2}$$

■ **5.3** 点 A に働く反力を R_A とおくと，$u_\mathrm{B} = 0$ より

$$u_\mathrm{B} = \frac{R_\mathrm{A} l_1}{E_1 A_1} + \frac{(R_\mathrm{A} - P_0)l_2}{E_2 A_2} = 0 \qquad \therefore \quad R_\mathrm{A} = \frac{E_1 A_1 l_2}{E_1 A_1 l_2 + E_2 A_2 l_1}P_0$$

$$\therefore \quad u_\mathrm{C} = \frac{R_\mathrm{A} l_1}{E_1 A_1} = \frac{P_0 l_1 l_2}{E_1 A_1 l_2 + E_2 A_2 l_1}$$

■ **5.4** 円筒と円柱に生じる軸力を $\overline{N}_1, \overline{N}_2$ とおくと

$$P_0 = \overline{N}_1 + \overline{N}_2$$

$$\therefore \quad u_\mathrm{B} = \frac{\overline{N}_1 l}{E_1 A_1} = \frac{\overline{N}_2 l}{E_2 A_2} = \frac{(P_0 - \overline{N}_1)l}{E_2 A_2} \qquad \therefore \quad \overline{N}_1 = \frac{E_1 A_1}{E_1 A_1 + E_2 A_2}P_0$$

$$\therefore \quad u_\mathrm{B} = \frac{\overline{N}_1 l}{E_1 A_1} = \frac{P_0 l}{E_1 A_1 + E_2 A_2}$$

5.5 棒 1 と棒 2 に生じる伸びを u_1, u_2 とおくと，$u_1 + u_2 = 0$ より

$$u_1 + u_2 = \left(\frac{\overline{N}}{E_1A_1} + \alpha_1 \varDelta T\right) l_1 + \left(\frac{\overline{N}}{E_2A_2} + \alpha_2 \varDelta T\right) l_2 = 0$$

$$\therefore \quad \overline{N} = -\frac{E_1E_2A_1A_2(\alpha_1 l_1 + \alpha_2 l_2)}{E_1A_1l_2 + E_2A_2l_1}\varDelta T$$

6章

6.1 軸 1 と軸 2 に生じるねじりモーメントを $\overline{T}_1, \overline{T}_2$ とおくと

$$\overline{T}_1 = T_1 + T_2, \quad \overline{T}_2 = T_2$$

$$\therefore \quad \phi_\mathrm{B} = \int_0^{l_1} \frac{T_1 + T_2}{G_1J_1}\,dx + \int_{l_1}^{l_1+l_2} \frac{T_2}{G_2J_2}\,dx = \frac{(T_1+T_2)l_1}{G_1J_1} + \frac{T_2l_2}{G_2J_2}$$

6.2 軸に生じるねじりモーメントを $\overline{T}$，断面二次極モーメントを J とおくと

$$\overline{T} = T_0, \quad J = \frac{\pi}{2}\left(\frac{a_2 - a_1}{l}x + a_1\right)^4$$

$$\therefore \quad \phi_\mathrm{B} = \int_0^l \frac{T_0}{GJ}\,dx = \frac{2T_0 l(a_1^2 + a_1a_2 + a_2^2)}{3\pi G a_1^3 a_2^3}$$

6.3 点 A に働く反力モーメントを M_A とおくと，$\phi_\mathrm{B} = 0$ より

$$\phi_\mathrm{B} = \frac{M_\mathrm{A} l_1}{G_1J_1} + \frac{(M_\mathrm{A} - T_0)l_2}{G_2J_2} = 0 \qquad \therefore \quad M_\mathrm{A} = \frac{G_1J_1l_2}{G_1J_1l_2 + G_2J_2l_1}T_0$$

$$\therefore \quad \phi_\mathrm{C} = \frac{M_\mathrm{A} l_1}{G_1J_1} = \frac{T_0l_1l_2}{G_1J_1l_2 + G_2J_2l_1}$$

6.4 円筒と円柱に生じるねじりモーメントを $\overline{T}_1, \overline{T}_2$ とおくと

$$T_0 = \overline{T}_1 + \overline{T}_2$$

$$\therefore \quad \phi_\mathrm{B} = \frac{\overline{T}_1 l}{G_1J_1} = \frac{\overline{T}_2 l}{G_2J_2} = \frac{(T_0 - \overline{T}_1)l}{G_2J_2} \qquad \therefore \quad \overline{T}_1 = \frac{G_1J_1}{G_1J_1 + G_2J_2}T_0$$

$$\therefore \quad \phi_\mathrm{B} = \frac{\overline{T}_1 l}{G_1J_1} = \frac{T_0 l}{G_1J_1 + G_2J_2}$$

6.5 周長 $2\pi r$，幅 dr の円環状の微小要素を定義し，式 (6.6) を用いると

$$J = \int_A r^2\,dA = \int_0^a r^2 \cdot 2\pi r\,dr = \frac{\pi a^4}{2}$$

7章

7.1 はりに働く反力と反力モーメントを $R_\mathrm{A}, M_\mathrm{B}$ とおくと，平衡条件より

$$R_\mathrm{A} - P_0 = 0 \qquad \therefore \quad R_\mathrm{A} = P_0 \quad （上向き）$$

$$M_\mathrm{B} - P_0 l_1 = 0 \qquad \therefore \quad M_\mathrm{B} = P_0 l_1 \quad （左回り）$$

7.2　はりに働く反力と反力モーメントを R_{B}, M_{B} とおくと，平衡条件より

$$R_{\mathrm{B}} - \int_0^l w_0 \frac{x}{l}\, dx = 0 \qquad \therefore \quad R_{\mathrm{B}} = \frac{w_0 l}{2} \quad \text{（上向き）}$$

$$-M_{\mathrm{B}} + R_{\mathrm{B}} l - \int_0^l w_0 \frac{x}{l} \cdot x\, dx = 0 \qquad \therefore \quad M_{\mathrm{B}} = \frac{w_0 l^2}{6} \quad \text{（右回り）}$$

7.3　はりに働く反力を $R_{\mathrm{A}} = w_0 l/2$, $R_{\mathrm{B}} = w_0 l/2$ とおくと

$$\overline{F} = R_{\mathrm{A}} - \int_0^x w_0\, dx = -w_0 x + \frac{w_0 l}{2}$$

$$\overline{M} = R_{\mathrm{A}} x - \int_0^x w_0 x\, dx = -\frac{w_0}{2} x^2 + \frac{w_0 l}{2} x$$

7.4　はりに働く反力と反力モーメントを $R_{\mathrm{B}} = 0$, $M_{\mathrm{B}} = M_0$ とおくと

$$\overline{F} = 0$$

$$\overline{M} = -M_0$$

7.5　式 (7.21)，式 (7.22) を用いると，重ね合わせの原理より

$$\overline{F} = \frac{P_1(l_2 + l_0) + P_2 l_2}{l} \qquad (0 \leqq x \leqq l_1)$$

$$\overline{F} = \frac{-P_1 l_1 + P_2 l_2}{l} \qquad (l_1 \leqq x \leqq l_1 + l_0)$$

$$\overline{F} = -\frac{P_1 l_1 + P_2(l_1 + l_0)}{l} \qquad (l_1 + l_0 \leqq x \leqq l)$$

$$\overline{M} = \frac{P_1(l_2 + l_0) + P_2 l_2}{l} x \qquad (0 \leqq x \leqq l_1)$$

$$\overline{M} = \frac{P_1 l_1 (l - x) + P_2 l_2 x}{l} \qquad (l_1 \leqq x \leqq l_1 + l_0)$$

$$\overline{M} = \frac{P_1 l_1 + P_2(l_1 + l_0)}{l}(l - x) \qquad (l_1 + l_0 \leqq x \leqq l)$$

8章

8.1　z 軸まわりの断面一次モーメントと断面二次モーメントを S_z, I_z とおくと

$$S_z = \int_A y\, dA = \int_0^a y \cdot 2\sqrt{a^2 - y^2}\, dy = \frac{2a^3}{3}$$

$$\therefore \quad e = \frac{S_z}{A} = \frac{4a}{3\pi}$$

$$I_z = \int_A y^2\, dA = \int_0^a y^2 \cdot 2\sqrt{a^2 - y^2}\, dy = \frac{\pi a^4}{8}$$

$$\therefore \quad I_0 = I_z - e^2 A = \left(\frac{\pi}{8} - \frac{8}{9\pi}\right) a^4$$

8.2 はりの表面に生じる曲げ応力を σ_S とおき，式 (8.6) を用いると

$$\sigma_S = \frac{\overline{M}}{I}\frac{h}{2} = \frac{6P_0}{b_0h^2}x = \frac{6P_0l}{b_0h_0^2} \qquad \therefore \quad h = h_0\sqrt{\frac{x}{l}}$$

8.3 はりに生じる曲げモーメントを $\overline{M}$ とおき，式 (8.26) を用いると

$$\frac{d^2v}{dx^2} = -\frac{\overline{M}}{EI} = \frac{w_0}{2EI}x^2 - \frac{w_0l}{2EI}x$$

$$\therefore \quad i = \frac{w_0}{6EI}x^3 - \frac{w_0l}{4EI}x^2 + \frac{w_0l^3}{24EI}$$

$$\therefore \quad v = \frac{w_0}{24EI}x^4 - \frac{w_0l}{12EI}x^3 + \frac{w_0l^3}{24EI}x$$

8.4 はりに生じる曲げモーメントを $\overline{M}$ とおき，式 (8.26) を用いると

$$\frac{d^2v}{dx^2} = -\frac{\overline{M}}{EI} = \frac{M_0}{EI}$$

$$\therefore \quad i = \frac{M_0}{EI}x - \frac{M_0l}{EI}$$

$$\therefore \quad v = \frac{M_0}{2EI}x^2 - \frac{M_0l}{EI}x + \frac{M_0l^2}{2EI}$$

8.5 左側と右側の集中荷重 P_0 によるたわみを v_1, v_2 とおくと，式 (8.45) より

$$v_1 = -\frac{P_0l_0}{6EIl}(l-x)^3 + \frac{8P_0l_0^3}{6EIl}(l-x) \quad (l_0 \leqq x \leqq 2l_0)$$

$$v_2 = -\frac{P_0l_0}{6EIl}x^3 + \frac{8P_0l_0^3}{6EIl}x \quad (l_0 \leqq x \leqq 2l_0)$$

$$\therefore \quad v_{\max} = v_1 + v_2 = \frac{23P_0l_0^3}{24EI} \quad (x = 3l_0/2)$$

9章

9.1 反力と反力モーメントを R_A, R_B, M_A, M_B とおくと，積分法より

$$R_A = \frac{3w_0l}{20} \ (\text{上向き}), \quad R_B = \frac{7w_0l}{20} \ (\text{上向き})$$

$$M_A = \frac{w_0l^2}{30} \ (\text{左回り}), \quad M_B = \frac{w_0l^2}{20} \ (\text{右回り})$$

9.2 反力と反力モーメントを R_A, R_B, M_B とおくと，積分法より

$$R_A = \frac{P_0(3l_1l_2^2 + 2l_2^3)}{2l^3} \ (\text{上向き}), \quad R_B = \frac{P_0(2l_1^3 + 6l_1^2l_2 + 3l_1l_2^2)}{2l^3} \ (\text{上向き})$$

$$M_B = \frac{P_0(2l_1^2l_2 + l_1l_2^2)}{2l^2} \ (\text{右回り})$$

9.3　反力と反力モーメントを $R_{\mathrm{A}}, R_{\mathrm{B}}, M_{\mathrm{A}}, M_{\mathrm{B}}$ とおくと，重ね合わせ法より

$$R_{\mathrm{A}} = \frac{3w_0 l}{20}\ （上向き），\quad R_{\mathrm{B}} = \frac{7w_0 l}{20}\ （上向き）$$

$$M_{\mathrm{A}} = \frac{w_0 l^2}{30}\ （左回り），\quad M_{\mathrm{B}} = \frac{w_0 l^2}{20}\ （右回り）$$

9.4　反力と反力モーメントを $R_{\mathrm{A}}, R_{\mathrm{B}}, M_{\mathrm{B}}$ とおくと，重ね合わせ法より

$$R_{\mathrm{A}} = \frac{P_0(3l_1 l_2^2 + 2l_2^3)}{2l^3}\ （上向き），\quad R_{\mathrm{B}} = \frac{P_0(2l_1^3 + 6l_1^2 l_2 + 3l_1 l_2^2)}{2l^3}\ （上向き）$$

$$M_{\mathrm{B}} = \frac{P_0(2l_1^2 l_2 + l_1 l_2^2)}{2l^2}\ （右回り）$$

9.5　集中荷重 P_0 による点 A のたわみを v_{A,P_0} とおくと

$$v_{\mathrm{A},P_0} = \frac{P_0(3l_1 + 2l_2)l_2^2}{6EI}$$

反力 R_{A} による点 A のたわみを $v_{\mathrm{A},R_{\mathrm{A}}}$ とおくと

$$v_{\mathrm{A},R_{\mathrm{A}}} = -\frac{R_{\mathrm{A}} l^3}{3EI}$$

$v_{\mathrm{A}} = v_{\mathrm{A},P_0} + v_{\mathrm{A},R_{\mathrm{A}}} = \delta$ とおくと

$$\frac{P_0(3l_1 + 2l_2)l_2^2}{6EI} - \frac{R_{\mathrm{A}} l^3}{3EI} = \delta \qquad \therefore\quad R_{\mathrm{A}} = \frac{(3l_1 + 2l_2)l_2^2}{2l^3} P_0 - \frac{3EI\delta}{l^3}$$

10章

10.1　はりに生じる曲げモーメントを $\overline{M}$ とおくと

$$\overline{M} = -\frac{w_0}{6l}x^3 + \frac{w_0 l}{6}x$$

$$\therefore\quad U = \int_0^l \frac{\overline{M}^2}{2EI} = \int_0^l \frac{1}{2EI}\left(-\frac{w_0}{6l}x^3 + \frac{w_0 l}{6}x\right)^2 dx = \frac{w_0^2 l^5}{945EI}$$

10.2　系全体の位置エネルギーを Π とおくと

$$\Pi = U + V = \frac{P_0^2 l_1^2 l_2^2}{6EIl} - P_0 v_{\mathrm{C}}$$

$$\therefore\quad \frac{\partial \Pi}{\partial v_{\mathrm{C}}} = \frac{\partial(U+V)}{\partial v_{\mathrm{C}}} = \frac{v_{\mathrm{C}} l_1^2 l_2^2}{3EIlC^2} - P_0 = 0 \qquad \therefore\quad v_{\mathrm{C}} = \frac{P_0 l_1^2 l_2^2}{3EIl}$$

10.3　はりに蓄えられるひずみエネルギーを U とおくと

$$v_{\mathrm{A}} = \frac{\partial U}{\partial P_0} = \frac{1}{EI}\int_0^l \overline{M}\frac{\partial \overline{M}}{\partial P_0}\,dx$$

$$= \frac{1}{EI}\int_0^l (-P_0 x)\cdot(-x)\,dx = \frac{P_0 l^3}{3EI}$$

10.4　はりに蓄えられるひずみエネルギーを U とおくと，$v_{\mathrm{A}} = 0$ より

$$v_A = -\frac{\partial U}{\partial R_A} = -\frac{1}{EI}\int_0^l \overline{M}\frac{\partial \overline{M}}{\partial R_A}\,dx$$

$$= -\frac{1}{EI}\int_0^l (R_A x - \frac{w_0}{2}x^2)\cdot x\,dx = -\frac{R_A l^3}{3EI} + \frac{w_0 l^4}{8EI} = 0$$

$$\therefore \quad R_A = \frac{3w_0 l}{8}$$

10.5　点 A に仮想荷重 P_0 を定義すると，$P_0 = 0$ より

$$v_A = \frac{\partial U}{\partial P_0} = \frac{1}{EI}\int_0^l \overline{M}\frac{\partial \overline{M}}{\partial P_0}\,dx$$

$$= \frac{1}{EI}\int_0^l (-P_0 x - M_0)\cdot(-x)\,dx = \frac{P_0 l^3}{3EI} + \frac{M_0 l^2}{2EI}$$

$$\therefore \quad v_A = \frac{M_0 l^2}{2EI}$$

11章

11.1　圧縮荷重 P_0 の作用点を $(y, z) = (e_y, e_z)$ とおくと

$$\sigma_x = \frac{\overline{N}}{A} + \frac{\overline{M}_z}{I_z}y + \frac{\overline{M}_y}{I_z}z = -\frac{P_0}{A}\left(1 + \frac{e_y}{\kappa_z^2}y + \frac{e_z}{\kappa_y^2}z\right)$$

$e_y > 0,\ e_z > 0$ の場合に $\sigma_x > 0$ とならないための条件は

$$1 + \frac{e_y}{\kappa_z^2}(-a) + \frac{e_z}{\kappa_y^2}(-b) = 1 - \frac{3e_y}{a} - \frac{3e_z}{b} \geqq 0$$

核は $(e_y, e_z) = (a/3, 0),\ (0, b/3),\ (-a/3, 0),\ (0, -b/3)$ を頂点とするひし形.

11.2　圧縮荷重 P_0 によって柱に生じる軸応力 σ_x は

$$\sigma_x = \frac{\overline{N}}{A} + \frac{\overline{M}_z}{I_z}y = -\frac{P_0\cos\theta}{A}\left(1 + \frac{x\tan\theta}{\kappa_z^2}y\right)$$

$\sigma_x > 0$ とならないための条件は

$$1 + \frac{l\tan\theta}{\kappa_z^2}(-a) = 1 - \frac{3l\tan\theta}{a} \geqq 0 \qquad \therefore \quad \theta \leqq \tan^{-1}\frac{a}{3l}$$

11.3　$\alpha_0 = \sqrt{P_0/EI}$ とおくと，$\overline{M} = P_0 v$ より

$$\frac{d^2v}{dx^2} = -\frac{\overline{M}}{EI} = -\frac{P_0 v}{EI} \qquad \therefore \quad \frac{d^2v}{dx^2} + \alpha_0^2 v = 0$$

境界条件を考慮すると

$$\sin\alpha_0 l = 0 \qquad \therefore \quad \alpha_0 l = n\pi \qquad \therefore \quad P_{cr} = \frac{\pi^2 EI}{l^2} \qquad \therefore \quad \sigma_{cr} = \frac{\pi^2 E}{\lambda^2}$$

11.4　題意の長柱は回転–回転の長柱を 2 つ組み合わせたものと等価である．したがって，章末問題 11.3 の結果において $l \to l/2$ とおくことによって

$$P_{cr} = \frac{\pi^2 EI}{(l/2)^2} = \frac{4\pi^2 EI}{l^2}$$

11.5 定数 A_0 を用いて，ジョンソンの曲線を次式のように定義する．

$$\sigma_{\mathrm{cr}} = \sigma_Y - A_0\lambda^2$$

この放物線とオイラーの曲線との交点は，式 (11.29) より

$$\sigma_Y - A_0\lambda^2 = \frac{\pi^2 E}{\lambda^2} \qquad \therefore \quad A_0\lambda^4 - \sigma_Y\lambda^2 + \pi^2 E = 0$$

判別式を D とおくと，この方程式が重解を持つための条件は

$$D = \sigma_Y^2 - 4\pi^2 E A_0 = 0 \qquad \therefore \quad A_0 = \frac{\sigma_Y^2}{4\pi^2 E}$$

$$\sigma_{\mathrm{cr}} = \sigma_Y - \frac{\sigma_Y^2}{4\pi^2 E}\lambda^2$$

12章

12.1 許容応力を σ_A とおき，式 (12.1) を用いると

$$f = \frac{\sigma_S}{\sigma_A}, \quad \sigma_A = \frac{P_0}{A} \qquad \therefore \quad P_0 = \frac{\sigma_S A}{f} = 25\,\mathrm{kN}$$

12.2 許容応力を σ_A とおき，式 (12.1)，式 (12.4) を用いると

$$f = \frac{\sigma_S}{\sigma_A}, \quad \sigma_A = \left(1 + 2\frac{a}{b}\right)\frac{P_0}{(w-2a)t} \qquad \therefore \quad P_0 = \frac{(w-2a)t}{1+2a/b}\frac{\sigma_S}{f} = 20\,\mathrm{kN}$$

12.3 棒の表面の応力を σ_x, σ_y, τ_{xy} とおくと

$$\sigma_x = \frac{32M_0}{\pi d^3}, \quad \sigma_y = 0, \quad \tau_{xy} = \frac{16T_0}{\pi d^3}$$

モールの応力円の中心を $(\sigma_0, 0)$，半径を r_0 とおくと

$$\sigma_0 = \frac{\sigma_x + \sigma_y}{2} = \frac{16}{\pi d^3}M_0, \quad r_0 = \sqrt{(\sigma_x - \sigma_0)^2 + \tau_{xy}^2} = \frac{16}{\pi d^3}\sqrt{M_0^2 + T_0^2}$$

$$\sigma_1 = \sigma_0 + r_0 = \frac{16}{\pi d^3}\left(M_0 + \sqrt{M_0^2 + T_0^2}\right) = \sigma_A$$

$$\therefore \quad d = \sqrt[3]{\frac{16}{\pi\sigma_A}\left(M_0 + \sqrt{M_0^2 + T_0^2}\right)}$$

12.4 モールの応力円より

$$\tau_3 = \sqrt{\left(\sigma_x - \frac{\sigma_x + \sigma_y}{2}\right)^2 + \tau_{xy}^2} = \frac{16}{\pi d^3}\sqrt{M_0^2 + T_0^2} = \frac{\sigma_{\mathrm{A}}}{2}$$

$$\therefore \quad d = \sqrt[3]{\frac{32}{\pi\sigma_A}\sqrt{M_0^2 + T_0^2}}$$

12.5 試験片を 2 本の片持ちはりとみなし，コンプライアンスを C とおくと

$$C = \frac{v_0}{P_0} = \frac{2a^3}{3EI} \qquad \therefore \quad G = \frac{P_0^2}{2b}\frac{dC}{da} = \frac{P_0^2 a^2}{bEI}$$

参考文献

[1] 岸田敬三,『材料の力学』, 培風館 (1987).

[2] 柴田俊忍, 大谷隆一, 駒井謙治郎, 井上達雄,『材料力学の基礎』, 培風館 (1991).

[3] 中原一郎,『材料力学』, 養賢堂 (1965).

[4] 中沢一, 小泉堯,『固体の力学』, 養賢堂 (1967).

[5] S. Timoshenko, "Strength of Materials, Part I", D. Van Nostrand Co. (1955).

[6] S. Timoshenko, "Strength of Materials, Part II", D. Van Nostrand Co. (1956).

[7] 井上達雄,『弾性力学の基礎』, 日刊工業新聞社 (1979).

[8] 星出敏彦,『基礎強度学』, 内田老鶴圃 (1998).

[9] 中村純,『物理とテンソル』, 共立出版 (1993).

索　　引

た 行

な 行

は 行

ま 行

や 行

ら 行

欧 字

著者略歴

日下貴之（くさか たかゆき）

1987年　京都大学工学部航空工学科 卒業
1989年　京都大学大学院工学研究科修士課程 修了
1989年　トヨタ自動車株式会社 入社
1991年　兵庫県立工業技術センター 研究員
1998年　博士（工学，京都大学）
1998年　立命館大学理工学部機械工学科 助教授
2004年　同教授（現職）

主要著書

機械工学ハンドブック（分担執筆，朝倉書店，2011年）
衝撃工学の基礎と応用（分担執筆，共立出版，2014年）
Toughening Mechanisms in Composite Materials（分担執筆，Woodhead Publishing，2015年）

機械工学テキストライブラリ＝3
材料力学入門

2016年9月10日© 初版発行
2024年2月25日 初版第6刷発行

著者　日下貴之　　発行者　矢沢和俊
印刷者　小宮山恒敏

【発行】 株式会社 数理工学社
〒151–0051 東京都渋谷区千駄ヶ谷1丁目3番25号
編集☎（03）5474–8661（代） サイエンスビル

【発売】 株式会社 サイエンス社
〒151–0051 東京都渋谷区千駄ヶ谷1丁目3番25号
営業☎（03）5474–8500（代） 振替 00170–7–2387
FAX☎（03）5474–8900

印刷・製本　小宮山印刷工業（株）

≪検印省略≫

ISBN978–4–86481–035–7

PRINTED IN JAPAN